水利工程施工安全生产
指 导 手 册

万玉辉　张清海　主编

中国水利水电出版社
www.waterpub.com.cn
·北京·

内 容 提 要

　　水利工程中危险性较大的单项工程和超过一定规模的危险性较大的单项工程的施工过程，风险大、隐患多、容易引发安全事故，是安全管理的重中之重。本书基于危险产生的根源，从技术层面对深基坑工程、高边坡工程、模板工程、起重吊装工程、脚手架工程、施工临时用电、围堰工程、地下工程和有限空间作业九个方面进行了阐述，为指导水利工程施工单位编制专项施工方案，有效开展项目安全生产工作提供帮助。

　　本书可作为水利工程施工单位加强项目安全生产管理工作的重要指导资料和培训教材。

图书在版编目（ＣＩＰ）数据

水利工程施工安全生产指导手册 / 万玉辉，张清海主编. -- 北京：中国水利水电出版社，2021.6
　　ISBN 978-7-5170-9736-5

　　Ⅰ．①水… Ⅱ．①万… ②张… Ⅲ．①水利工程－安全管理－中国－手册 Ⅳ．①TV513-62

中国版本图书馆CIP数据核字(2021)第136348号

书　　名	水利工程施工安全生产指导手册 SHUILI GONGCHENG SHIGONG ANQUAN SHENGCHAN ZHIDAO SHOUCE
作　　者	万玉辉　张清海　主编
出版发行	中国水利水电出版社 （北京市海淀区玉渊潭南路 1 号 D 座　100038） 网址：www.waterpub.com.cn E-mail：sales@waterpub.com.cn 电话：(010) 68367658（营销中心）
经　　售	北京科水图书销售中心（零售） 电话：(010) 88383994、63202643、68545874 全国各地新华书店和相关出版物销售网点
排　　版	中国水利水电出版社微机排版中心
印　　刷	清淞永业（天津）印刷有限公司
规　　格	184mm×260mm　16 开本　21 印张　511 千字
版　　次	2021 年 6 月第 1 版　2021 年 6 月第 1 次印刷
印　　数	0001—2000 册
定　　价	**120.00 元**

《水利工程施工安全生产指导手册》
编写人员名单

主　　编：万玉辉　张清海

副 主 编：侯艳丽　韩怀妙　赵　芳

编写人员：赵满江　解丽英　徐有锋　孙庆辉　张重亮

　　　　　李亚娜　邢艳芳　伍丽娟　刘文彪　杜　红

　　　　　白腾飞　刘会朋　王建伟　赵丽嘉　许庆霞

　　　　　万　钊　李　向　刘建学　张永慧

前　言

　　水利工程施工安全事关人民群众生命财产安全和社会稳定大局，事关施工单位的形象和声誉。随着安全生产标准化的实施，对施工作业安全提出了更高的要求，尤其是危险性较大的单项工程作业安全，更应高度重视。

　　为指导水利施工企业从业人员进行安全规范的施工作业，结合水利工程施工的行业特点，本书从深基坑工程、高边坡工程、模板工程、起重吊装工程、脚手架工程、施工临时用电、围堰工程、地下工程和有限空间九个方面，对水利工程施工中经常遇到的危险性较大的单项工程作业安全进行阐述，对施工各环节的安全和技术提出要求和标准，从根源上控制风险和隐患，最终实现本质安全的目的。

　　本书编制过程中以水利行业标准为基础，查阅参考了大量的标准规范。感谢河北金涛建设工程质量检测有限公司和河北金浩工程项目管理咨询中心在编著过程中积极参与并给予的大力支持。

　　由于作者水平有限，书中的缺点、错误和疏漏在所难免。恳请广大读者批评指正。

作者

2021 年 5 月

目　录

第一篇

深基坑工程

1 概　　述

1.1　深基坑工程定义

深基坑工程是指开挖深度达到 3（含）～5m 或虽未超过 3m 但地质条件和周边环境复杂的基坑支护、降水工程。

超过一定规模的深基坑是指开挖深度超过 5m（含）的基坑（槽）的土方开挖、支护、降水工程；开挖深度虽未超过 5m，但地质条件、周围环境和地下管线复杂，或影响毗邻建筑（构筑）物安全的基坑（槽）的土方开挖、支护工程。

1.2　深基坑工程特点

深基坑施工是一项危险性较大的单项工程，水利工程中的深基坑工程大多是临时性工程，工期限制紧，而影响因素、不确定性因素多，极易造成土方坍塌等事故。为确保深基坑的安全施工，以便结构主体施工能够得以顺利、高质量的进行，保证建设项目工程进度，应做好深基坑支护、降水、监测等工作。

2 深基坑开挖

2.1 开挖前的准备工作

2.1.1 编制安全专项方案

1. 基坑工程施工安全专项方案，应与基坑工程施工组织设计同步编制。

2. 基坑工程施工安全专项方案应包括下列主要内容：

（1）工程概况：基坑工程概况和特点、施工平面布置、施工要求和技术保证条件。

（2）编制依据：相关法律、法规、规范性文件、标准、规范及施工图设计文件、施工组织设计等。

（3）施工计划：包括施工进度计划、材料与设备计划。

（4）施工工艺技术：技术参数、工艺流程、施工方法、操作要求、检查要求等。

（5）施工安全保证措施：组织保障措施、技术措施、监测监控措施等。

（6）施工管理及作业人员配备和分工：施工管理人员、专职安全生产管理人员、特种作业人员、其他作业人员等。

（7）验收要求：验收标准、验收程序、验收内容、验收人员等。

（8）应急处置措施。

（9）计算书及相关施工图纸。

3. 对超过一定规模的深基坑工程，施工单位需要组织专家对专项施工方案进行审查论证。

2.1.2 开挖作业前探明地下管线

土方开挖前，应查明基坑周边影响范围内建（构）筑物、上下水、电缆、燃气、排水及热力等地下管线情况，并采取措施保护其使用安全。

2.1.3 安全技术交底

1. 施工前应进行技术交底，并应做好交底记录。

2. 施工过程中各工序开工前，施工技术管理人员，必须向所有参加作业的人员，进行施工组织与安全技术交底，如实告知危险源、防范措施、应急预案，形成文件并签署。

3. 安全技术交底应包括下列内容：

（1）现场勘查与环境调查报告。

（2）施工组织设计。

（3）主要施工技术、关键部位施工工艺工法、参数。

（4）各阶段危险源分析结果与安全技术措施。

（5）应急预案及应急响应等。

2.2 开挖遵循的原则

基坑工程必须遵循先设计后施工的原则；应按设计和施工方案要求，分层、分段、均衡开挖。

2.2.1 基坑开挖除满足设计工况要求按分层、分段、限时、限高和均衡、对称开挖的方法进行外，还应符合下列规定：

1. 当挖土机械、运输车辆等直接进入基坑进行施工作业时，应采取措施保证坡道稳定，坡道坡度不应大于1∶7，坡道宽度应满足行车要求。

2. 基坑周边、放坡平台的施工荷载应按设计要求进行控制。

3. 基坑开挖的土方不应在邻近建筑及基坑周边影响范围内堆放，当需堆放时应进行承载力和相关稳定性验算。

4. 邻近基坑边的局部深坑宜在大面积垫层完成后开挖。

5. 挖土机械不得碰撞工程桩、围护墙、支撑、立柱和立柱桩、降水井管、监测点等。

6. 当基坑开挖深度范围内有地下水时，应采取有效的降水与排水措施，地下水宜在每层土方开挖面以下800～1000mm。

2.2.2 基坑侧壁和底面的防护应符合下列规定：

1. 完成保护层开挖后，应立即采取防雨淋、防土体蒸发失水的临时防护措施。

2. 侧壁临时防护可采用防雨布覆盖，坑底防护宜选择迅速施工垫层等方式。

2.3 基坑开挖的分类及施工安全规定

2.3.1 基坑开挖的分类

基坑开挖分为：无内支撑的基坑开挖、有内支撑的基坑开挖和特殊性土基坑工程。

2.3.2 基坑开挖的施工规定

1. 无内支撑的基坑开挖。

无内支撑的基坑开挖主要包括放坡开挖、土钉或复合土钉墙支护的基坑开挖、锚杆支护的基坑开挖和水泥土重力式围护墙的基坑开挖。

（1）放坡开挖的基坑，边坡表面护坡应符合下列规定：

1）坡面可采用钢丝网水泥砂浆或现浇钢筋混凝土覆盖，现浇混凝土可采用钢板网喷射混凝土，护坡面层的厚度不应小于50mm，混凝土强度等级不宜低于C20，配筋应根据计算确定，混凝土面层应采用短土钉固定。

2）护坡面层宜扩展至坡顶和坡脚一定的距离。坡顶可与施工道路相连，坡脚可与垫层相连。

3）护坡坡面应设置泄水孔，间距应根据设计确定。当无设计要求时，可采用1.5～3.0m。

4）当进行分级放坡开挖时，在上一级基坑坡面处理完成之前，严禁下一级基坑坡面土方开挖。

5）放坡开挖基坑的坡顶和坡脚应设置截水明沟、集水井。

（2）采用土钉或复合土钉墙支护的基坑开挖施工应符合下列规定：

1）截水帷幕、微型桩的强度和龄期，应达到设计要求后方可进行土方开挖。

2）基坑开挖应与土钉施工分层交替进行，并应缩短无支护暴露时间。

3）面积较大的基坑可采用岛式开挖方式，应先挖除距基坑边 8～10m 的土方，再挖除基坑中部的土方。

4）采用分层分段方法进行土方开挖，每层土方开挖的底标高应低于相应土钉位置，距离宜为 200～500mm，每层分段长度不应大于 30m。

5）应在土钉承载力或龄期达到设计要求后开挖下一层土方。

（3）采用锚杆支护的基坑开挖施工应符合下列规定：

1）面层或排桩、微型桩、截水排幕的强度和前期应达到设计要求后方可进行土方开挖。

2）基坑开挖应与锚杆施工分层交替进行，并应缩短无支护暴露时间。

3）预应力锚杆承载力、龄期达到设计要求并经试验检测合格后，方可进行下一层土方开挖。并应对预应力进行监测。

（4）采用水泥土重力式围护墙的基坑开挖施工应符合下列规定：

1）水泥土重力式围护墙的强度、龄期应达到设计要求后方可进行土方开挖。

2）面积较大的基坑宜采用盆式开挖方式，盆边留土平台宽度不宜小于 8m。

3）土方开挖至坑底后应及时浇筑垫层，围护墙无垫层暴露长度不宜大于 25m。

2. 有内支撑的基坑开挖。

有内支撑的基坑开挖形式包括：逆作法、盖挖法施工。

（1）基坑开挖应按先撑后挖、限时、对称、分层、分区等开挖方法确定开挖顺序，严禁超挖，应减小基坑无支撑暴露的开挖时间和空间。混凝土支撑应在达到设计要求的强度后，进行下层土方开挖。钢支撑应在质量验收并按设计要求施加预应力后，进行下层土方开挖。

（2）挖土机械不应停留在水平支撑上方进行挖土作业，当在支撑上部行走时，应在支撑上方回填不少于 300mm 厚的土层，并应采取铺设路基箱等措施。

（3）立柱桩周边 300mm 土层及塔吊基础下钢格构柱周边 300mm 土层应采用人工挖除，格构柱内土方宜采用人工清除。

（4）采用逆作法、盖挖法进行暗挖施工应符合下列规定：

1）基坑土方开挖和结构工程施工的方法和顺序应满足设计工况要求。

2）基坑土方分层、分段、分块开挖后，应按施工方案的要求，限时完成水平支护结构施工。

3）当狭长形基坑暗挖时，宜采用分层分段开挖方法，分段长度不宜大于 25m。

4）面积较大的基坑应采用盆式开挖方式，盆式开挖的取土口位置与基坑边的距离不宜小于 8m。

5）基坑暗挖作业应根据结构预留洞口的位置、间距、大小增设强制通风设施。

6）基坑暗挖作业应设置足够的照明设施，照明设施应根据挖土过程配置。

7）逆作法施工，梁板底模应采用模板支撑系统，模板支撑下的地基承载力应满足要求。

3. 特殊性土基坑工程。

特殊性土基坑工程包括：膨胀岩土基坑工程、受冻融影响的基坑工程和软土基坑工程。

（1）膨胀岩土基坑工程。

1）膨胀土中维护结构施工宜选择干作业方法，支护锚杆注浆材料宜先采用水泥砂浆，后采用水泥浆二次注浆技术。

2）当施工过程中发现实际的膨胀土分布情况、土体膨胀特性与勘察结果存在较大差别，或遇雨淋、泡水、失水干裂等情况时，应及时反馈，并应采取处理措施。

3）膨胀土基坑开挖应符合下列规定：土方开挖应按从上到下分层分段依次进行，开挖应与坡面防护分级跟进作业，本级边坡开挖完成后，应及时进行边坡防护处理，在上一级边坡处理完成之前，严禁下一级边坡开挖。开挖过程中，必须采取有效防护措施，减少大气环境对侧壁土体含水量的影响。应分层、分段开挖，分段长度不应大于30m。

土方开挖应按设计开挖轮廓线预留保护层，保护层厚度应根据不同基坑段的地质条件确定。弱膨胀土预留保护层厚度不应小于300mm，中强膨胀土预留保护层厚度不应小于500mm，中强膨胀土基坑底部坡脚处宜预留土墩。

4）基坑侧壁和底面的防护应符合下列规定：完成保护层开挖后，应立即采取防雨淋、防土体蒸发失水的临时防护措施。侧壁临时防护可采用防雨布覆盖，坑底防护宜选择迅速施工垫层等方式。

（2）受冻融影响的基坑工程。

1）可能发生冻胀的基坑，宜采用内支撑或逆作法施工。

2）可能发生冻胀的基坑工程，应对冻胀力进行设计验算。

3）对基坑侧壁为冻胀土、强冻胀土、特强冻胀土的基坑工程，应采用保温措施。冬期施工时宜搭设暖棚，冬期不施工的，可采取覆盖保温或局部搭设暖棚等措施。

4）可能发生冻胀的基坑使用锚拉支护时，应增大锚杆截面面积，提高杆材抗拉能力，防止锚杆出现断裂破坏。

5）对相邻建（构）筑物有保护要求和支护结构有严格变形要求的工程，在冻土融化阶段，应加强土体沉降、结构变形和锚杆拉力的监测。当锚杆产生应力松弛、拉力下降时，应重新张拉至设计要求。

6）冰和冻土融化时，应防止渗漏水形成的冰柱、冰溜和冻土掉落伤人。

7）受冻融影响的基坑，应及时回填。

（3）软土基坑工程。

1）对高灵敏度软土基坑，施工和使用过程中，应采取措施减少临近交通道路或其他扰动源对土的扰动。

2）基坑开挖时应对软土的触变性和流动性采取措施，当采用排桩保护时，必须进行桩间土的保护，防止软土侧向挤出。当周边有建（构）筑物时，宜设置截水帷幕保护桩间土。

3）软土基坑围护结构施工，应采取合适的施工方法，减少对软土的扰动，控制地层位移对周边环境的影响。

4）紧邻建（构）筑物的软土基坑开挖前宜进行土体加固，并应进行加固效果检测，达到设计要求后方可开挖。

5）在基坑内进行工程桩施工应符合下列规定：

a. 桩顶上部应预留一定厚度的土层，严禁在临近基坑底部形成空孔，必要时对被动区或坑脚土体进行预加固。

b. 应减少对基坑底部土体的扰动，缩短临近基坑侧壁工程桩混凝土的凝固时间；应采用分区隔排、间隔施工，减少对土的集中扰动；应控制钻进和施工速度，防止剪切液化的发生。

3 深基坑支护

周围条件限制大，放坡开挖或者土体不能形成自稳的条件下，需要进行支护。

3.1 基坑支护基本要求

3.1.1 开挖深度超过 2m 的基坑周边必须安装防护栏杆。防护栏杆应符合下列规定：

1. 防护栏杆高度不应低于 1.2m。

2. 防护栏杆应由横杆及立杆组成；横杆应设 2～3 道，下杆离地高度宜为 0.3～0.6m，上杆离地高度宜为 1.2～1.5m；立杆间距不宜大于 2.0m，立杆离坡边距离宜大于 0.5m。

3. 防护栏杆宜加挂密目安全网和挡脚板；安全网应自上而下封闭设置；挡脚板高度不应小于 180mm，挡脚板下沿离地高度不应大于 10mm。

4. 防护栏杆应安装牢固，材料应有足够的强度。

3.1.2 基坑内宜设置供施工人员上下的专用梯道。梯道应设扶手栏杆，梯道的宽度不应小于 1m。梯道的搭设应符合相关安全规范的要求。

3.1.3 基坑支护结构及边坡顶面等有坠落可能的物件时，应先行拆除或加以固定。

3.1.4 同一垂直作业面的上下层不宜同时作业。需同时作业时，上下层之间应采取隔离防护措施。

3.1.5 作业要求

1. 在电力管线、通信管线、燃气管线 2m 范围内及上下水管线 1m 范围内挖土时，应有专人监护。

2. 基坑支护结构必须在达到设计要求的强度后，方可开挖下层土方，严禁提前开挖和超挖。施工过程中，严禁设备或重物碰撞支撑、腰梁、锚杆等基坑支护结构，亦不得在支护结构上放置或悬挂重物。

3. 基坑边坡的顶部应设排水措施；基坑底四周宜设排水沟和集水井，并及时排除积水；基坑挖至坑底时应及时清理基底并浇筑垫层。

4. 对人工开挖的狭窄基槽或坑井，开挖深度较大并存在边坡塌方危险时，应采取支护措施。

5. 地质条件良好、土质均匀且无地下水的自然放坡的坡率允许值，应根据地方经验确定。当无经验时，可符合表 1-1 的规定。

6. 在软土场地上挖土，当机械不能正常行走和作业时，应对挖土机械行走路线，用铺设渣土或砂石等方法进行硬化。

7. 场地内有孔洞时，土方开挖前应将其填实。

8. 遇异常软弱土层、流沙（土）、管涌，应立即停止施工，并及时采取措施。

表 1-1　　　　　　　　　　　　自然放坡的坡率允许值

边坡土体类别	状态	坡率允许值（高宽比）	
		坡高小于 5m	坡高 5～10m
碎石土	密实	1∶0.35～1∶0.50	1∶0.50～1∶0.75
	中密	1∶0.50～1∶0.75	1∶0.75～1∶1.00
	稍密	1∶0.75～1∶1.00	1∶1.00～1∶1.25
黏性土	坚硬	1∶0.75～1∶1.00	1∶1.00～1∶1.25
	硬塑	1∶1.00～1∶1.25	1∶1.25～1∶1.50

注　1. 表中碎石土的充填物为坚硬或硬塑状态的黏性土。

2. 对于砂土填充或充填物为砂石的碎石土，其边坡坡率允许值应按自然休止角确定。

9. 除基坑支护设计允许外，基坑边不得堆土、堆料、放置机具。

10. 采用井点降水时，井口应设置防护盖板或围栏，设置明显的警示标志。降水完成后，应及时将井填实。

11. 施工现场应采用防水型灯具，夜间施工的作业面及进出道路，应有足够的照明措施和安全警示标志。

3.2　基坑边坡支护的选型

3.2.1　基坑侧壁安全等级

基坑支护结构设计应根据表 1-2 选用相应的侧壁安全等级及重要性系数。

表 1-2　　　　　　　　　基坑侧壁安全等级及重要性系数

安全等级	破坏后果	γ_0
一级	支护结构破坏、土体失稳或过大变形对基坑周边环境及地下结构施工影响很严重	1.10
二级	支护结构破坏、土体失稳或过大变形对基坑周边环境及地下结构施工影响一般	1.00
三级	支护结构破坏、土体失稳或过大变形对基坑周边环境及地下结构施工影响不严重	0.90

3.2.2　支护结构的选型

支护结构可根据基坑周边环境、开挖深度、工程地质与水文地质、施工作业设备和施工季节等条件，按表 1-3 选用排桩、地下连续墙、水泥土墙、土钉墙、逆作拱墙、原状土放坡或采用上述型式的组合。

表 1-3　　　　　　　　　　支护结构的选型

结构型式	适用条件
土钉墙	1. 基坑侧壁安全等级宜为二级、三级的排软土场地； 2. 基坑深度不宜大于 12m； 3. 当地下水位高于基坑底面时，应采取降水或截水措施
水泥土墙	1. 基坑侧壁安全等级宜为二级、三级； 2. 水泥土桩施工范围内，地基土承载力不宜大于 150kPa； 3. 基坑深度不宜大于 6m

结构型式	适 用 条 件
排桩或地下连续墙	1. 适于基坑侧壁安全等级为二级、三级； 2. 悬臂式结构在软土场地中不宜大于5m； 3. 当地下水位高于基坑底面时，宜采用降水、排桩加截水帷幕或地下连续墙
逆作拱墙	1. 基坑侧壁安全等级宜为二级、三级； 2. 淤泥和淤泥质土场地不宜采用； 3. 拱墙轴线的矢跨比不宜小于1/8； 4. 基坑深度不宜大于12m； 5. 地下水位高于基坑底面时，应采取降水或截水措施
放坡	1. 基坑侧壁安全等级宜为三级； 2. 施工场地应满足放坡条件； 3. 可独立或与上述其他结构结合使用； 4. 当地下水位高于坡脚时，应采取降水措施

3.3 基坑边坡支护结构的施工

深基坑支护包括土钉墙支护、重力式水泥土墙、地下连续墙、灌注桩排桩围护墙、板桩围护墙、型钢水泥土搅拌墙、沉井、内支撑、土层锚杆、逆作法、坑内土体加固等。

3.3.1 土钉墙支护

1. 土钉墙支护施工，应配合土石方开挖和降水工程施工进行，并应符合下列规定：

（1）分层开挖厚度应与土钉竖向间距协调同步，逐层开挖并施工土钉，严禁超挖。

（2）开挖后应及时封闭临空面，完成土钉墙支护；在易产生局部失稳的土层中，土钉上下排距较大时，宜将开挖分为二层，并应控制开挖分层厚度，及时喷射混凝土底层。

（3）上一层土钉墙施工完成后，应按设计要求或间隔不小于48h，再开挖下一层土方。

（4）施工期间坡顶应按超载值设计要求控制施工荷载。

（5）严禁土方开挖设备碰撞上部已施工的土钉，严禁振动源振动土钉侧壁。

（6）对环境调查结果显示基坑侧壁地下管线存在渗漏或存在地表水补给的工程，应反馈修改设计，提高土钉墙设计安全度，必要时应调整支护结构方案。

2. 土钉施工应符合下列规定：

（1）干作业法施工时，应先降低地下水位，严禁在地下水位以下成孔施工。

（2）当成孔过程中遇有障碍物或成孔困难需调整孔位及土钉长度时，应对土钉承载力及支护结构安全度进行复核计算，根据复核计算结果调整设计。

（3）对灵敏度较高的粉土、粉质黏土及可能产生液化的土体，严禁采用振动法施工土钉。

（4）设有水泥土截水帷幕的土钉支护结构，土钉成孔过程中应采取措施防止土体流失。

（5）土钉应采用孔底注浆施工，严禁采用孔口重力式注浆。对空隙较大的土层，应采用较小的水灰比，并应采取二次注浆方法。

（6）膨胀土土钉注浆材料宜采用水泥砂浆，并应采用水泥浆二次注浆技术。

3. 喷射混凝土施工应符合下列规定：

（1）作业人员应佩戴防尘口罩、防护眼镜等防护用具，并应避免直接接触液体速凝剂，接触后应立即用清水冲洗；非施工人员不得进入喷射混凝土的作业区，施工中喷嘴前严禁站人。

（2）喷射混凝土施工中应检查输料管、接头的情况，当有磨损、击穿或松脱时应及时处理。

（3）喷射混凝土作业中，如发生输料管路堵塞或爆裂，必须依次停止投料、送水和供风。

4. 冬期在没有可靠保温措施条件时不得施工。

5. 施工过程中应对产生的地面裂缝进行观测和分析，及时反馈设计，并应采取相应措施，控制裂缝的发展。

3.3.2　重力式水泥土墙

重力式水泥土墙种类见图1-1。

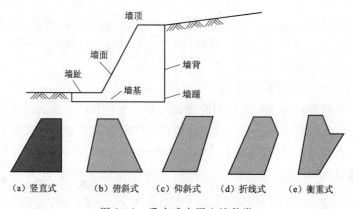

图1-1　重力式水泥土墙种类

1. 重力式水泥土墙应通过试验性施工，并应通过调整搅拌桩机的提升（下沉）速度、喷浆量以及喷浆、喷气压力等施工参数，减小对周边环境的影响。施工完成后应检测墙体连续性及强度。

2. 水泥土搅拌桩机运行过程中，其下部严禁站立非工作人员；桩机移动过程中非工作人员严禁在其周围活动，移动路线上不应有障碍物。

3. 重力式水泥土墙施工遇有河塘、洼地时，应抽水和清淤，并应采用素土回填夯实。在暗浜区域水泥土搅拌桩应适当提高水泥掺量。

4. 钢管、钢筋或竹筋的插入应在水泥土搅拌桩成桩后及时完成，插入位置和深度应符合设计要求。

5. 施工时因故停浆，应在恢复喷浆前，将搅拌机头提升或下沉0.5m后喷浆搅拌施工。

6. 水泥土搅拌桩搭接施工的间隔时间不宜大于 24h，当超过 24h 时，搭接施工时应放慢搅拌速度。若无法搭接或搭接不良，应做冷缝记录，在搭接处采取补救措施。

3.3.3 地下连续墙

地下连续墙施工流程见图 1-2。

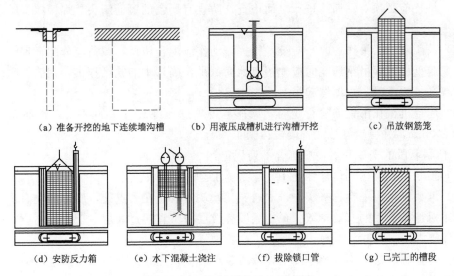

(a) 准备开挖的地下连续墙沟槽　(b) 用液压成槽机进行沟槽开挖　(c) 吊放钢筋笼

(d) 安防反力箱　(e) 水下混凝土浇注　(f) 拔除锁口管　(g) 已完工的槽段

图 1-2　地下连续墙施工流程图

1. 地下连续墙成槽施工应符合下列规定：

(1) 地下连续墙成槽前应设置钢筋混凝土导墙及施工道路。导墙养护期间，重型机械设备不应在导墙附近作业或停留。

(2) 地下连续墙成槽前应进行槽壁稳定性验算。

(3) 对位于暗河区、扰动土区、浅部砂性土中的槽段或邻近建筑物保护要求较高时，宜在连续墙施工前对槽壁进行加固。

(4) 地下连续墙单元槽段成槽施工，宜采用跳幅间隔的施工顺序。

(5) 在保护设施不齐全、监管人不到位的情况下，严禁人员下槽、孔内清理障碍物。

2. 地下连续墙成槽泥浆制备应符合下列规定：

(1) 护壁泥浆使用前，应根据材料和地质条件进行试配，并进行室内性能试验，泥浆配合比宜按现场试验确定。

(2) 泥浆的供应及处理系统应满足泥浆使用量的要求，槽内泥浆面不应低于导墙面 0.3m，同时槽内泥浆面应高于地下水位 0.5m 以上。

3. 槽段接头施工应符合下列规定：

(1) 成槽结束后应对相邻槽段的混凝土端面进行清刷，刷至底部，清除接头处的泥沙，确保单元槽段接头部位的抗渗性能。

(2) 槽段接头应满足混凝土浇筑压力对其强度和刚度的要求，安放时，应紧贴槽段垂直缓慢沉放至槽底，遇到阻碍时，槽段接头应在消除障碍后入槽。

(3) 周边环境保护要求高时，宜在地下连续墙接头处增加防水措施。

4. 地下连续墙钢筋笼吊装应符合下列规定：

(1) 吊装所选用的吊车应满足吊装高度及起重量的要求，主吊和副吊应根据计算确定。钢筋笼吊点布置应根据吊装工艺通过计算确定，并应进行整体起吊安全验算。按计算结果配置吊具、吊点加固钢筋、吊筋等。

(2) 吊装前必须对钢筋笼进行全面检查，防止有剩余的钢筋断头、焊接接头等遗留在钢筋笼上。

(3) 采用双机抬吊作业时，应统一指挥，动作应配合协调，载荷应分配合理。

(4) 起重机械起吊钢筋笼时应先稍离地面试吊，确认钢筋笼已挂牢，钢筋笼刚度、焊接强度等满足要求时，再继续起吊。

(5) 起重机械在吊钢筋笼行走时，载荷不得超过允许起重量的 70%，钢筋笼离地不得大于 500mm，并应拴好拉绳，缓慢行驶。

5. 预制墙段的安放和运输应符合下列规定：

(1) 预制墙段应达到设计强度 100% 后方可运输及吊放。

(2) 堆放场地应平整、坚实、排水通畅。垫块宜放置在吊点处，底层垫块面积应满足墙段自重对地基荷载的有效扩散。预制墙段叠放层数不宜超过 3 层，上下层垫块应放置在同一直线上。

(3) 运输叠放层数不宜超过 2 层，墙段装车后应采用紧绳器与车板固定，钢丝绳与墙段阳角接触处应有护角措施。异形截面墙段运输时应有可靠的支撑措施。

6. 预制墙段的安放应符合下列规定：

(1) 预制墙段应验收合格，待槽段完成并验槽合格后，方可安放入槽段内。

(2) 安放顺序为先转角槽段后直线槽段，安放闭合位置宜设置在直线槽段上。

(3) 相邻槽段应连续成槽，幅间接头宜采用现浇接头。

(4) 吊放时应在导墙上安装导向架；起吊吊点应按设计要求或经计算确定，起吊过程中所产生的内力应满足设计要求；起吊回直过程中应防止预制墙根部拖行或着力过大。

7. 起重机械及吊装机具进场前应进行检验，施工前应进行调试，施工中应定期检验和维护。

8. 成槽机、履带吊应在平坦坚实的路面上作业、行走和停放。外露传动系统应有防护罩，转盘方向轴应设有安全警告牌。成槽机、起重机工作时，回转半径内不应有障碍物，吊臂下严禁站人。

3.3.4　灌注桩排桩围护墙

灌注桩排桩围护墙见图 1-3。

1. 干作业挖孔桩施工可采用人工或机械洛阳铲等施工方案。当采用人工挖孔方法时，应符合工程所在地，关于人工挖孔桩安全规定，并应采取下列措施：

(1) 孔内必须设置应急软爬梯供人员上下，不得使用麻绳和尼龙绳吊挂或脚踏井壁凸缘上下；使用的电葫芦、吊笼等应安全可

图 1-3　灌注桩排桩围护墙

靠，并应配有自动卡紧保险装置；电葫芦宜采用按钮式开关，使用前必须检验其安全起吊能力。

（2）每日开工前必须检测井下的有毒有害气体，并应有相应的安全防范措施；当桩孔开挖深度超过 10m 时，应有专门向井下送风的装备，风量不宜少于 25L/s。

（3）孔口周边必须设置护栏，护栏高度不应小于 0.8m。

（4）施工过程中，孔中无作业和作业完毕后，应及时在孔口加盖盖板。

（5）挖出的土石方应及时运离孔口，不得堆放在孔口周边 1m 范围内，机动车辆的通行不得对井壁的安全造成影响。

（6）施工现场的一切电源、电路的安装和拆除必须符合现行行业标准的规定。

2. 钻机施工应符合下列规定：

（1）作业前应对钻机进行检查，各部件验收合格后方能使用。

（2）钻头和钻杆连接螺纹应良好，钻头焊接应牢固。不得有裂纹。

（3）钻机钻架基础应夯实、整平，地基承载力应满足，作业范围内地下应无管线及其他地下障碍物，作业现场与架空输电线路的安全距离应符合规定。

（4）钻进中，应随时观察钻机的运转情况，当发生异响、吊索具破损、漏气、漏渣以及其他不正常情况时，应立即停机检查，排除故障后，方可继续施工。

（5）当桩孔净间距过小或采用多台钻机同时施工时，相邻桩应间隔施工。当无特别措施时，浇筑混凝土的桩与邻桩间距不应小于 4 倍桩径，或间隔施工时间宜大于 36h。

（6）泥浆护壁成孔时发生斜孔、塌孔或沿护筒周围冒浆以及地面沉陷等情况应停止钻进，采取措施处理后方可继续施工。

（7）当采用空气吸泥时，其喷浆口应遮挡，并应固定管端。

3. 冲击成孔施工前，以及施工过程中应检查钢丝绳、卡扣及转向装置，冲击施工时应控制钢丝绳放松量。

4. 当非均匀配筋的钢筋笼吊放安装时，应有方向辨别措施，确保钢筋笼的安放方向与设计方向一致。

5. 混凝土浇筑完毕后，应及时在桩孔位置回填土方或加盖盖板。

6. 遇有湿陷性土层、地下水位较低、既有建筑物距离基坑较近时，不宜采用泥浆护壁的工艺施工灌注桩。当需采用泥浆护壁工艺时，应采用优质低失水量泥浆、控制孔内水位等措施，减少和避免对相邻建（构）筑物产生影响。

7. 基坑土方开挖过程中，宜采用喷射混凝土等方法对灌注排桩的桩间土体进行加固，防止土体掉落对人员、机具造成损害。

3.3.5　板桩围护墙

板桩围护墙见图 1-4。

1. 钢板桩堆放场地应平整坚实，组合钢板桩堆高不宜超过 3 层。板桩施工作业区内应无高压线路，作业区应有明显标志或围栏。桩锤在施打过程中，监视距离不宜小于 5m。

图 1-4　板桩围护墙

2. 桩机设备组装时，应对各紧固件进行检查，在紧固件未拧紧前不得进行配重安装。组装完毕后，应对整机进行试运转，确认各传动机构、齿轮箱、防护罩等良好，各部件连接牢靠。

3. 桩机作业应符合下列规定：

（1）严禁吊桩、吊锤、回转或行走等动作同时进行。

（2）当打桩机带锤行走时，应将桩锤放至最低位。打桩机在吊有桩或锤的情况下，操作人员不得离开岗位。

（3）当采用振动桩锤作业时，悬挂振动桩锤的起重机，其吊钩上必须有防松脱的保护装置，振动桩锤悬挂钢架的耳环上应加装保险钢丝绳。

（4）插桩过程中，应及时校正桩的垂直度。后续桩与先打桩间的钢板桩锁扣，使用前应进行套锁检查。当桩入土 3m 以上时，严禁用打桩机行走或回转动作来纠正桩的垂直度。

（5）当停机时间较长时，应将桩锤落下并垫好。

（6）检修时不得悬吊桩锤。

（7）作业后应将打桩机停放在坚实平整的地面上，将桩锤落下垫实，并应切断动力电源。

4. 当板桩围护墙基坑有邻近建（构）筑物及地下管线时，应采用静力压桩法施工，并应根据环境状况控制压桩施工速率。当静力压桩作业时，应有统一指挥，压桩人员和吊装人员应密切联系，相互配合。

5. 板桩围护施工过程中，应加强周边地下水位以及孔隙水压力的监测。

3.3.6 型钢水泥土搅拌墙

型钢水泥土搅拌墙见图 1-5。

图 1-5 型钢水泥土搅拌墙

1. 施工现场应先进行场地平整，清除搅拌桩施工区域的表层硬物和地下障碍物。现场道路的承载能力，应满足桩机和起重机平稳行走的要求。

2. 对于硬质土层成桩困难时，应调整施工速度或采取先行钻孔跳打方式。

3. 对环境保护要求高的基坑工程，宜选择挤土量小的搅拌机头，并应通过试成桩及其监测结果调整施工参数。

4. 型钢堆放场地应平整坚实、场地无积水，地基承载力应满足堆放要求。

5. 型钢吊装过程中，型钢不得拖地；起重机械回转半径内不应有障碍物，吊臂下严禁站人。

6. 型钢的插入应符合下列规定：

（1）型钢宜依靠自重插入，当自重插入有困难时可采取辅助措施。

（2）严禁采用多次重复起吊型钢并松钩下落的插入方法，前后插入的型钢应可靠连接。

（3）当采用振动锤插入时，应通过环境监测检验其适用性。

7. 型钢的拔除与回收应符合下列规定：

（1）型钢拔除应采取跳拔方式，并宜采用液压千斤顶配以吊车进行，拔除前水泥土搅拌墙与主体结构地下室外墙之间的空隙必须回填密实，拔出时应对周边环境进行监测，拔出后应对型钢留下的空隙进行注浆填充。

（2）当基坑内外水头不平衡时，不宜拔除型钢，如拔除型钢，应采取相应的截水措施。

（3）周边环境条件复杂、环境保护要求高、拔除对环境影响较大时，型钢不应回收。

（4）回收型钢施工，应编制包括浆液配比、注浆工艺、拔除顺序等内容的施工安全方案。

8. 采用渠式切割水泥土连续墙技术，施工型钢水泥土搅拌墙应符合下列规定：

（1）成墙施工时，应保持不小于2.0m/h的搅拌推进速度。

（2）成墙施工结束后，切割箱应及时进入挖掘养生作业区或拔出。

（3）施工过程中，必须配置备用发电机组，保障连续作业。

（4）应控制切割箱的拔出速度，拔出切割箱过程中，浆液注入量应与拔出切割箱的体积相等，混合泥浆液面不得下降。

（5）水泥土未达到设计强度前，沟槽两侧应设置防护栏杆及警示标志。

3.3.7 沉井

沉井见图1-6。

1. 基坑周边存在既有建（构）筑物、管线或环境保护要求严格时，不宜采用沉井施工工法。

2. 沉井的制作与施工应符合下列规定：

（1）搭设外排脚手架应与模板脱开。

（2）刃脚混凝土达到设计强度，方可进行后续施工。

（3）沉井挖土下沉应分层、均匀、对称进行，并应根据现场施工情况采取止沉或助沉措施，沉井下沉应平稳。下沉过程中应采取信息施工法及时纠偏。

图1-6 沉井

（4）沉井不排水下沉时，井内水位不得低于井外水位；流动性土层开挖时，应保持井内水位高出井外水位不少于1m。

（5）沉井施工中挖出的土方宜外运。当现场条件许可在附近堆放时，堆放地距井壁边的距离不应小于沉井下沉深度的2倍，且不应影响现场的交通、排水及后续施工。

3. 当作业人员从常压环境进入高压环境或从高压环境回到常压环境时，均应符合相关程序与规定。

3.3.8 内支撑

1. 支撑系统的施工与拆除，应按先撑后挖、先托后拆的顺序，拆除顺序应与支护结构的设计工况相一致，并应结合现场支护结构内力与变形的监测结果进行。

2. 支撑体系上不应堆放材料或运行施工机械，当需利用支撑结构兼做施工平台或栈桥时，应进行专门设计。

3. 基坑开挖过程中应对基坑开挖形成的立柱进行监测，并应根据监测数据调整施工方案。

4. 支撑底模应具有一定的强度、刚度和稳定性，混凝土垫层不得用作底模。

5. 钢支撑吊装就位时，吊车及钢支撑下方严禁人员入内，现场应做好防下坠措施。钢支撑吊装过程中应缓慢移动，操作人员应监视周围环境，避免钢支撑刮碰坑壁、冠梁、上部钢支撑等。起吊钢支撑应先进行试吊，检查起重机的稳定性、制动的可靠性、钢支撑的平衡性、绑扎的牢固性，确认无误后，方可起吊。当起重机出现倾覆迹象时，应快速使钢支撑落回基座。

6. 钢支撑预应力施加应符合下列规定：

（1）支撑安装完毕后，应及时检查各节点的连接状况，经确认符合要求后方可均匀、对称、分级施加预压力。

（2）预应力施加过程中应检查支撑连接节点，必要时应对支撑节点进行加固，预应力施加完毕、额定压力稳定后应锁定。

（3）钢支撑使用过程应定期进行预应力监测，必要时应对预应力损失进行补偿，在周边环境保护要求较高时，宜采用钢支撑预应力自动补偿系统。

7. 立柱及立柱桩施工应符合下列规定：

（1）立柱桩施工前应对其单桩承载力进行验算，竖向荷载应按最不利工况取值，立柱在基坑开挖阶段应计入支撑与立柱的自重、支撑构件上的施工荷载等。

（2）立柱与支撑可采用铰接连接。在节点处应根据承受的荷载大小，通过计算设置抗剪钢筋或钢牛腿等抗剪措施。立柱穿过主体结构底板以及支撑结构穿越主体结构地下室外墙的部位应采取止水构造措施。

（3）钢立柱周边的桩孔应采用砂石均匀回填密实。

8. 支撑拆除施工应符合下列规定：

（1）拆除支撑施工前，必须对施工作业人员进行安全技术交底，施工中应加强安全检查。

（2）拆撑作业施工范围严禁非操作人员入内，切割焊和吊运过程中工作区严禁入内，拆除的零部件严禁随意抛落。当钢筋混凝土支撑采用爆破拆除施工时，现场应划定危险区域，并应设置警戒线和相关的安全标志，警戒范围内不得有人员逗留，并应派专人监管。

（3）支撑拆除时应设置安全可靠的防护措施和作业空间，当需利用永久结构底板或楼板作为支撑拆除平台时，应采取有效的加固及保护措施，并应征得主体结构设计单位同意。

（4）换撑工况应满足设计工况要求，支撑应在梁板柱结构及换撑结构达到设计要求的强度后对称拆除。

（5）支撑拆除施工过程中应加强对支撑轴力和支护结构位移的监测，变化较大时，应加密监测，并应及时统计、分析上报，必要时应停止施工加强支撑。

（6）栈桥拆除施工过程中，栈桥上严禁堆载，并应限制施工机械超载，合理制定拆除的顺序，应根据支护结构变形情况调整拆除长度，确保栈桥剩余部分结构的稳定性。

（7）钢支撑可采用人工拆除和机械拆除。钢支撑拆除时应避免瞬间预加应力释放过大而导致支护结构局部变形、开裂，并应采用分步卸载钢支撑预应力的方法对其进行拆除。

9. 当采用人工拆除作业时，作业人员应站在稳定的结构或脚手架上操作，支撑构件应采取有效的防下坠控制措施，对切断两端的支撑拆除的构件应有安全的放置场所。

10. 机械拆除施工应符合下列规定：

（1）应按施工组织设计选定的机械设备及吊装方案进行施工，严禁超载作业或任意扩大拆除范围。

（2）作业中机械不得同时回转、行走。

（3）对尺寸或自重较大的构件或材料，必须采用起重机具及时下放。

（4）拆卸下来的各种材料应及时清理，分类堆放在指定场所。

（5）供机械设备使用和堆放拆卸下来的各种材料的场地地基承载力应满足要求。

3.3.9 土层锚杆

土层锚杆构造见图1-7，土层锚杆施工见图1-8。

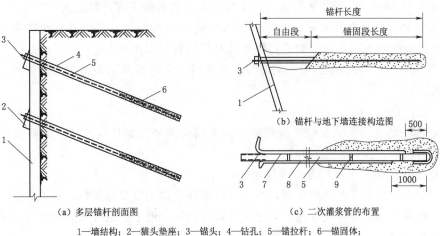

1—墙结构；2—猫头垫座；3—锚头；4—钻孔；5—锚拉杆；6—锚固体；
7——次灌浆管；8—二次灌浆管；9—定位器

图1-7　土层锚杆构造

1. 当锚杆穿过的地层附近有地下管线或地下构筑物时，应查明其位置、尺寸、走向、类型、使用状况等情况后，方可进行锚杆施工。

2. 锚杆施工前宜通过试验性施工，确定锚杆设计参数和施工工艺的合理性，并应评估对环境的影响。

3. 锚孔钻进作业时，应保持钻机及作业平台稳定可靠，除钻机操作人员还应有不少于

图1-8　土层锚杆施工

1人协助作业。高处作业时，作业平台应设置封闭防护设施，作业人员应佩戴防护用品。注浆施工时相关操作人员必须佩戴防护眼镜。

4. 锚杆钻机应安设安全可靠的反力装置。在有地下承压水地层钻进时，孔口必须设置可靠的防喷装置，当发生漏水、涌砂时，应及时封闭孔口。

5. 注浆管路连接应牢固可靠，保证畅通，防止塞泵、塞管。注浆施工过程中，应在现场加强巡视，对注浆管路应采取保护措施。

6. 锚杆注浆时注浆罐内应保持一定数量的浆料，防止罐体放空、伤人。处理管路堵塞前，应消除灌内压力。

7. 预应力锚杆张拉施工应符合下列规定：

（1）预应力锚杆张拉作业前，应检查高压油泵与千斤顶之间的连接件，连接件必须完好、紧固。张拉设备应可靠，作业前在张拉端设置有效的防护措施。

（2）锚杆钢筋或钢绞线应连接牢固，严禁在张拉时发生脱扣现象。

（3）张拉过程中，孔口前方严禁站人，操作人员应站在千斤顶侧面操作。

（4）张拉施工时，其下方严禁进行其他操作，严禁采用敲击方法调整施力装置，不得在锚杆端部悬挂重物或碰撞锚具。

8. 锚杆试验时，计量仪表连接必须牢固可靠，前方和下方严禁站人。

9. 锚杆锁定应控制相邻锚杆张拉锁定引起的预应力损失，当锚杆出现锚头松弛、脱落、锚具失效等情况时，应及时进行修复并对其进行再次张拉锁定。

10. 当锚杆承载力检测结果不满足设计要求时，应将检测结果提交设计复核，并提出补救措施。

3.3.10　逆作法

1. 逆作法施工应采取安全控制措施，应根据柱网轴线、环境及施工方案要求设置通风口及地下通风、换气、照明和用电设备。

2. 逆作法通风排气应符合下列规定：

（1）在浇筑地下室各层楼板时，挖土行进路线应预先留设通风口，随地下挖土工作面的推进，通风口露出部位应及时安装通风及排气设施。地下室空气成分应符合国家有关安全卫生标准。

（2）在楼板结构水平构件上留设的临时施工洞口位置宜上下对齐，应满足施工及自然通风等要求。

（3）风机表面应保持清洁，进出风口不得有杂物，应定期清除风机及管道内的灰尘等杂物。

（4）风管应敷设牢固、平顺，接头应严密、不漏风，且不应妨碍运输、影响挖土及结构施工，并应配有专人负责检查、养护。

（5）地下室施工时应采用送风作业，采用鼓风机从地面向地下送风到工作面，鼓风功率不应小于 $1kW/1000m^3$。

3. 逆作法照明及电力设施应符合下列规定：

（1）当逆作法施工中自然采光不满足施工要求时，应编制照明用电专项方案。

（2）地下室应根据施工方案及相关规范要求装置足够的照明设备及电力插座。

（3）逆作法地下室施工应设一般照明、局部照明和混合照明。在一个工作场所内，不得仅设局部照明。

4．逆作法施工应符合下列规定：

（1）闲置取土口、楼梯孔洞及交通要道应搭设防护措施，且宜采取有效的防雨措施。

（2）施工时应保护施工洞口结构的插筋、接驳器等预埋件。

（3）宜采用专门的大型自动提土设备垂直运输土石方，当运输轨道设置在主体结构上时，应对结构承载力进行验算，并应征得设计单位同意。

（4）当逆作梁板混凝土强度，达到设计强度等级的 90% 及以上，并经设计单位许可后，方可进行下层土石方的开挖，必要时应加入早强剂或提高混凝土强度等级。

（5）主体结构施工未完成前，临时柱承载力应经计算确定。

（6）梁板下土方开挖应在混凝土的强度达到设计要求后进行，土方开挖过程中不得破坏主体结构及围护结构。挖出的土方应及时运走，严禁堆放在楼板上及基坑周边。

5．施工栈桥的设置应符合下列规定：

（1）施工栈桥及立柱桩应根据基坑周边环境条件、基坑形状、支撑布置、施工方法等进行专项设计，立柱桩的设计间距应满足坑内小型挖土机械的移动和操作的安全要求。

（2）专项设计应提交设计单位进行复核。

（3）使用中应按设计要求控制施工荷载。

6．地下水平结构施工模板、支架应符合下列规定：

（1）主体结构水平构件宜采用木模或钢模，模板支撑地基承载力与变形应满足设计要求。

（2）模板体系承载力、刚度和稳定性，应能可靠承受浇筑混凝土的重量、侧压力及施工荷载。

7．逆作法上下同步施工的工程应采用信息施工法，并应对竖向支承桩、柱、转换梁等关键部位的内力和变形提出有针对性的施工监测方案、报警机制和应急预案。

3.3.11　坑内土体加固

1．当安全等级为一级的基坑工程进行坑内土体加固时，应先进行基坑围护施工，再进行坑内土体加固施工。

2．降水加固可适用于砂土、粉性土，降水加固不得对周边环境产生影响。降水期间应对坑内、坑外地下水位及邻近建筑物、地下管线进行监测。

3．当采用水泥土搅拌桩进行土体加固时，在加固深度范围以上的土层被扰动，应采用低掺量水泥回掺处理。

4．高压喷射注浆法进行坑内土体加固施工应符合下列规定：

（1）施工前应对现场环境和地下埋设物的位置情况进行调查，确定高压喷射注浆的施工工艺并选择合理的机具。

（2）可根据情况在水泥浆液中加入速凝剂、悬浮剂等，掺合料与外加剂的种类及掺量应通过试验确定。

（3）应采用分区、分段、间隔施工，相邻两桩施工间隔时间不应小于 48h，先后施工的两桩间距应为 4～6m。

（4）可采用复喷施工技术措施保障加固效果，复喷施工应先喷一遍清水再喷一遍或两遍水泥浆。

（5）当采用三重管或多重管施工工艺时，应对孔隙水压力进行监测，并应根据监测结果调整施工参数、施工位置和施工速度。

4 基坑降排水

4.1 基坑降排水基本要求

4.1.1 坑槽开挖施工前，应做好地面外围截、排水设施，防止地表水流入基坑（槽），冲刷边坡发生坍塌事故。

4.1.2 基坑（槽）深度较大，地下水位较高时，应在基坑边坡上设置2～3层明沟，进行分层抽排水。

4.1.3 岸坡或基坑开挖应设置截水沟，截水沟距离坡顶安全距离不应小于5m；明沟距道路边坡距离应不小于1m。

4.1.4 基坑边坡的顶部应设排水设施。基坑底四周宜设排水沟和集水井，并及时排除积水。基坑挖至坑底时应及时清理基底并浇筑垫层。

4.1.5 当基坑内出现临时局部深挖时，可采取集水明排、盲沟等技术措施，并应与整体降水系统有效结合。

4.1.6 抽水应采取措施控制出水含砂量。含砂量控制，应满足设计要求，并应满足有关规范要求。

4.1.7 当支护结构或地基处理施工时，应采取措施防止打桩、注浆等施工行为造成管井、点井的失效。

4.2 降水施工准备

4.2.1 编制专项施工方案。地下水控制施工应根据设计要求编制专项施工方案，并应包括下列主要内容：

1. 工程概况及设计依据。
2. 分析地下水控制工程的关键节点，提出针对性技术措施。
3. 制定质量保证措施。
4. 制定现场布置、设备、人员安排、材料供应和施工进度计划。
5. 制定监测方案。
6. 制定安全技术措施和应急预案。

4.2.2 基坑降水前应对周边环境进行调研：

1. 查明场地的工程地质及水文地质条件。
2. 查明地下贮水体（如地下河道、古水池等）的分布情况，避免地下贮水体和井点穿通的现象发生。
3. 查明各种管线的分布和类型，对差异沉降的承受能力等，判定是否需要预先采取加固措施等。

4. 查清周边地面和地下建筑物的情况，降水前要查清这些建筑物是否需要预先采取加固措施等。

4.2.3 降水施工准备阶段应符合下列规定：

1. 施工现场水、电、路和场地应满足设备、设施就位和进出场地条件。

2. 应根据施工组织设计对所有参加人员进行技术交底和安全交底。

3. 应进行设备、材料的采购、组织与调配，设备选择应与降水井的出水能力相匹配。

4. 应进行工程环境监测的布设和初始数据的采集。

5. 当发现降水设计与现场情况不符时，应及时反馈情况。

4.3　降水方法的分类及适用条件

4.3.1　降水方法应根据场地地质条件、降水目的、降水技术要求、降水工程可能涉及的工程环境保护等因素按表1-4选用，并应符合下列规定：

1. 地下水控制水位应满足基础施工要求，基坑范围内地下水位应降至基础垫层以下不小于0.5m，对基底以下承压水应降至不产生坑底突涌的水位以下，对局部加深部位（集水坑，泵房等）宜采取局部控制措施。

2. 降水过程中应采取防止土颗粒流失的措施。

3. 应减少对地下水资源的影响。

4. 对工程环境的影响应在可控范围之内。

5. 应能充分利用抽排的地下水资源。

表 1-4　　　　　　　　　　　工程降水方法及适用条件

降水方法		适用条件		
		土质类别	渗透系数/(m/d)	降水深度/m
集水明排		填土、黏性土、粉土、砂土、碎石土	—	—
降水井	真空井点	粉质黏土、粉土、砂土	0.01~20.0	单级≤6，多级≤12
	喷射井点	粉土、砂土	0.1~20.0	≤20
	管井	粉土、砂土、碎石土、岩土	>1	不限
	渗井	粉质黏土、粉土、砂土、碎石土	>0.1	由下部含水层的埋藏条件和水头条件确定
	辐射井	黏性土、粉土、砂土、碎石土	>0.1	4~20
	电渗井	黏性土、淤泥、淤泥质黏土	≤0.1	≤6
	潜埋井	粉土、砂土、碎石土	>0.1	≤2

4.3.2　地下水控制应采取集水明排措施，拦截、排除地表（坑顶）、坑底和坡面积水。

4.3.3　当采用渗井或多层含水层降水时，应采取措施防止下部含水层水质恶化，在降水完成后应及时进行分段封井。

4.3.4　对风化岩、黏性土等富水性差的地层，可采用降、排、堵等多种地下水控制方法。

4.4 不同降水方法的布设和施工

4.4.1 不同降水方法的布设：

1. 降水系统平面布置应根据工程的平面形状、场地条件确定，并应符合下列规定：

(1) 面状降水工程降水井点宜沿降水区域周边呈封闭状均匀布置，距开挖上口边线不宜小于1m。

(2) 线状、条状降水工程降水井宜采用单排或双排布置，两端应外延条状或线状降水井点围合区域宽度的1~2倍布置降水井。

(3) 降水井点围合区域宽度大于单井降水影响半径或采用区隔水帷幕的工程，应在围合区域内增设降水井或疏干井。

(4) 在运土通道出口两侧应增设降水井。

(5) 当降水区域远离补给边界，地下水流速较小时，降水井点宜等间距布置，当邻近补给边界，地下水流速较大时，在地下水补给方向，降水井点间距可适当减小。

(6) 对于多层含水层降水，宜分层布置降水井点，当确定上层含水层地下水，不会造成下层含水层地下水污染时，可利用一个井点降低多层地下水水位。

(7) 降水井点、排水系统布设应考虑与场地工程施工的相互影响。

2. 集水明排。

(1) 集水明排应符合下列规定：

1) 对地表汇水、降水井抽出的地下水，可采用明沟或管道排水。

2) 对坑底汇水可采用明沟或盲沟排水。

3) 对坡面渗水宜采用渗水部位插打导水管，引至排水沟的方式排水。

4) 必要时可设置临时性明沟和集水井，临时明沟和集水井随土方开挖过程适时调整。

(2) 沿排水沟宜每隔30~50m设置一口集水井。集水井、排水管沟不应影响地下工程施工。

(3) 排水沟深度和宽度应根据基坑排水量确定，坡度宜为0.1%~0.5%；集水井尺寸和数量应根据汇水量确定，深度应大于排水沟深度1.0m；排水管道的直径应根据排水量确定，排水管的坡度不宜小于0.5%。

(4) 降水工程排水设施与市政管网连接口之间应设沉淀池。

3. 真空井点。

(1) 真空井点布设，除应符合降水系统平面布置规定外，还应符合下列规定：

1) 当真空井点孔口至设计降水水位的深度不超过6.0m时，宜采用单级真空井点；当大于6.0m且场地条件允许时，可采用多级真空井点降水，多级井点上下级高差宜取4.0~5.0m。

2) 井点系统的平面位置，应根据降水区域平面形状、降水深度、地下水的流向以及土的性质确定，可布置成环形、U形和线形（单排、双排）。

3) 井点间距宜为0.8~2.0m，距开挖上口线的距离不应小于1.0m；集水总管宜沿抽水水流方向布设，坡度宜为0.25%~0.5%。

4）降水区城四角位置井点宜加密。

5）降水区域场地狭小或在涵洞、地下暗挖工程、水下降水工程，可布设水平、倾斜井点。

（2）真空井点的构造应符合下列规定：

1）井点管宜采用金属管或 U - PVC 管，直径应根据单井设计出水量确定，宜为 38～110mm。

2）过滤器管径应与井点管直径一致，滤水段管长度应大于 1.0m；管壁上应布置渗水孔，直径宜为 12～18mm；渗水孔宜呈梅花形布置，孔隙率应大于 15％；滤水段之下应设置沉淀管，沉淀管长度不宜小于 0.5m。

3）管壁外应根据地层土粒径设置滤水网；滤水网宜设置两层，内层滤网宜采用 60～80 目尼龙网或金属网，外层滤网宜采用 3～10 目尼龙网或金属网，管壁与滤网间应采用金属丝绕成螺旋形隔开，滤网外应再绕一层粗金属丝。

4）孔壁与井管之间的滤料宜采用中粗砂，滤料上方应用黏土封堵，封堵至地面的厚度应大于 1.0m。

5）集水总管宜采用 $\phi89～127mm$ 的钢管，每节长度宜为 4m，其上应安装与井点管相连接的接头。

6）井点泵应用密封胶管或金属管连接各井，每个泵可带动 30～50 个真空井点。

4. 喷射井点。

（1）喷射井点布设除应符合本节降水系统平面布置规定外，还应符合下列规定：

1）当降水区域宽度小于 10m 时宜单排布置，当降水区域宽度大于 10m 时宜双排布置，面状降水工程宜环形布置。

2）喷射井点间距宜为 1.0～3.0m，井点深度应比设计开挖深度大 3.0～5.0m。

3）每组喷射井点系统的井点数不宜超过 30 个，总管直径不宜小于 150mm，总长不宜超过 60m，每组井点应自成系统。

（2）喷射井点的构造应符合下列规定：

1）井点的外管直径宜为 73～108mm，内管直径宜为 50～73mm。

2）过滤器管径应与井点管径一致，滤水段管长度应大于 1.0m；管壁上应布置渗水孔，直径宜为 12～18mm；渗水孔宜呈梅花形布置，孔隙率应大于 15％；滤水段之下应设置沉淀管，沉淀管长度不宜小于 0.5m。

3）管壁外应根据地层土粒径设置滤水网，滤水网宜设置两层，内层滤网宜采用 60～80 目尼龙网或金属网，外层滤网宜采用 3～10 目尼龙网或金属网，管壁与滤网间应采用金属丝绕成螺旋形隔开，滤网外应再绕一层粗金属丝。

4）井孔成孔直径不宜大于 600mm，成孔深度应比滤管底深 1m 以上。

5）喷射井点的喷射器应由喷嘴、联管、混合室、负压室组成，喷射器应连接在井管的下端；喷射器混合室直径宜为 14mm，喷嘴直径宜为 6.5mm，工作水箱不应小于 10m³。

6）工作水系可采用多级泵，水泵压力应大于 2MPa。

5. 管井。

（1）管井的布设，除应符合本节降水系统平面布置规定外，还应符合下列规定：

1）管井位置应避开支护结构、工程桩、立柱、加固区及坑内布设的监测点。

2）临时设置的降水管井和观测孔，孔口高度可随工程开挖进行调整。

当管井间地下分水岭的水位，未达到设计降水深度时，应根据抽水试验的浸润曲线，反算管井间距和数量，并进行调整。

（2）管井的构造和设备应符合下列规定：

1）管井井管直径，应根据含水层的富水性及水泵性能选取，井管外径不宜小于200mm，井管内径应大于水泵外径50mm。

2）管井成孔直径宜为400～800mm。

3）沉砂管长度宜为1.0～3.0m。

4）抽水设备出水量，应大于单井设计出水量的30%。

5）过滤器或滤水管类型及适用范围可按表1-5选择。

表1-5　　　　　　　　　　过滤器或滤水管类型及适用范围

过滤器种类		骨架材料	孔隙率/%	适用范围
圆孔过滤器		钢管	30～35	不稳定裂隙岩层，松散碎石，卵石层
		铸铁管	20～25	
条形过滤器		钢管、塑料管	10～30	中粗砂砾石层
缠丝过滤器	钢筋骨架过滤器	圆钢	50～70	中粗砂砾石层
	钢制过滤器	钢圆孔管	35	
	铸铁过滤器	铸铁圆孔管	25	
	钢筋混凝土过滤器	钢筋混凝土穿孔管	15～20	
包网过滤器		网孔条孔过滤器	10～35	中细砂层
填砾过滤器		缠丝包网过滤器	10～75	细中粗砂和砾石层
砾石水泥过滤器		无砂混凝土管	20	
无缠丝过滤器		金属管	20～25	粉、细、中、粗砂，砾石，卵石层
		水泥管	16～20	
贴砾过滤器		钢管外加铁丝罩网	20	
聚丙烯过滤器		聚丙烯管		
模压孔过滤器		钢板冲压后卷焊	桥形孔 10～30mm 帽檐孔 8～19mm	

6. 渗井。

（1）渗井的布设除应符合本节降水系统平面布置规定外，还应符合下列规定：

1）渗井间距应根据引渗试验确定，宜为2.0～10.0m。

2）渗井深度应根据下伏透水层的性质和埋置深度确定，宜揭穿被渗层，当被渗层厚度较大时，进入被渗层厚度不宜小于2.0m。

3）渗井可单独采用，也可作为管井的补充。

（2）渗井的构造和设备应符合下列规定：

1）裸井渗井成孔直径宜为200～500mm，填入的砂、砾或砂砾混合滤料含泥量应小于0.5%。

2）管井渗井成孔后，应置入无砂混凝土滤水管、钢筋笼或金属滤水管，井周围应填充滤料。管井的构造和设备应符合本节第5条（2）管井的构造和设备有关的规定。

7. 辐射井。

（1）辐射井布设，除应符合本节降水系统平面布置规定外，还应符合下列规定：

1）辐射管的长度和分布应能有效控制降水范围，宜呈扇形布置。

2）当含水层较薄时，可在含水层中设置单层辐射管，辐射管的根数宜为每层6~8根；含水层较厚或多层时，宜设多层辐射管或倾斜辐射管，含水层底板界面应布设一层辐射管。

3）最下层辐射管至辐射井底的距离应大于2.0m。

（2）辐射井的构造应符合下列规定：

1）集水井直径应满足井内辐射管施工。

2）辐射管规格应根据地层、进水量、施工长度确定。

3）集水井应根据相应含水层在不同高程设置辐射管，并应设置施工辐射管用的钢筋混凝土圈梁。

4）集水井深度可根据含水层位置、基坑深度综合确定，底部应进行封底处理。

8. 电渗井。

（1）电渗井布设除应符合本节降水系统平面布置规定外，还应符合下列规定：

1）井点管（阴极）应布设在基坑外侧，金属管（楼）（阳极）应布设在基坑内侧，井点管与金属管（棒）应并行交错排列，间距宜为0.8~1.0m。

2）井点管与金属管（棒）数量应一致。

（2）电渗井的构造及设备应符合下列规定：

1）电渗井的设备应包括水系、发电机、井点管、金属管（棒）、电线（缆）等。

2）井点管的直径、深度应满足抽水能力和水泵要求，金属管直径宜为50~75mm，金属棒直径宜为10~20mm，金属管（棒）宜高出地面200~400mm，入土深度应比井点管深0.5m。

9. 潜埋井。

（1）潜埋井布设除应符合本节降水系统平面布置规定外，还应符合下列规定：

1）井点宜布置在排降残存水方便、对结构施工影响小且便于封底的部位。

2）井点应布置在不影响后续工序施工的位置。

（2）潜埋井的构造及设备安装应符合下列规定：

1）潜埋井应由集水、抽水、排水和电力设施组成。

2）抽水设施应埋至设计降水深度以下。

4.4.2 不同类型降水井的施工规定：

1. 集水明排施工。

（1）采用明沟排水时，沟底应采取防渗措施；采用盲沟排水时，盲沟内宜采用级配碎石充填，并应满足主体结构对地基的要求。

（2）集水井（坑）壁应有防护结构，并应采用碎石滤水层、泵头包纱网等措施。

（3）当基坑侧壁出现渗水时，应针对性地设置导水管，将水引入排水沟。

（4）水泵的选型可根据排水量大小及基坑深度确定。

（5）排水管道上宜设置清淤孔，清淤孔的间距不宜大于 10m。

（6）明沟、集水井、排水管、沉淀池使用时应随时清理淤积物，保持排水通畅。

2. 真空井点施工。

（1）真空井点的成孔应符合下列规定：

1）垂直井点：对易产生塌孔、缩孔的松软地层，成孔施工宜采用泥浆钻进、高压水套管冲击钻进；对于不易产生塌孔缩孔的地层，可采用长螺旋钻进、清水或稀泥浆钻进。

2）水平井点：钻探成孔后，将滤水管水平顶入，通过射流喷砂器将滤砂送至滤管周围；对容易塌孔地层可采用套管钻进。

3）倾斜井点：宜按水平井点施工要求进行，并应根据设计条件调整角度，穿过多层含水层时，井管应倾向基坑外侧。

4）成孔直径应满足填充滤料的要求，且不宜大于 300mm。

5）成孔深度不应小于降水井设计深度。

（2）真空井点施工安装应符合下列规定：

1）井点管的成孔应符合本节第 2 条（1）真空井点成孔的有关规定。

2）达到设计孔深后，应加大泵量、冲洗钻孔、稀释泥浆，返清水 3～5min 后，方可向孔内安放井点管。

3）井点管安装到位后，应向孔内投放滤料，滤料粒径宜为 0.4～0.6mm，孔内投入的滤料数量，宜大于计算值 5%～15%，滤料填至地面以下 1～2m 后，应用黏土填满压实。

4）井点管、集水总管应与水泵连接安装，抽水系统不应漏水、漏气。

5）形成完整的真空井点抽水系统后，应进行试运行。

3. 喷射井点施工

（1）喷射井点施工方法、滤料回填应符合本节第 2 条（1）真空井点成孔和本节第 2 条（2）真空井点施工安装的规定。

（2）井管沉设前应对喷射器进行检验，每个喷射井点施工完成后，应及时进行单井试抽，排出的浑浊水不得回流循环管路系统，试抽时间应持续到水清砂净为止。

（3）每组喷射井点系统安装完成后，应进行试运行，不应有漏气、翻砂、冒水现象。

（4）循环水箱内的水应保持清洁。

4. 管井施工

（1）管井施工可根据地层条件选用冲击钻、螺旋钻、回转钻或反循环等方法钻进成孔，施工过程中应做好成孔施工记录。

（2）管井过滤器、滤料、泥浆要求，应符合本节 4.4.1 第 5 条（2）管井的构造和设备和现行国家标准 GB 50027《供水水文地质勘察规范》的规定。

（3）吊放井管时应平稳、垂直，并保持井管在井孔中心，严禁猛蹾，井管宜高出地表 200mm 以上；管井的施工与安装应符合现行国家标准 GB 50296《管井技术规范》的规定。

（4）单井完成后应及时进行洗井，洗井后应安装水泵进行单井试抽；抽水时应做好工作压力、水位、抽水量的记录，当抽水量及水位降值与设计不符时，应及时调整降水方案。

（5）单井、排水管网安装完成后应及时进行联网试运行，试运行合格后方可投入正式降水运行。

5. 渗井施工

（1）可采用螺旋钻进、回转钻进或人工成井，对易缩孔、塌孔地层应采用套管法成孔。

（2）采用人工成井时应制定专项安全措施。

6. 辐射井施工

（1）集水井宜采用钢筋混凝土结构；采用沉井法和倒挂井壁逆作法时，壁厚宜为 $250 \sim 350$ mm，采用钻机成孔和漂浮下管法时，壁厚宜为 $150 \sim 200$ mm，每节管的接头部位应作防渗漏处理。

（2）辐射管施工工艺宜根据地层岩性确定，可采用顶管钻进、回转钻进、潜孔锤钻进、人工成孔等方法。

（3）辐射管与集水井壁间应封堵严密。

（4）配备的抽水设备的出水量、扬程应大于设计参数。

（5）集水井口应采取安全防护措施。

7. 电渗井施工

（1）电渗降水时宜采取间歇通电，每通电 24h 后宜停电 $2 \sim 3$h。

（2）应采取连续抽水。

（3）雷雨时工作人员应远离两极地带，维修电极时应停电。

8. 潜埋井施工

（1）潜埋井封底应在周边基础结构施工完成后方可进行。

（2）封底时应预留出水管口，停抽后应及时堵塞封闭出水管口。

5 降 排 水 监 测

5.1 一般规定

5.1.1 监测实施前应编制监测专项方案，监测方案应根据地下水控制方法，设计要求，结合围护结构综合确定。

5.1.2 监测开始、终止时间应根据设计要求和施工情况确定，并应覆盖地下水控制实施全过程。

5.1.3 监测点布置、信息采集的频率应根据设计要求、施工方法、施工进度，监测对象特点、地质条件和周边环境条件综合确定。

5.1.4 监测点应妥善保护，当监测点失效或被破坏时，应及时补充。

5.1.5 监测项目监测数据异常时，应分析原因并加密监测频次。

5.1.6 监测的记录、数据和图表应真实、完整，并应按工程要求及时整理分析，监测资料应及时向有关方面报送，现场监测完成后应提交成果报告。

5.2 监测项目

地下水控制工程，应对地下水控制效果及影响进行监测，监测项目可按表1-6进行选择。

表1-6   降 水 工 程 监 测 项 目

监 测 项 目	起 止 时 间
地下水位	降水联网抽水前—降水完成
总出水量	降水开始—降水完成
含砂量	降水开始—降水完成
地下水水质	降水开始—降水完成
坡顶、地面水平位移	地下水控制开始前—地下水控制完成
坡顶、地面竖向位移	地下水控制开始前—地下水控制完成
工程环境	地下水控制开始前—地下水控制完成

注 1. 地下水控制应进行巡视检查。

     2. 真空井点降水应监测真空压力。

5.3 监测方法

5.3.1 地下水位监测：

1. 地下水位应通过地下水水位观测孔或孔隙水压力计进行监测，在弱透水层中宜埋设孔隙水压力计。

2. 安全等级为一级工程，应设置专门的地下水水位观测孔进行水位监测，二级工程宜设置地下水水位观测孔进行水位监测，三级工程可利用抽水井进行水位监测。

3. 地下水位观测孔布置应符合下列规定：

（1）地下水控制区域外侧应布设水位观测孔。单项工程水位观测孔总数不宜少于 3 个，观测孔间距宜为 20～50m。降水工程水位观测孔宜沿降水井点外轮廓线，被保护对象周边或降水井点与被保护对象之间布置，相邻建筑、重要的管线或管线密集区应布置水位观测点。

（2）地下水控制区域内可设置水位观测孔；当采用管井、渗井降水时，水位观测孔应布置在控制区域中央和两相邻降水井点中间部位；当采用真空井点、喷射井点降水时，水位观测孔应布置在控制区域中央和周边拐角处。

（3）有地表水补给的一侧，可适当加密观测孔间距。

（4）分层降水时应分层布置观测孔。

4. 地下水水位观测孔结构可与降水井结构一致，孔径应满足观测要求且方便操作，孔深宜达到设计降深以下 3～5m。

5. 地下水水位监测应符合下列规定：

（1）抽水前应进行稳定水位的观测，并应监测降水井内水位；量测读数至厘米，精度不得低于±2cm。

（2）初期水位未达到设计要求前，宜每天观测 2 次。

（3）水位达到设计要求且趋于稳定后，可每天观测 1 次。

（4）当出现停电、水泵损坏等情况，应加密监测频率，预测可能出现的工程问题。

（5）降雨期间，应加密监测频率直至水位稳定。

5.3.2 出水量和含砂量监测：

1. 地下水控制过程中，水量监测频率应与水位观测频率一致，并应记录水量、水流特征。

2. 当利用计量仪表进行水量监测时，可采用固定量测法或随机量测法，并应符合下列规定：

（1）当采用固定量测法时，可在每眼抽水井或排水总管上安装流量表，或在排水沟、沉砂池中安装量水槽堰进行计量。

（2）当采用随机量测法时，可采用超声波流量计随机进行计量。

3. 当水量突然减小时，应及时查找、分析原因，并应采取有效措施，消除隐患。

4. 抽降期间的水位、水量应同时监测，监测记录应及时整理，绘制出涌量 Q 与时间 t、水位降深值 s 与时间 t 过程曲线图，并应分析水位、水量下降趋势，预测达到设计降水深度要求所需时间。

5. 抽降期间应定期对抽出地下水的含砂量进行监测。

5.3.3 水质监测：

1. 降水工程遇有下列情况时应进行水质监测：

（1）控制措施可能对地下水水质产生影响。

（2）地下水水质对工程建设的材料有不利影响。

（3）地下水已受污染的区域。

（4）临海降水可能引起海水侵入的工程。

2. 水源地区域的水质监测，应按现行国家标准 GB/T 5750《生活饮用水标准检验方法》执行；其他建设场地地下水水质监测项目可按现行国家标准 GB/T 14848《地下水质量标准》执行。

3. 水质监测在地下水控制施工前、维护期前后，应至少各采取一次水样，做水质分析。

5.3.4 变形观测：

1. 变形观测的水准基准点，应设置在地下水控制工程和基坑变形影响范围之外，且每一测区不应少于 3 个。

2. 变形监测点宜结合地下工程支护监测点布置。

3. 在地下水控制水位未达到设计要求前，应每天观测 1 次，达到设计降深后可每 2～5d 观测一次；在地下水控制工程结束后 15d 内，应继续观测至少 3 次。

4. 地下水控制运行过程中，应绘制各测点沉降曲线，并应分析各测点沉降变化趋势。

5.3.5 巡视检查：

1. 在地下水控制施工、运行、维护阶段应对工程设施、设备，地下水控制的本体、监测设施、周边环境进行现场巡视检查。巡查内容宜包括地表与周边建（构）筑物、道路的裂缝及异常渗漏、控制效果、排水等。

2. 地下水控制运行期间，每天巡视检查不应少于 2 次。

3. 巡视检查应固定专人、定期进行，检查方式应以目测为主，可辅以锤、钎、量尺、摄像、摄影等工具进行。

4. 应进行巡视检查记录，并应结合仪器监测数据进行综合分析。

5.3.6 加密监测：

地下水控制运行稳定后，监测过程中出现下列情况之一时应立即进行预警，并应加密监测频率：

1. 当地下水位上升达到设计预警值时。

2. 地下水位上升速率加大且持续上升。

3. 当降水过程中抽取地下水的含砂量超过规范要求时。

4. 地下水控制工程范围含水层水质发生恶化。

5. 建（构）筑物、道路、地下管线等工程环境发生较大沉降、倾斜、裂缝，达到设计预警值。

6. 根据工程经验判断，出现其他需进行预警的情况。

6 深基坑监测

6.1 监测项目

6.1.1 现场监测对象：

1. 基坑工程的现场监测，应采用仪器监测与巡视检查相结合的方法。

2. 基坑工程现场监测的对象应包括：

（1）支护结构。

（2）地下水状况。

（3）基坑底部及周边土体。

（4）周边建筑。

（5）周边管线及设施。

（6）周边重要的道路。

（7）其他应监测的对象。

6.1.2 仪器监测项目：

1. 基坑工程的监测项目应与基坑工程设计、施工方案相匹配。应针对监测对象的关键部位，做到重点观测、项目配套并形成有效的、完整的监测系统。

2. 基坑工程仪器监测项目应根据表 1-7 进行选择。

表 1-7　　　　　　　　建筑基坑工程仪器监测项目表

监测项目及基坑类别	一级	二级	三级
围护墙（边坡）顶部水平位移	应测	应测	应测
围护墙（边坡）顶部竖向位移	应测	应测	应测
深层水平位移	应测	应测	宜测
立柱竖向位移	应测	宜测	宜测
围护墙内力	宜测	可测	可测
支撑内力	应测	宜测	可测
立柱内力	可测	可测	可测
锚杆内力	应测	宜测	可测
土钉内力	宜测	可测	可测
坑底隆起（回弹）	宜测	可测	可测
围护墙侧向土压力	宜测	可测	可测
孔隙水压力	宜测	可测	可测

监测项目及基坑类别		一级	二级	三级
地下水位		应测	应测	应测
土体分层竖向位移		宜测	可测	可测
周边地表竖向位移		应测	应测	宜测
周边建筑	竖向位移	应测	应测	应测
	倾斜	应测	宜测	可测
	水平位移	应测	宜测	可测
周边建筑、地表裂缝		应测	应测	应测
周边管线变形		应测	应测	应测

3. 基坑类别的划分：

(1) 符合下列情况之一，为一级基坑：

1) 重要工程或支护结构做主体结构的一部分。

2) 开挖深度大于 10m。

3) 与临近建筑物，重要设施的距离在开挖深度以内的基坑。

4) 基坑范围内有历史文物、近代优秀建筑、重要管线等需严加保护的基坑。

(2) 三级基坑：为开挖深度小于 7m，且周围环境无特别要求时的基坑。

(3) 二级基坑：除一级和三级外的基坑属二级基坑。

4. 当基坑周边有地铁、隧道或其他对位移有特殊要求的建筑及设施时，监测项目应与有关管理部门或单位协商确定。

5. 基坑工程施工和使用期内，每天均由专人进行巡视检查。

6.1.3 巡视检查内容和方法：

1. 基坑工程巡视检查宜包括下列内容：

(1) 支护结构。

1) 支护结构成型质量。

2) 冠梁、围檩、支撑有无裂缝出现。

3) 支撑、立柱有无较大变形。

4) 止水帷幕有无开裂、渗漏。

5) 墙后土体有无裂缝、沉陷及滑移。

6) 基坑有无涌土、流沙、管涌。

(2) 施工工况。

1) 开挖后暴露的土质情况与岩土勘察报告有无差异。

2) 基坑开挖分段长度、分层厚度及支锚设置是否与设计要求一致。

3) 场地地表水、地下水排放状况是否正常，基坑降水、回灌设施是否运转正常。

4) 基坑周边地面有无超载。

(3) 周边环境。

1) 周边管道有无破损、泄漏情况。

2) 周边建筑有无新增裂缝出现。

3) 周边道路（地面）有无裂缝、沉陷。

4) 邻近基坑及建筑的施工变化情况。

（4）监测设施。

1) 基准点、监测点完好状况。

2) 监测元件的完好及保护情况。

3) 有无影响观测工作的障碍物。

（5）根据设计要求或当地经验确定的其他巡视检查内容。

2. 巡视检查宜以目测为主，可辅以锤、钎、量尺、放大镜等工器具以及摄像、摄影等设备进行。

3. 对自然条件、支护结构、施工工况、周边环境监测设施等的巡视检查情况应做好记录。检查记录应及时整理，并与仪器监测数据进行综合分析。

4. 巡视检查如发现异常和危险情况，应及时通知建设方及其他相关单位。

5. 监测分析人员应具有岩土工程、结构工程、工程测量的综合知识和工程实践经验，具有较强的综合分析能力，能及时提供可靠的综合分析报告。

6. 现场量测人员应对监测数据的真实性负责，监测分析人员应对监测报告的可靠性负责，监理单位应对整个项目监测质量负责。监测记录和监测技术成果，均应有责任人签字，监测技术成果应加盖成果章。

7. 深基坑开挖过程中必须进行基坑变形监测，发现异常情况应及时采取措施。

8. 应加强基坑工程的监测和预报工作，包括对支护结构、周围环境及对岩土变化的监测，应通过监测分析及时预报并提出建议，做到信息化施工。

9. 基坑开挖深度大于相邻建筑的基础深度时，应保持一定距离或采取边坡支撑加固措施，并进行沉降和移位观测。

10. 现场的监测资料应符合下列要求：使用正式的监测记录表格；监测记录应有相应的工况描述；监测数据的整理应及时；对监测数据的变化及发展情况的分析和评述应及时。

6.2　监测点布置

6.2.1　基坑监测点布置的一般规定：

1. 基坑工程监测点的布置应能反映监测对象的实际状态及其变化趋势，监测点应布置在内力及变形关键特征点上，并应满足监控要求。

2. 基坑工程监测点的布置应不妨碍监测对象的正常工作，并应减少对施工作业的不利影响。

3. 监测标志应稳固、明显、结构合理，监测点的位置应避开障碍物，便于观测。

6.2.2　基坑及支护结构监测点布置：

1. 围护墙或基坑边坡顶部的水平和竖向位移。

围护墙或基坑边坡顶部的水平和竖向位移监测点应沿基坑周边布置，周边中部、阳角处应布置监测点。监测点水平间距不宜大于20m，每边监测点数目不宜少于3个。水平和竖向位移监测点宜为共用点，监测点宜设置在围护墙顶或基坑坡顶上。

2. 围护墙或土体深层水平位移。

围护墙或土体深层水平位移监测点宜布置在基坑周边的中部、阳角处及有代表性的部位。监测点水平间距宜为20~50m，每边监测点数目不应少于1个。

用测斜仪观测深层水平位移时，当测斜管埋设在围护墙体内，测斜管长度不宜小于围护墙的深度；当测斜管埋设在土体中，测斜管长度不宜小于基坑开挖深度的1.5倍，并应大于围护墙的深度。以测斜管底为固定起算点时，管底应嵌入到稳定的土体中。

3. 围护墙内力。

应布置在受力、变形较大且有代表性的部位。监测点数量和水平间距视具体情况而定。竖直方向监测点应布置在弯矩极值处，竖向间距宜为2~4m。

4. 支撑内力。

（1）监测点宜设置在支撑内力较大或在整个支撑系统中起控制作用的杆件上。

（2）每层支撑的内力监测点不应少于3个，各层支撑的监测点位置在竖向上宜保持一致。

（3）钢支撑的监测截面宜选择在两支点间1/3部位或支撑的端头，混凝土支撑的监测截面宜选择在两支点间1/3部位，并避开节点位置。

（4）每个监测点截面内传感器的设置数量及布置应满足不同传感器测试要求。

5. 立柱的竖向位移。

立柱的竖向位移监测点宜布置在基坑中部、多根支撑交汇处、地质条件复杂处的立柱上。监测点不应少于立柱总根数的5%，逆作法施工的基坑不应少于10%，且均不应少于3根。立柱的内力监测点宜布置在受力较大的立柱上，位置宜设在坑底以上各层立柱下部的1/3部位。

6. 锚杆的内力。

锚杆的内力监测点应选择在受力较大且有代表性的位置，基坑每边中部、阳角处和地质条件复杂的区段宜布置监测点。每层锚杆的内力监测点数量应为该层锚杆总数的1%~3%，并不应少于3根。各层监测点位置在竖向上宜保持一致。每根杆体上的测试点，宜设置在锚头附近和受力有代表性的位置。

7. 土钉的内力。

土钉的内力监测点应选择在受力较大且有代表性的位置，基坑每边中部、阳角处和地质条件复杂的区段宜布置监测点。监测点数量和间距应视具体情况而定，各层监测点位置在竖向上宜保持一致。每根土钉杆体上的测试点应设置在有代表性的受力位置。

8. 坑底隆起（回弹）。

坑底隆起（回弹）监测点的布置应符合下列要求：

（1）监测点宜按纵向或横向剖面布置，剖面宜选择在坑的中央以及其他能反映变形特征的位置，剖面数量不应少于2个。

（2）同一剖面上监测点横向间距宜为10~30m，数量不应少于3个。

9. 围护墙侧向土压力。

（1）围护墙侧向土压力的监测点应布置在受力、土质条件变化较大或其他有代表性的部位。

（2）平面布置上基坑每边不宜少于 2 个监测点。竖向布置上监测点间距宜为 2~5m，下部宜加密。

（3）当按土层分布情况布设时，每层应至少布设 1 个测点，且宜布置在各层土的中部。

10. 孔隙水压力。

孔隙水压力监测点宜布置在基坑受力、变形较大或有代表性的部位。竖向布置上监测点宜在水压力变化影响深度范围内按土层分布情况布设，竖向间距宜为 2~5m，数量不宜少于 3 个。

11. 地下水位。

地下水位监测点的布置应符合下列要求：

（1）基坑内地下水位当采用深井降水时，水位监测点宜布置在基坑中央和两相邻降水井的中间部位；当采用轻型井点、喷射井点降水时，水位监测点宜布置在基坑中央和周边拐角处，监测点数量应视具体情况确定。

（2）基坑外地下水位监测点应沿基坑、被保护对象的周边或在基坑与被保护对象之间布置，监测点间距宜为 20~50m。相邻建筑、重要的管线或管线密集处应布置水位监测点，当有止水帷幕时，宜布置在止水帷幕的外侧约 2m 处。

（3）水位观测管的管底埋置深度应在最低设计水位或最低允许地下水位之下 3~5m。承压水水位监测管的滤管应埋置在所测的承压含水层中。

（4）回灌井点观测井应设置在回灌井点与被保护对象之间。

6.2.3 基坑周边环境监测点布置。从基坑边缘以外 1~3 倍基坑开挖深度范围内，需要保护的周边环境应作为监测对象。必要时应扩大监测范围。位于重要保护对象安全保护区范围内的监测点的布置，还应满足相关部门的技术要求。

1. 建筑竖向位移。

建筑竖向位移监测点的布置应符合下列要求：

（1）建筑四角沿外墙每 10~15m 处或每隔 2~3 根柱基上，且每侧不少于 3 个监测点。

（2）不同地基或基础的分界处。

（3）不同结构的分界处。

（4）变形缝、抗振缝或严重开裂处的两侧。

（5）新、旧建筑或高、低建筑交接处的两侧。

（6）高耸构筑物基础轴线的对称部位，每一构筑物不应少于 4 点。

2. 建筑水平位移。

建筑水平位移监测点应布置在建筑的外墙墙角、外墙中间部位的墙上或柱上、裂缝两侧以及其他有代表性的部位，监测点间距视具体情况而定，一侧墙体的监测点不宜少于 3 点。

3. 建筑倾斜。

建筑倾斜监测点的布置应符合下列要求：

（1）监测点宜布置在建筑角点、变形缝两侧的承重柱或墙上。

（2）监测点应沿主体顶部、底部上下对应布设，上、下监测点应布置在同一竖直线上。

（3）当由基础的差异沉降推算建筑倾斜时，监测点的布置应符合本节6.2.3第1条建筑竖向位移监测点布置的规定。

4. 建筑裂缝、地表裂缝。

建筑裂缝、地表裂缝监测点应选择有代表性的裂缝进行布置，当原有裂缝增大或出现新裂缝时，应及时增设监测点。对需要观测的裂缝，每条裂缝的监测点至少应设2个，且宜设置在裂缝的最宽处及裂缝末端。

5. 管线。

管线监测点的布置应符合下列要求：

（1）应根据管线修建年份、类型、材料、尺寸及现状等情况，确定监测点设置。

（2）监测点宜布置在管线的节点、转角点和变形曲率较大的部位，监测点平面间距宜为15~25m，并宜延伸至基坑边缘以外1~3倍基坑开挖深度范围内的管线。

（3）供水、煤气、暖气等压力管线宜设置直接监测点，在无法埋设直接监测点的部位，可设置间接监测点。

6. 基坑周边地表竖向位移。

基坑周边地表竖向位移监测点宜按监测剖面设在坑边中部或其他有代表性的部位。监测剖面应与坑边垂直，数量视具体情况确定。每个监测剖面上的监测点数量不宜少于5个。

7. 土体分层竖向位移。

土体分层竖向位移监测孔应布置在靠近被保护对象且有代表性的部位，数量应视具体情况确定。在竖向布置上测点宜设置在各层土的界面上，也可等间距设置。测点深度、测点数量应视具体情况确定。

6.3 监测方法

6.3.1 水平位移监测：

1. 测定特定方向上的水平位移时，可采用视准线法、小角度法、投点法等；测定监测点任意方向的水平位移时，可视监测点的分布情况，采用前方交会法、后方交会法、极坐标法等；当测点与基准点无法通视或距离较远时，可采用GPS测量法或三角、三边、边角测量与基准线法相结合的综合测量方法。

2. 水平位移监测基准点的埋设，宜设置有强制对中的观测墩，并宜采用精密的光学对中装置。对中误差不宜大于0.5mm。

6.3.2 竖向位移监测：

1. 竖向位移监测可采用几何水准或液体静力水准等方法。

2. 坑底隆起（回弹）宜通过设置回弹监测标，采用几何水准并配合传递高程的辅助设备进行监测，传递高程的金属杆或钢尺等应进行温度、尺长和拉力等项目修正。

3.各监测点与水准基准点或工作基点应组成闭合环路或附合水准路线。

6.3.3　深层水平位移监测：

1.围护墙或土体深层水平位移的监测，宜采用在墙体或土体中预埋测斜管、通过测斜仪观测各深度处水平位移的方法。

2.测斜管应在基坑开挖1周前埋设，埋设时应符合下列要求：

（1）埋设前应检查测斜管质量，测斜管连接时应保证上、下管段的导槽相互对准、顺畅，各段接头及管底应保证密封。

（2）测斜管埋设时应保持竖直，防止发生上浮、断裂、扭转；测斜管一对导槽的方向应与所需测量的位移方向保持一致。

（3）当采用钻孔法埋设时，测斜管与钻孔之间的孔隙应填充密实。

3.测斜仪探头置入测斜管底后，应待探头接近管内温度时再量测，每个监测点均应进行正、反两次量测。

4.当以上部管口作为深层水平位移的起算点时，每次监测均应测定管口坐标的变化并修正。

6.3.4　倾斜监测：

建筑倾斜观测应根据现场观测条件和要求，选用投点法、前方交会法、激光铅直仪法、垂吊法、倾斜仪法和差异沉降法等方法。

建筑倾斜观测精度应符合国家现行标准GB 50026《工程测量规范》的有关规定。

6.3.5　裂缝监测：

1.裂缝监测应监测裂缝的位置、走向、长度、宽度，必要时还应监测裂缝深度。

2.基坑开挖前应记录监测对象已有裂缝的分布位置和数量，测定其走向、长度、宽度和深度等情况，监测标志应具有可供量测的明晰端面或中心。

3.裂缝监测可采用下列方法：

裂缝宽度监测宜在裂缝两侧贴埋标志，用千分尺或游标卡尺等直接量测，也可用裂缝计、粘贴安装千分表量测或摄影量测等；裂缝长度监测宜采用直接量测法；裂缝深度监测宜采用超声波法、凿出法等。

4.裂缝宽度量测精度不宜低于0.1mm，裂缝长度和深度量测精度不宜低于1mm。

6.3.6　支护结构内力监测：

支护结构内力可采用安装在结构内部或表面的应变计或应力计进行量测。

混凝土构件可采用钢筋应力计或混凝土应变计等量测，钢构件可采用轴力计或应变计等量测。

6.3.7　土压力监测：

1.土压力宜采用土压力计量测。

2.土压力计埋设可采用埋入式或边界式，埋设时应符合下列要求：

（1）受力面与所监测的压力方向垂直并紧贴被监测对象。

（2）埋设过程中应有土压力膜保护措施。

（3）采用钻孔法埋设时，回填应均匀密实，且回填材料宜与周围岩土体一致。

（4）做好完整的埋设记录。

3. 土压力计埋设以后应立即进行检查测试，基坑开挖前应至少经过1周时间的监测，并取得稳定初始值。

6.3.8 孔隙水压力监测：

1. 孔隙水压力宜通过埋设钢弦式或应变式等孔隙水压力计测试。

2. 孔隙水压力计的量程应满足被测压力范围的要求，可取静水压力与超孔隙水压力之和的2倍。

3. 孔隙水压力计应事前埋设，埋设前应符合下列要求：

(1) 孔隙水压力计应浸泡饱和，排除透水石中的气泡。

(2) 核查标定数据，记录探头编号，测读初始读数。

4. 采用钻孔法埋设孔隙水压力计时，钻孔直径宜为110~130mm，不宜使用泥浆护壁成孔，钻孔应圆直、干净，封口材料宜采用直径10~20mm的干燥膨润土球。

5. 孔隙水压力计埋设后应测初始值，且宜逐日量测1周以上，并取得稳定初始值。

6. 应在孔隙水压力监测的同时，测量孔隙水压力计埋设位置附近的地下水位。

6.3.9 地下水位监测：

1. 地下水位监测宜通过孔内设置水位管，采用水位计进行量测。

2. 潜水水位管应在基坑施工前埋设，滤管长度应满足量测要求；承压水位监测时被测含水层与其他含水层之间应采取有效的隔水措施。

3. 水位管宜在基坑开始降水前至少1周埋设，且宜逐日连续观测水位并取得稳定初始值。

6.3.10 锚杆及土钉内力监测：

1. 锚杆和土钉的内力监测宜采用专用测力计、钢筋应力计或应变计，当使用钢筋束时宜监测每根钢筋的受力。

2. 专用测力计、钢筋应力计和应变计的量程宜为对应设计值的2倍。

锚杆或土钉施工完成后应对专用测力计、应力计或应变计进行检查测试，并取下一层土方开挖前，连续2d获得的稳定测试数据的平均值作为其初值。

6.3.11 土体分层竖向位移监测：

1. 土体分层竖向位移，可通过埋设磁环式分层沉降标，采用分层沉降仪进行量测，或者通过埋设深层沉降标，采用水准测量方法进行量测。

2. 磁环式分层沉降标或深层沉降标，应在基坑开挖前至少1周埋设。采用磁环式分层沉降标时，应保证沉降管安置到位后与土层密贴牢固。

3. 土体分层竖向位移的初始值应在磁环式分层沉降标或深层沉降标埋设后量测，稳定时间不应少于1周，并获得稳定的初始值。

4. 采用磁环式分层沉降标监测时，每次监测均应测定沉降管口高程的变化，然后换算出沉降管内各监测点的高程。

6.4 监测频率

6.4.1 现场仪器监测的监测频率。监测项目的监测频率应综合考虑基坑类别、基坑及地下工程的不同施工阶段以及周边环境、自然条件的变化和当地经验而确定。当监测值相对稳定时，可适当降低监测频率。对于应测项目，在无数据异常和事故征兆的情况下，开挖后现场仪器监测频率可按表 1-8 确定。

表 1-8　　　　　　　　　　　　现场仪器监测的监测频率

基坑类别	施工进程		基坑设计深度/m			
			≤5	5~10	10~15	>15
一级	开挖深度/m	≤5	1 次/1d	1 次/2d	1 次/2d	1 次/2d
		5~10	—	1 次/1d	1 次/1d	1 次/1d
		>10	—	—	2 次/1d	2 次/1d
	底板浇筑后时间/d	≤7	1 次/1d	1 次/1d	2 次/1d	2 次/1d
		7~14	1 次/3d	1 次/2d	1 次/1d	1 次/1d
		14~28	1 次/5d	1 次/3d	1 次/2d	1 次/1d
		>28	1 次/7d	1 次/5d	1 次/3d	1 次/3d
二级	开挖深度/m	≤5	1 次/2d	1 次/2d	—	—
		5~10	—	1 次/1d	—	—
	底板浇筑后时间/d	≤7	1 次/2d	1 次/2d	—	—
		7~14	1 次/3d	1 次/3d	—	—
		14~28	1 次/7d	1 次/5d	—	—
		>28	1 次/10d	1 次/10d	—	—

注 1. 有支撑的支护结构，各道支撑开始拆除到拆除完成后 3d 内，监测频率应为 1 次/1d。

　　2. 基坑工程施工至开挖前的监测频率视具体情况确定。

　　3. 当基坑类别为三级时，监测频率可视具体情况适当降低。

　　4. 宜测、可测项目的仪器监测频率，可视具体情况适当降低。

6.4.2 应提高监测频率的情况：

1. 监测数据达到报警值。

2. 监测数据变化较大或者速率加快。

3. 存在勘察未发现的不良地质。

4. 超深、超长开挖或未及时加撑等违反设计工况施工。

5. 基坑及周边大量积水、长时间连续降雨、市政管道出现泄漏。

6. 基坑附近地面荷载突然增大或超过设计限值。

7. 支护结构出现开裂。

8. 周边地面突发较大沉降或出现严重开裂。

9. 邻近建筑突发较大沉降、不均匀沉降或出现严重开裂。

10. 基坑底部侧壁出现管涌渗漏或流沙等现象。

11. 基坑工程发生事故后重新组织施工。

12. 出现其他影响基坑及周边环境安全的异常情况。

6.4.3 跟踪监测。当有危险事故征兆时，应实时跟踪监测。

6.5 监测报警

基坑工程监测必须确定监测报警值，监测报警值应满足基坑工程设计、地下结构设计以及周边环境中被保护对象的控制要求。监测报警值应由基坑工程设计方确定。

6.5.1 地层位移控制要求。基坑内、外地层位移控制应符合下列要求：

1. 不得导致基坑的失稳。
2. 不得影响地下结构的尺寸、形状和地下工程的正常施工。
3. 对周边已有建筑引起的变形，不得超过相关技术规范的要求或影响其正常使用。
4. 不得影响周边道路、管线、设施等正常使用。
5. 满足特殊环境的技术要求。

6.5.2 监测报警值：

1. 基坑工程监测报警值，应由监测项目的累计变化量和变化速率值共同控制。
2. 基坑及支护结构监测报警值应根据土质特征、设计结果及当地经验等因素确定，当无当地经验时，可根据土质特征、设计结果以及表 1-9 确定。

表 1-9　　　　　　　　　　　基坑及支护结构监测报警值

序号	监测项目	支护结构类型	基坑类别								
			一级			二级			三级		
			累计值		变化速率/(mm/d)	累计值		变化速率/(mm/d)	累计值		变化速率/(mm/d)
			绝对值/mm	相对基坑深度 h 控制值		绝对值/mm	相对基坑深度 h 控制值		绝对值/mm	相对基坑深度 h 控制值	
1	围护墙（边坡）顶部水平位移	放坡、土钉墙、喷锚支护、水泥土墙	30~35	0.3%~0.4%	5~10	50~60	0.6%~0.8%	10~15	70~80	0.8%~1.0%	15~20
		钢板桩、灌注桩、型钢水泥土墙、地下连续墙	25~30	0.2%~0.3%	2~3	40~50	0.5%~0.7%	4~6	60~70	0.6%~0.8%	8~10
2	围护墙（边坡）顶部竖向位移	放坡、土钉墙、喷锚支护、水泥土墙	20~40	0.3%~0.4%	3~5	50~60	0.6%~0.8%	5~8	70~80	0.8%~1.0%	8~10
		钢板桩、灌注桩、型钢水泥土墙、地下连续墙	10~20	0.1%~0.2%	2~3	25~30	0.3%~0.5%	3~4	35~40	0.5%~0.6%	4~5

续表

序号	监测项目	支护结构类型	基坑类别								
			一级			二级			三级		
			累计值		变化速率/(mm/d)	累计值		变化速率/(mm/d)	累计值		变化速率/(mm/d)
			绝对值/mm	相对基坑深度h控制值		绝对值/mm	相对基坑深度h控制值		绝对值/mm	相对基坑深度h控制值	
3	深层水平位移	水泥土墙	30~35	0.3%~0.4%	5~10	50~60	0.6%~0.8%	10~15	70~80	0.8%~1.0%	15~20
		钢板桩	50~60	0.6%~0.7%	2~3	80~85	0.7%~0.8%	4~6	90~100	0.9%~1.0%	8~10
		型钢水泥土墙	50~55	0.5%~0.6%		75~80	0.7%~0.8%		80~90	0.9%~1.0%	
		灌注桩	45~50	0.4%~0.5%		70~75	0.6%~0.7%		70~80	0.8%~0.9%	
		地下连续墙	40~50	0.4%~0.5%		70~75	0.7%~0.8%		80~90	0.9%~1.0%	
4	支柱竖向位移		25~35	—	2~3	35~45	—	4~6	55~65	—	8~10
5	基坑周边地表竖向位移		25~35	—	2~3	50~60	—	4~6	60~80	—	8~10
6	坑底隆起（回填）		25~35	—	2~3	50~60	—	4~6	60~80	—	8~10
7	土压力		$(60\%\sim70\%)f_1$		—	$(70\%\sim80\%)f_1$		—	$(70\%\sim80\%)f_1$		—
8	孔隙水压力										
9	支撑内力		$(60\%\sim70\%)f_2$		—	$(70\%\sim80\%)f_2$		—	$(70\%\sim80\%)f_2$		—
10	围护墙内力										
11	立柱内力										
12	锚杆内力										

注 1. h 为基坑设计开挖深度，f_1 为荷载设计值，f_2 为构件承载能力设计值。

2. 累计值取绝对值和相对基坑深度（h）控制值两者的小值。

3. 当监测项目的变化速率，达到表中规定值或连续3d超过该值的70%应报警。

4. 嵌岩的灌注桩或地下连续墙位移报警值，宜按表中数值的50%取用。

3. 基坑周边环境监测报警值，应根据主管部门的要求确定，如主管部门无具体规定，可按表1-10采用。

表1-10　　　　　建筑基坑工程周边环境监测报警值

监测对象			累计值/mm	变化速率/(mm/d)	备注
1	地下水位变化		1000	500	
2	管线位移	刚性管道 压力	10~30	1~3	直接观察点数据
		刚性管道 非压力	10~40	3~5	
		柔性管线	10~40	3~5	

监 测 对 象		累计值/mm	变化速率/(mm/d)	备 注
3	邻近建筑位移	10～60	1～3	
4	裂缝宽度 建筑	1.5～3	持续发展	
	地表	10～15	持续发展	

注 建筑整体倾斜度累计值达到 2/1000 或倾斜速度连续 3d 大于 $0.0001H$（H 为建筑承重结构高度）时应报警。

4. 基坑周边建筑、管线的报警值，除考虑基坑开挖造成的变形外，还应考虑其原有变形的影响。

5. 当出现下列情况之一时，必须立即进行危险报警，并应对基坑支护结构和周边环境中的保护对象采取应急措施。

（1）监测数据达到监测报警值的累计值。

（2）基坑支护结构或周边土体的位移值，突然明显增大或基坑出现流沙、管涌、隆起、陷落或较严重的渗漏等。

（3）基坑支护结构的支撑或锚杆体系出现过大变形、压屈、断裂、松弛或拔出的迹象。

（4）周边建筑的结构部分、周边地面出现较严重的突发裂缝或危害结构的变形裂缝。

（5）周边管线变形突然明显增长或出现裂缝、泄漏等。

（6）根据当地工程经验判断，出现其他必须进行危险报警的情况。

7 基坑工程施工安全要点

1. 基坑工程应按照规定编制、审核专项施工方案，超过一定规模的深基坑工程要组织专家论证。基坑支护应进行专项设计。

2. 基坑工程施工企业应具有相应的资质和安全生产许可证，严禁无资质、超范围从事基坑工程施工。

3. 基坑施工前，应当向现场管理人员和作业人员进行安全技术交底。

4. 基坑施工应严格按照专项施工方案组织实施，相关管理人员必须在现场进行监督，发现不按照专项施工方案施工的，应要求立即整改。

5. 基坑施工应采取有效措施，保护基坑主要影响区范围内的建（构）筑物和地下管线安全。

6. 基坑周边施工材料、设施或车辆荷载严禁超过设计要求的地面荷载限值。

7. 基坑周边应按要求采取临边防护措施，设置作业人员上下专用通道。

8. 基坑施工应采取基坑内外地表水和地下水控制措施，防止出现积水和漏水漏沙。汛期施工，应对施工现场排水系统进行检查和维护，保证排水畅通。

9. 基坑施工应做到先支护后开挖，严禁超挖，及时回填。采取支撑的支护结构未达到拆除条件时严禁拆除支撑。

10. 基坑工程应按照规定实施施工监测和第三方监测，指定专人对基坑周边进行巡视，出现危险征兆时应当立即报警。

第二篇

高边坡工程

1 概　　述

　　水利工程高边坡作业是指土方边坡高度大于 30m 或地质缺陷部位的开挖作业，石方边坡高度大于 50m 或滑坡地段的开挖作业。边坡高度将对边坡稳定性产生重要作用和影响，其稳定性分析和防护加固工程设计应进行个别或特殊设计计算。

　　按照边坡成因分为人工边坡、自然边坡。

　　按照物质组成可分为土质边坡、岩质边坡、二次结构边坡等。

　　影响边坡稳定的主要因素有：风化剥落、爆破、地震、冲刷和淘刷、滑塌等。

2 边 坡 开 挖

2.1 一般规定

2.1.1 开挖前应做好施工区域内的排水系统。边坡开挖原则上应采用自上而下、分层分区开挖的施工程序。

2.1.2 边坡开挖过程中应及时对边坡进行支护。

2.1.3 边坡开口线、台阶和洞口等部位，应采取"先锁口、后开挖"的顺序施工。

2.1.4 开挖测量应包括以下主要内容：开挖区原始地形的测量，测放开挖面特征标识，开挖放样测量，开挖断面测量，开挖施工过程检测测量，绘制竣工图。

2.2 清坡

2.2.1 清坡应自上而下分区进行。

2.2.2 清理边坡开口线外一定范围坡面的危石，必要时采取安全防护措施。同时清理开口线处的植被其范围不应少于开口线外 3m。

2.2.3 清除影响测量视野的植被，坡面上的腐殖物、树根等应按照设计要求处理。

2.2.4 清坡后的坡面应平顺。

2.3 开挖

2.3.1 边坡开挖应遵循以下基本程序：

原地形测量→施工放样→开挖→修坡→成型断面测量→绘制竣工图。

2.3.2 边坡开挖应遵循以下基本要求：

1. 避免交叉立体作业。

2. 及时清除坡面松动的土体和浮石，对出露于边坡的孤石，根据嵌入深度确定挖除或采用控制爆破将外露部分爆除，并根据坡面地质情况进行临时支护、防护。

3. 按照设计要求做好排水设施并及时进行坡面封闭。

4. 根据设计图测放开口点线和示坡线，并对地形起伏较大和特殊体形部位进行加密。开口点线应做明显标识，加强保护，施工过程中应避免移动和损坏。

5. 人工开挖的梯段高度宜控制在 2m 以内；机械开挖的梯段高度宜控制在 5m 以内。

6. 机械开挖时，不应对永久坡面造成扰动。

7. 对土夹石边坡，应避免松动较大块石对永久坡面造成扰动。已扰动的土体，应按照设计要求处理。

8. 采用机械削坡，开挖保护层时，不应直接挖装，应先削后装。

9. 削坡过程中应对开挖坡面及时检查，每下降 4～5m 检测一次，对于异形坡面，应加密检测。根据测量成果及时调整、改进施工工艺。

10. 雨季施工时应采用彩条布、塑料薄膜或沙（土）袋等材料对坡面进行临时防护。

3 边坡的截排水设施

截排水设施主要包括：截水沟、排水孔、排水洞、贴坡排水等。

3.1 一般规定

3.1.1 施工区排水应遵循"高水高排"的原则。

3.1.2 边坡开挖前，应在开口线以外修建截水沟。

3.1.3 永久边坡面的坡脚、施工场地周边和道路两侧均应设置排水设施。

3.1.4 对影响施工及危害边坡安全的渗漏水、地下水应及时引排。

3.1.5 深层排水系统（排水洞及洞内排水孔）宜在边坡开挖之前完成。

3.2 截排水设施施工规定

3.2.1 截水沟：

1. 截水沟的位置：在无弃土的情况下，截水沟的边缘离开挖坡顶的距离视土质而定，以不影响边坡稳定为原则。如是一般土质，至少应距离5m；对于黄土地区，不应小于10m，并应进行防渗加固。截水沟挖出的土，可在路堑与截水沟之间修成土台，并进行夯实，台顶应筑成2%倾向截水沟的横坡。坡顶有弃土堆时，截水沟应离开弃土堆坡脚1～5m，弃土堆坡脚距开挖坡顶不应小于10m，弃土堆顶部应设2%倾向截水沟的横坡。

2. 截水沟长度超过500m时应选择适当地点设出水口，将水引至山坡侧的自然沟中或桥涵进水口；截水沟必须有牢靠的出水口，必要时需设置排水沟、跌水或急流槽。截水沟的出水口必须与其他排水设施平顺衔接。

3. 为防止水流下渗和冲刷，截水沟应进行严密的防渗和加固处理。地质不良地段和土质松软、透水性较大或裂隙较多的岩石地段，对沟底纵坡较大的土质截水沟及截水沟的出水口，均应采取加固措施防止渗漏和冲刷沟底及沟壁。

3.2.2 排水孔：

1. 排水孔宜在喷锚支护完成后进行。排水孔先施工，应对排水孔孔口进行保护。

2. 钻孔时，开孔偏差不宜大于100mm，方位角偏差不应超过±0.5°，孔深误差不应超过±50mm。

3. 排水孔安装到位后，应用砂浆封闭管口处排水管与孔壁之间的空隙。

4. 排水孔周边工程施工结束后，应对排水孔的畅通情况进行检查。

5. 边坡坡体内排水可采用下列一种或多种措施。

3.2.3 坡面排水孔：

1. 坡面排水孔宜采用梅花形布置，孔、排距不宜大于3m，孔径可为50～100mm。

孔向宜与边坡走向正交，并倾向坡外，倾角可为 10°～15°。在岩质边坡中，孔向宜与主要发育裂隙倾向呈较大角度布置。

2. 这是最常用的排除边坡体地下水的措施，其设计、施工和运用期间的维护均较方便，排水效果可靠，费用也不高，因此，一般边坡均设置坡面排水孔。

3.2.4 排水洞及其排水孔。排水洞应布置在潜在滑动面以下的稳定岩土层内。设置多条排水洞时，应形成完整的排水体系。排水主洞走向宜与边坡走向一致或接近。排水洞内的排水孔的深度、方向和孔位布置应根据裂隙发育情况、产状、地下水分布特点等确定。排水孔的孔、排距不宜大于 3m，孔径可为 50～100mm。

对于规模大的边坡，在地下水丰富、对边坡稳定影响大的情况下，多采用这种排水措施。运用得当时，其降低地下水位的效果较好，但费用一般较高。当周围水环境恶化对地下水位降低比较敏感时，需慎重控制其排水规模。

3.2.5 网状排水带和排水盲沟。这种排水设施一般用于排水不畅的填筑体和外侧为不透水的挡土墙或挡墙（板）、内侧为填筑体等情况。

3.2.6 贴坡排水。这种排水并不能降低边坡坡体内的地下水，属于保护性质的排水措施，一般多用于填筑体边坡表面。

3.2.7 反滤排水管。在土质边坡、散体结构的岩质边坡和断层、裂隙密集带等部位，以及排水孔穿过泥化夹层等时，排水孔内应设置排水管，并应做好反滤保护。对于地质条件较好的岩质边坡，其排水孔可仅设孔口管。

4 边 坡 防 护

边坡防护包括：喷射混凝土防护、主动柔性防护网、被动柔性防护网、砌石护坡（干砌石和浆砌石）、混凝土护坡、网格护坡、植物护坡等。

边坡开挖过程中应及时对边坡进行支护，各种防护应遵循以下基本要求。

4.1 喷射混凝土防护施工

4.1.1 原材料。应优先选用新鲜的硅酸盐水泥或普通硅酸盐水泥，强度等级不低于32.5。也可选用新鲜的矿渣硅酸盐水泥或火山灰质硅酸盐水泥，强度等级不应低于42.5。

优先选用坚硬、耐久的天然砂和卵石，也可采用机制的砂石料。

施工中可使用具有速凝、早强、减水等性能的外加剂。掺速凝剂的喷射混凝土初凝时间不应大于5min，终凝时间不应大于10min。

4.1.2 混合料的配合比、拌制和运输：

1. 混合料的配合比。

各种喷射混凝土水泥、砂石和水的用量比例宜符合表2-1的规定。速凝剂或其他外加剂的掺量应通过试验确定。

表2-1 各种喷射混凝土水泥、砂石和水的用量比例

喷射混凝土类型	水泥与砂石的质量比	水 灰 比	砂率/%
干喷法	1.0：（4.0～4.5）	0.40～0.45	45～55
湿喷法	1.0：（3.5～4.0）	0.42～0.50	50～60
水泥裹砂喷射混凝土	1.0：（4.0～4.5）	0.40～0.52	55～70
钢纤维喷射混凝土	1.0：（3.0～4.0）	0.40～0.45	50～60

2. 混合料的拌制。

采用容量小于400L的强制式搅拌机时，搅拌时间不得少于60s；采用自落式或滚筒式搅拌机时，搅拌时间不得少于120s；混合料掺有外加剂或外掺料时，搅拌时间应适当延长。

3. 混合料的运输。

混合料在运输、存放过程中，应严防雨淋、滴水或石块等杂物混入。混合料装入喷射机前应过筛。

4.1.3 喷射前的准备工作：

1. 拆除作业面障碍物，清除开挖面的浮石和墙脚的石渣、堆积物。

2. 用高压风或水将受喷面冲洗干净；对遇水易潮解、泥化的岩层，则应用高压风清扫岩面。若受喷面被污染，应按设计要求进行处理。

3. 埋设控制喷射混凝土厚度的标志。

4. 作业区应安设充足的照明设施，具有良好的通风条件。

4.1.4 喷射作业：

1. 严格执行喷射机操作规程。

2. 连续均匀向喷射机供料。

3. 完成喷射作业或因故中断喷射作业时，将喷射机和输料管内的积料清除干净。

4. 喷头宜与受喷面垂直，喷射距离控制在 0.6～1.2m。

5. 喷射作业宜分段、分片依次进行，喷射顺序应自下而上。各段间的结合部结构的接缝处应做妥善处理，不得存在漏喷部位。

6. 素喷混凝土一次喷射厚度应按表 4-2 选用。

| 表 2-2 | 素喷混凝土一次喷射厚度 | | 单位：mm |

喷射方法	部 位	掺速凝剂	不掺速凝剂
干法	边坡、边墙	70～100	50～70
	顶拱	30～60	30～40
湿法	边坡、边墙	80～150	—
	顶拱	50～80	—

分层喷射后，后一层喷射应在前一层喷射混凝土终凝后进行。若终凝 1h 后再进行喷射时，应先用风水清洗喷层表面。

4.1.5 喷射混凝土养护：

1. 终凝 2h 后，应开始喷水养护；养护时间，一般工程不得少于 7d，重要工程不得少于 14d。

2. 气温低于 5℃时，不得喷水养护；必要时，应采取保温防冻措施。

4.2 主动柔性防护网

4.2.1 锚杆孔深度应根据防护网型的标准配置确定，孔深应大于锚杆设计长度 50mm。

4.2.2 锚杆砂浆强度不应低于 M20，宜采用中细砂，水泥：砂宜为 1：1～1：2（质量比），水灰比不宜大于 0.45：1。

4.2.3 锚杆安装注浆后，不得随意敲击，待凝 24h 后方可进行下道工序施工。

4.2.4 纵横向支撑绳安装：张拉紧的支撑绳两端应与锚杆外露环套固定连接。

4.2.5 格栅网安装：应自上而下铺挂格栅网，格栅网间重叠宽度不应小于 5cm。坡度小于 45°，扎结点间距不应大于 2m；坡度大于 45°，扎结点间距不应大于 1m。见图 2-1。

图 2-1 主动柔性防护网

4.3　被动柔性防护网

4.3.1　钢绳锚杆施工，应参照 4.2 主动柔性防护网的相关要求执行。

4.3.2　基座混凝土抗压强度应大于 10MPa，方可进行基座与钢柱安装。

4.3.3　上、下支撑绳宜采用张力不小于 10kN 的拉紧葫芦张紧，支撑绳应与上拉锚杆环套牢固连接。

图 2-2　被动柔性防护网

4.3.4　钢绳网沿上支撑绳应均匀布置，并应采取钢绳与钢柱及上、下支撑绳连接，缝合绳应无松动。

4.3.5　格栅底部应向坡面折叠，其宽度不小于 0.5m，格栅间重叠宽度应不小于 10cm。

4.3.6　格栅应用扎丝固定在纵横支撑绳上，每平方米格栅绑扎点不应少于 4 处。见图 2-2。

4.4　砌石护坡

4.4.1　干砌石护坡：

1. 干砌石护坡厚度小于 0.35m 时应单层铺砌，大于 0.35m 时应双层铺砌。双层铺砌时下层厚度宜为 0.15～0.25m，上层厚度宜为 0.25～0.35m。

2. 砌体缝口应错缝砌紧，底部应垫稳、垫实，严禁架空。

3. 宜用立砌法，不得叠砌和浮塞，明缝应用小片石料填塞紧密。

4. 砌体外露面的坡顶和侧边，应选用整齐的大石块砌筑，平整牢固。干砌片石表面砌缝的宽度不应超过 25mm。

4.4.2　浆砌石护坡。砌筑前应将石料表面的泥垢去除。砌筑时，石料保持湿润；砌筑时应先铺浆后砌筑，砌筑要求平整、稳定、密实、错缝。

4.5　混凝土护坡

4.5.1　浇筑准备：

1. 建筑物地基验收合格后，方可进行混凝土浇筑仓面准备工作。

2. 应清除岩基上的松动岩块、泥土及杂物，并应冲洗干净岩基面和排净积水；有承压水时应采取有效处理措施。在浇筑混凝土前，应保持岩基面洁净和湿润。

3. 混凝土浇筑前，应针对浇筑仓面的具体情况做好仓面设计，主要包括：仓面特性分析、明确质量技术要求、施工方法、资源配置以及质量保证措施等。签发开仓证前，应检查浇筑资源的配备情况。

4.5.2　浇筑实施：

1. 混凝土入仓后应及时平仓振捣，不得堆积。仓内粗骨料堆叠时，应均匀地分布至砂浆较多处或待振捣的混凝土面上，但不得用水泥砂浆覆盖，以免造成内部蜂窝。

2. 混凝土振捣，应符合下列要求：

（1）混凝土浇筑应先平仓后振捣，严禁以平仓代替振捣或以振捣代替平仓。

（2）振捣时间应经现场振捣试验确定，以混凝土粗骨料不再显著下沉并开始泛浆为准，避免漏振、欠振或过振。

（3）振捣设备的振捣能力应与浇筑机械和仓面状况相适应，大仓面浇筑宜配置振捣机振捣。

（4）振捣设备不得直接碰撞模板、钢筋及预埋件。

3. 混凝土浇筑过程中，应遵守下列规定：

（1）不得在仓内加水，并避免外来水进入仓内。

（2）混凝土和易性较差时，应采取加强振捣等措施。

（3）及时排除仓内的泌水。不得在模板上开孔赶水，带走灰浆。

（4）及时清除黏附在模板、钢筋和预埋件表面的砂浆。

4. 混凝土浇筑间歇时间，应符合下列要求：

（1）混凝土浇筑应保持连续性。

（2）混凝土允许浇筑间歇时间应通过试验确定，并满足设计要求。超过允许浇筑间歇时间，但混凝土能重塑的，经批准可继续浇筑。

（3）局部初凝但未超过允许面积，可在初凝部位摊铺水泥砂浆或浇筑低1～2个级配混凝土后，继续浇筑。

5. 混凝土浇筑仓面出现下列情况之一的，应停止浇筑：

（1）混凝土初凝并超过允许面积。

（2）混凝土平均浇筑温度超过允许偏差值，并在1h内无法调整至允许温度范围内。

6. 浇筑仓面混凝土料出现下列情况之一的，应予以挖除：

（1）不合格料。

（2）高等级混凝土部位浇筑的低等级混凝土料。

（3）不能保证混凝土振捣密实的混凝土料。

（4）已初凝未进行平仓振捣的混凝土料。

（5）长时间不凝固、超过规定时间的混凝土料。

4.5.3　养护与保护：

1. 混凝土平仓振捣完毕至终凝前，不得人为扰动或堆放重物，并避免仓面积水或曝晒。

2. 混凝土表面养护，应符合下列要求：

（1）混凝土应在初凝3h后潮湿养护，低流动性混凝土宜在浇筑完毕后立即喷雾养护，并尽早开始保湿养护。有抹面要求的混凝土，不得过早在表面洒水，抹面后应及时进行保湿养护。

（2）混凝土养护应连续，养护期内混凝土表面应保持湿润。

（3）可采用喷雾、洒水、流水、蓄水或保温、保湿的养护方式，也可采用养护剂等。

（4）养护期不宜少于28d，对重要部位和利用后期强度混凝土，以及其他有特殊要求的部位，应适当延长养护时间。

3.混凝土养护应配备专人负责，并应做好养护记录。

4.6 网格护坡

网格护坡可采用现浇混凝土方式，也可采用预制混凝土块的方式，混凝土施工应按4.5混凝土护坡中的相关规定执行。

网格沟槽的开挖尺寸、位置应按测量放样的要求进行，沟槽的验收满足设计的相关要求。

网格内需填补的种植土土质应满足设计要求，且覆盖均匀，填充密实。

4.7 植物护坡

边坡植物防护施工应在坡面修整完成后根据植物特性适时进行；铺、种植被后，应适时进行洒水、施肥等养护管理，直到植被成活；种草施工草籽应撒布均匀，避免在大、暴雨时或大、暴雨之前进行；三维植被撒播草籽后，覆土总厚度宜为2cm，并适当拍实，使边坡表面平整；喷播施工后应及时覆盖无纺布；养护用水不应含油、酸、碱等有碍草木生长的成分。

5 边坡稳定监测

5.1 边坡稳定监测方案

边坡工程应由设计提出监测项目和要求，由建设单位委托有资质的监测单位编制监测方案，监测方案应包括监测项目、监测目的、监测方法、测点布置、监测项目报警值和信息反馈制度等内容，经设计、监理和业主等共同认可后实施。

5.2 边坡稳定监测项目

5.2.1 位移与变形监测：坡面位移和沉降监测，坡面裂缝长度与挠度监测，地下变形监测，滑面或断层活动监测。

5.2.2 地下水监测：地下水位或水压力监测，排水点水量监测，地下水质监测。

5.2.3 边坡加固结构监测：抗滑桩、抗剪洞、锚固洞、锚杆、锚筋束（桩）、锚索和挡墙的应力应变监测。

5.2.4 其他专项监测。

5.3 边坡稳定监测方法

5.3.1 边坡开挖前应设置变形监测点，定期监测边坡的变形。

5.3.2 在施工期和运行期，应对预应力锚索（杆）的工作状况和锚固效果进行原位监测。

5.3.3 根据设计要求确定监测数量和布置测点。

5.3.4 监测锚索（杆）张拉力、锚索（杆）伸长值和预应力损失。

5.3.5 施工期监测应与运行期监测结合，保持资料的连续性。

5.3.6 采用三维或简易测缝计进行边坡地表和深部裂缝监测。应定期对地表裂缝的分布范围、数量和长度进行巡视和监测。

5.3.7 重要的边坡工程应进行雨雾、降雨的汇流监测，并与变形监测成果进行综合分析。

5.3.8 监测装置应有防护措施。安全监测点位应设有安全、便利的通道。

5.3.9 对锚喷支护工程，应进行施工期监测，并将监测结果及时反馈给相关单位。

5.3.10 采用锚杆（索）或混凝土抗滑结构加固的边坡，应对地下水的水质进行监测，并对锚索（杆）与保护体系进行防腐监测。

5.4 边坡稳定报警情况

边坡工程施工过程中及监测期间遇到下列情况时应及时报警，并采取相应的应急措施。

5.4.1 有软弱外倾结构面的岩土边坡支护结构坡顶有水平位移迹象或支护结构受力裂缝有发展；无外倾结构面的岩质边坡或支护结构构件的最大裂缝宽度，达到国家现行相关标准的允许值；土质边坡支护结构坡顶的最大水平位移，已大于边坡开挖深度的 1/500 或 20mm，以及其水平位移速度已连续 3d 大于 2mm/d。

5.4.2 土质边坡坡顶邻近建筑物的累计沉降、不均匀沉降或整体倾斜已大于现行国家标准规定允许值的 80%（见表 2-3），或建筑物的整体倾斜度变化速度已连续 3d 每天大于 0.00008。

表 2-3　　　　　　　　　　　　建筑物的地基变形允许值

变形特征		地基土类别	
		中、低压缩性土	高压缩性土
砌体承重结构基础的局部倾斜		0.002	0.003
工业与民用建筑相邻柱基的沉降差	框架结构	0.002L	0.003L
	砌体墙填充的边排柱	0.0007L	0.001L
	当基础不均匀沉降时不产生附加应力的结构	0.005L	0.005L
单层排架结构（柱距为 6m）柱基的沉降量/mm		(120)	200
桥式吊车轨面的倾斜（按不调整轨道考虑）	纵向	0.004	
	横向	0.003	
多层和高层建筑的整体倾斜	$Hg \leqslant 24$	0.004	
	$24 < Hg \leqslant 60$	0.003	
	$60 < Hg \leqslant 100$	0.0025	
	$Hg > 100$	0.002	
体型简单的高层建筑基础的平均沉降量/mm		200	
构基础的倾斜	$Hg \leqslant 20$	0.008	
	$20 < Hg \leqslant 50$	0.006	
	$50 < Hg \leqslant 100$	0.005	
	$100 < Hg \leqslant 150$	0.004	
	$150 < Hg \leqslant 200$	0.003	
	$200 < Hg \leqslant 250$	0.002	
高耸结构基础的沉降量/mm	$Hg \leqslant 100$	400	
	$100 < Hg \leqslant 200$	300	
	$200 < Hg \leqslant 250$	200	

注　1. 本表数值为建筑物地基实际最终变形允许值。

　　2. 有括号者仅适用于中压缩性土；Hg 为自室外地面起算的建筑物高度，m。

　　3. L 为相邻柱基的中心距离，mm。

　　4. 倾斜指基础倾斜方向两端点的沉降差与其距离的比值。

　　5. 局部倾斜指砌体承重结构沿纵向 6～10m 内基础两点的沉降差与其距离的比值。

5.4.3 坡顶邻近建筑物出现新裂缝、原有裂缝有新发展。

5.4.4 支护结构中有重要构件出现应力骤增、压屈、断裂、松弛或破坏的迹象。

5.4.5 边坡底部或周围岩土体已出现可能导致边坡剪切破坏的迹象或其他可能影响安全的征兆。

5.4.6 根据当地工程经验判断已出现其他必须报警的情况。

6　高边坡施工安全要点

6.1 高边坡工程施工应按照规定编制、审核专项施工方案，必要时要组织专家论证。边坡支护应进行专项设计。

6.2 高边坡作业前，应当向现场管理人员和作业人员进行安全技术交底。

6.3 边坡开挖应严格按照专项施工方案组织实施，相关管理人员必须在现场进行监督，发现不按照专项施工方案施工的，应要求立即整改。

6.4 高边坡开挖必须采取有效措施，及时对边坡进行支护。

6.5 边坡施工必须采取有效的截、排水措施，防止出现积水和漏水漏沙。汛期施工，应当对施工现场排水系统进行检查和维护，保证排水畅通。

6.6 边坡周边施工材料、设施或车辆荷载严禁超过设计要求的地面荷载限值。

6.7 边坡周边应按要求采取临边防护措施，设置作业人员上下专用通道。

6.8 基坑工程必须按照规定实施施工监测和第三方监测，指定专人对基坑周边进行巡视，出现危险征兆时应当立即报告并及时采取措施。

第三篇

模板工程

1 模 板 类 型 及 特 点

模板是保证混凝土浇筑后达到规定的形状、尺寸和相互位置的结构物，一般包括由面板、围令（或肋）组成的单块模板及其支撑结构和锚固件等。

模板应具有足够的强度、刚度和稳定性，能可靠地承受规范规定的各项施工荷载，并保证变形在允许范围内，进行模板工程的设计和施工时，应从实际情况出发，合理选用材料、方案和构造措施；应满足模板在运输、安装和使用过程中的强度、稳定性和刚度要求，并宜优先采用定型化、标准化的模板支架和模板构件。

施工中经常遇见的定型化、标准化的模板支架和模板构件有以下几种。

1.1 滑动模板

滑动模板就是在浇筑混凝土的过程中沿混凝土表面连续地缓慢移动的混凝土成型装置，由模板、工作平台、混凝土表面修整平台、提升架、液压系统、提升机械和控制系统组成。

滑动模板一次组装完成，上面设置有施工作业人员的操作平台。并从下而上采用液压或其他提升装置沿现浇混凝土表面边浇筑混凝土边进行同步滑动提升和连续作业，直到现浇结构的作业部分或全部完成。其特点是施工速度快、结构整体性能好、操作条件方便和工业化程度较高。图 3-1 为滑模系统示意图。

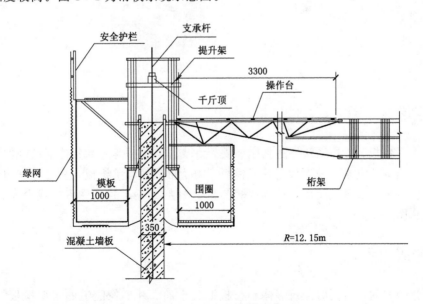

图 3-1 滑模系统示意图

1.2 爬模

爬模是爬升模板的简称，国外也叫跳模。以建筑物的钢筋混凝土墙体为支承主体，依靠自升式爬升支架使大模板完成提升、下降、就位、校正和固定等工作的模板系统。

它由爬升模板、爬架（也有的爬模没有爬架）和爬升设备三部分组成，在施工剪力墙体系、筒体体系和桥墩等高耸结构中是一种有效的工具。由于具备自爬的能力，因此不需起重机械的吊运，这减少了施工中运输机械的吊运工作量。在自爬的模板上悬挂脚手架可省去施工过程中的外脚手架。爬升模板能减少起重机械数量、加快施工速度，因此经济效益较好。图3-2为爬模示意图。

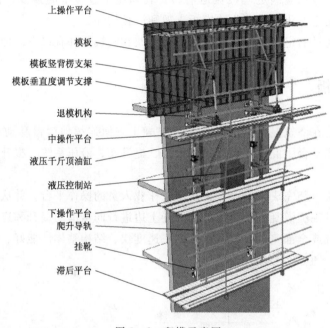

图3-2 爬模示意图

1.3 飞模

主要由平台板、支撑系统（包括梁、支架、支撑、支腿等）和其他配件（如升降和行走机构等）组成。它是一种大型工具式模板，由于可借助起重机械，从已浇好的楼板下吊运飞出，转移到上层重复使用，称为飞模。因其外形如桌，故又称桌模或台模。图3-3为飞模示意图。

1.4 隧道模

一种组合式的、可同时浇筑墙体和楼板混凝土的、外形像隧道的定型模板。图3-4为隧道模。

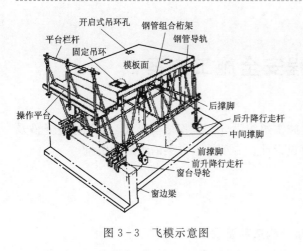

图 3-3 飞模示意图

图 3-4 隧道模

1.5 移动模架

移动模架是一种自带模板,利用承台或墩柱作为支承,对桥梁进行现场浇筑的施工机械。其主要特点:施工质量好,施工操作简便,成本低廉等。在国外,已广泛地被采用在公路桥、铁路桥的连续梁施工中,是较为先进的施工方法。国内已开始在高速公路、铁路客运专线上使用。移动模架造桥机主要由支腿机构、支承桁梁、内外模板、主梁提升机构等组成。可完成由移动支架到浇筑成型等一系列施工。图 3-5 为移动模架。

图 3-5 移动模架

1.6 移置模板

当混凝土达到拆模强度后拆除,然后将整体或承载骨架移动到下一个浇筑位置的模板,如各种模板台车、滑框倒模、爬升(顶升)模板等。图 3-6 为模板试拼示意图。

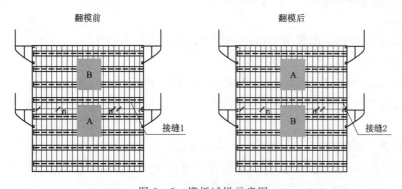

图 3-6 模板试拼示意图

2 模板工程安全施工方案

模板工程在施工前应根据施工图纸、施工组织设计、工程结构形式、现场作业条件及混凝土的浇筑工艺等现场具体情况进行模板设计、专项施工方案的编制和审批。

2.1 模板设计

2.1.1 模板设计方案应满足建筑物的体型、构造等要求。

2.1.2 模板设计应提出对材料、制作、安装、使用及拆除工艺的具体要求。设计图纸应标明设计荷载和变形控制要求。模板设计应满足混凝土施工措施中确定的控制条件，如混凝土的浇筑顺序、分层分块、浇筑方式、浇筑速度、施工荷载等。

2.1.3 钢模板的设计应符合 GB 50017—2017《钢结构设计规范》的规定，其截面塑性发展系数取 1.0，其荷载设计值可乘以系数 0.95 予以折减。采用冷弯薄壁型钢应符合 GB 50018—2016《冷弯薄壁型钢结构技术规范》的规定，其荷载设计值不应折减。

木模板的设计应符合 GB 50005—2017《木结构设计规范》的规定当木材含水率小于 25％时，其荷载设计值可乘以系数 0.90 予以折减。

其他材料模板的设计应符合相关规定。

2.1.4 设计模板结构时，应考虑下列各项荷载：

1. 模板的自重。
2. 新浇筑的混凝土的重力。
3. 钢筋和预埋件的重力。
4. 施工人员和机具设备的荷载。
5. 振捣混凝土时产生的荷载。
6. 新浇筑的混凝土的侧压力。
7. 新浇筑的混凝土的浮托力。
8. 混凝土拌和物入仓时产生的冲击荷载。
9. 风荷载。
10. 混凝土与模板的摩阻力（适用于滑动模板）。
11. 其他荷载。

普通模板荷载标准值及荷载设计值应按相应规范执行。

2.1.5 计算模板的强度和刚度时，可按表 3-1 的荷载组合（特殊荷载按可能发生的情况）进行计算。

2.1.6 当验算模板刚度时，其最大变形值不得超过下列允许值：

1. 对结构表面外露的模板，为模板构件计算跨度的 1/400。
2. 对结构表面隐蔽的模板，为模板构件计算跨度的 1/250。

表 3-1   常用模板的荷载组合

模板 类 别	荷载组合（荷载按 2.1.4 条中的次序）	
	计算承载能力	验算刚度
薄板和薄壳的底模板	1+2+3+4	1+2+3+4
厚板、梁和拱的底模板	1+2+3+4+5	1+2+3+4+5
梁、拱、柱（边长≤300mm）、墙（厚≤400m）的侧面垂直模板	5+6	6
大体积结构、厚板、柱（边长＞300mm）、墙（厚＞400mm）的侧面垂直模板	5+6+8	6+8
悬臂模板	1+2+3+4+5+6+8	1+2+3+4+5+6+8
隧洞衬砌模板台车	1+2+3+4+5+6+7	1+2+3+4+6+7

注 1. 当底模板承受倾倒混凝土时产生的荷载对模板的承载能力和变形有较大影时，应考虑荷载8。

　　2. 滑动模板的荷载组合应按 DL/T 5400《水工建筑物滑动模板施工技术规范》执行。

　　3. 验算露天模板结构的抗覆稳定性时，应考虑荷载9。

3. 支架的压缩变形值或弹性挠度，为相应的结构计算跨度的1/1000。

2.1.7 模板结构的抗倾覆稳定性，应按下列要求核算：

1. 应计算下列两项倾覆力矩，并采用其中的最大值：

(1) 风荷载，按 GB 50009—2019《建筑结构荷载规范》确定；

(2) 作用于模板结构边缘 1.5kN/m 的水平力。

2. 计算稳定力矩时，模板自重的折减系数为 0.8；如同时安装钢筋时，应包括钢筋的重量。活荷载按其对抗倾覆稳定最不利的分布计算。

3. 抗倾覆稳定系数应大于 1.4。混凝土重力式竖向模板被用作永久性模板时的抗倾覆安全系数按规范执行。

2.1.8 除悬臂模板外，竖向模板与内倾模板都应设置内部撑杆或外部拉杆，以保证模板的稳定性。

2.1.9 支架的立柱应在两个互相垂直的方向加以固定。

2.1.10 多层建筑物上层结构的模板支承在下层结构上时，应验算下层结构的实际强度和承载能力。

2.1.11 模板附件的安全系数，应按表 3-2 采用。

表 3-2   模板附件的安全系数

附件名称	结构型式	安全系数
模板拉杆及锚定头	所有使用的模板	≥2.0
模板锚定件	仅支承模板重量和混凝土压力的模板	≥2.0
	支承模板和混凝土重量、施工活荷载和冲击荷载的模板	≥3.0
模板吊钩	所有使用的模板	≥4.0

2.1.12 圆弧模板宜采用薄钢板或胶合板作面板。当采用平面钢模板拼成的折线代替圆弧时，折线对应的圆心角应不大于 5°。也可采用可调曲率模板拼接。

2.2　专项施工方案

2.2.1　专项施工方案编制：

1. 施工单位应当在危险性较大的单项工程施工前编制专项方案；对于超过一定规模的危险性较大的单项工程，施工单位应当组织专家对专项方案进行论证。

2. 危险性较大的单项工程范围：

（1）大模板等工具式模板工程。

（2）混凝土模板支撑工程：搭设高度5（含）～8m，或搭设跨度10（含）～18m；施工总荷载10（含）～15kN/㎡；集中线荷载（设计值）15（含）～20kN/m；高度大于支撑水平投影宽度且相对独立无联系构件的混凝土模板支撑工程。

（3）承重支撑体系：用于钢结构安装等满堂支撑体系。

3. 超过一定规模的危险性较大的单项工程范围：

（1）工具式模板工程：包括滑模、爬模、飞模工程。

（2）混凝土模板支撑工程：搭设高度8m及以上；搭设跨度18m及以上；施工总荷载15kN/㎡及以上；集中线荷载20kN/m及以上。

（3）承重支撑体系：用于钢结构安装等满堂支撑体系，承受单点集中荷载700kg以上。

2.2.2　专项方案编制内容：

1. 工程概况：危险性较大的单项工程概况、施工平面布置、施工要求和技术保证条件。

2. 编制依据：相关法律、法规、规范性文件、标准、规范及图纸（国标图集）、施工组织设计等。

3. 施工计划：包括施工进度计划、材料与设备计划。

4. 施工工艺技术：技术参数、工艺流程、施工方法、检查验收等。

5. 施工安全保证措施：组织保障、技术措施、应急预案、监测监控等。

6. 劳动力计划：专职安全生产管理人员、特种作业人员等。

7. 计算书及相关图纸。

2.2.3　专项方案的审批：

1. 专项方案应当由施工单位技术部门组织本单位施工技术、安全、质量等部门的专业技术人员进行审核。经审核合格的，由施工单位技术负责人签字。实行施工总承包的，专项方案应当由总承包单位技术负责人及相关专业承包单位技术负责人签字。

不需专家论证的专项方案，经施工单位审核合格后报监理单位，由项目总监理工程师审核签字。

2. 超过一定规模的危险性较大的单项工程专项方案应当由施工单位组织召开专家论证会。实行施工总承包的，由施工总承包单位组织召开专家论证会。

下列人员应参加专家论证会：

（1）专家组成员。

（2）建设单位项目负责人或技术负责人。

（3）监理单位项目总监理工程师及相关人员。

（4）施工单位分管安全的负责人、技术负责人、项目负责人、项目技术负责人、专项方案编制人员、项目专职安全生产管理人员。

（5）勘察、设计单位项目技术负责人及相关人员。

3.专家组成员应由5名及以上符合相关专业要求的专家组成。

本项目参建各方的人员不得以专家身份参加专家论证会。

4.专家论证的主要内容：

（1）专项方案内容是否完整、可行，质量、安全标准是否符合工程建设标准强制性条文规定。

（2）专项方案计算书和验算依据是否符合有关标准规范。

（3）安全施工的基本条件是否满足现场实际情况。

专项方案经论证后，专家组应提交论证报告，对论证的内容提出明确的意见，并在论证报告上签字。该报告作为专项方案修改完善的指导意见。

5.施工单位应根据论证报告修改完善专项方案，并经施工单位技术负责人、项目总监理工程师、建设单位项目负责人签字后，方可组织实施。

实行施工总承包的，应由施工总承包单位、相关专业承包单位技术负责人签字。

6.专项方案经论证后需做重大修改的，施工单位应按照论证报告修改，并重新组织专家进行论证。

3 模 板 安 装

3.1 一般规定

3.1.1 模板安装前必须做好下列安全技术准备工作：

1. 应审查模板结构设计与施工说明书中的荷载、计算方法、节点构造和安全措施，设计审批手续应齐全。

2. 应进行全面的安全技术交底，操作班组应熟悉设计与施工说明书，并应做好模板安装作业的分工准备。采用爬模、飞模、隧道模等特殊模板施工时，所有参加作业人员必须经过专门技术培训，考核合格后方可上岗。

3. 应对模板和配件进行挑选、检测，不合格者应剔除，并应运至工地指定地点堆放。

4. 备齐操作所需的一切安全防护设施和器具。

3.1.2 模板构造与安装应符合下列规定：

1. 模板安装应按设计与施工说明书顺序拼装。木杆、钢管、门架等支架立柱不得混用。

2. 竖向模板和支架立柱支承部分安装在基土上时，应加设垫板，垫板应有足够强度和支承面积，且应中心承载。基土应坚实，并应有排水措施。对湿陷性黄土应有防水措施；对特别重要的结构工程可采用混凝土、打桩等措施防止支架柱下沉。对冻胀性土应有防冻融措施。

3. 当满堂或共享空间模板支架立柱高度超过8m时，若地基土达不到承载要求，无法防止立柱下沉，则应先施工地面下的工程，再分层回填夯实基土，浇筑地面混凝土垫层，达到强度后方可支模。

4. 模板及其支架在安装过程中，必须设置有效防倾覆的临时固定设施。

5. 现浇钢筋混凝土梁、板，当跨度大于4m时，模板应起拱；当设计无具体要求时，起拱高度宜为全跨长度的1/1000～3/1000。

6. 现浇多层或高层房屋和构筑物，安装上层模板及支架应符合下列规定：

（1）下层楼板应具有承受上层施工荷载的承载能力，否则应加设支撑支架。

（2）上层支架立柱应对准下层支架立柱，并应在立柱底铺设垫板。

（3）当采用悬臂吊模板、桁架支模方法时，其支撑结构的承载能力和刚度必须符合设计构造要求。

7. 当层间高度大于5m时，应选用桁架支模或钢管立柱支模。当层间高度小于或等于5m时，可采用木立柱支模。

3.1.3 其他规定要求：

1. 安装模板应保证工程结构和构件各部分形状，尺寸和相互位置的正确，防止漏浆，构造应符合模板设计要求。

模板应具有足够的承载能力、刚度和稳定性，应能可靠承受新浇混凝土自重和侧压力以及施工过程中所产生的荷载。

2. 拼装高度为2m以上的竖向模板，不得站在下层模板上拼装上层模板。安装过程中应设置临时固定设施。

3. 当承重焊接钢筋骨架和模板一起安装时，应符合下列规定：

（1）梁的侧模、底模必须固定在承重焊接钢筋骨架的节点上。

（2）安装钢筋模板组合体时，吊索应按模板设计的吊点位置绑扎。

4. 当支架立柱成一定角度倾斜，或其支架立柱的顶表面倾斜时，应采取可靠措施确保支点稳定，支撑底脚必须有防滑移的可靠措施。

5. 除设计图另有规定者外，所有垂直支架柱应保证其垂直。

6. 对梁和板安装二次支撑前，其上不得有施工荷载，支撑的位置必须正确。安装后所传给支撑或连接件的荷载不应超过其允许值。

7. 支撑梁、板的支架立柱构造与安装应符合下列规定：

（1）梁和板的立柱，其纵横向间距应相等或成倍数。

（2）木立柱底部应设垫木，顶部应设支撑头。钢管立柱底部应设垫木和底座，顶部应设可调支托，U形支托与楞梁两侧间如有间隙，必须楔紧，其螺杆伸出钢管顶部不得大于200mm，螺杆外径与立柱钢管内径的间隙不得大于3mm，安装时应保证上下同心。

（3）在立柱底距地面200mm高处，沿纵横水平方向应按纵下横上的程序设扫地杆。可调支托底部的立柱顶端应沿纵横向设置一道水平拉杆。扫地杆与顶部水平拉杆之间的间距，在满足模板设计所确定的水平拉杆步距要求条件下，进行平均分配确定步距后，在每一步距处纵横向应各设一道水平拉杆。当层高在8～20m时，在最顶步距两水平拉杆中间应加设一道水平拉杆；当层高大于20m时，在最顶两步距水平拉杆中间应分别增加一道水平拉杆。所有水平拉杆的端部均应与四周建筑物顶紧顶牢。无处可顶时，应在水平拉杆端部和中部沿竖向设置连续式剪刀撑。

（4）木立柱的扫地杆、水平拉杆、剪刀撑应采用40mm×50mm木条或25mm×80mm的木板条与木立柱钉牢。钢管立柱的扫地杆、水平拉杆、剪刀撑应采用ϕ48mm×3.5mm钢管，用扣件与钢管立柱扣牢。木扫地杆、水平拉杆、剪刀撑应采用搭接，并应采用铁钉钉牢。钢管扫地杆、水平拉杆应采用对接，剪刀撑应采用搭接，搭接长度不得小于500mm，并应采用2个旋转扣件分别在离杆端不小于100mm处进行固定。

8. 施工时，在已安装好的模板上的实际荷载不得超过设计值。已承受荷载的支架和附件，不得随意拆除或移动。

9. 组合钢模板、滑升模板等的构造与安装，尚应符合GB 50214《组合钢模板技术规范》和GB 50113《滑动模板工程技术规范》的相应规定。

10. 安装模板时，安装所需各种配件应置于工具箱或工具袋内，严禁散放在模板或脚手板上；安装所用工具应系挂在作业人员身上或置于所佩戴的工具袋中，不得掉落。

11. 当模板安装高度超过3.0m时，必须搭设脚手架，除操作人员外，脚手架下不得站其他人。

12. 吊运模板时，必须符合下列规定：

（1）作业前应检查绳索、卡具、模板上的吊环，必须完整有效，在升降过程中应设专人指挥，统一信号，密切配合。

（2）吊运大块或整体模板时，竖向吊运不应少于 2 个吊点，水平吊运不应少于 4 个吊点。吊运必须使用卡环连接，并应稳起稳落，待模板就位连接牢固后，方可摘除卡环。

（3）吊运散装模板时，必须码放整齐，待捆绑牢固后方可起吊。

（4）严禁起重机在架空输电线路下面工作。

（5）遇 5 级及以上大风时，应停止一切吊运作业。

13. 木料应堆放在下风向，离火源不得小于 30m，且料场四周应设置灭火器材。

3.2　支架立柱构造与安装

3.2.1　梁式或桁架式支架的构造与安装应符合下列规定：

1. 采用伸缩式桁架时，其搭接长度不得小于 500mm，上下弦连接销钉规格、数量应按设计规定，并应采用不少于 2 个 U 形卡或钢销钉销紧，U 形卡距或销距不得小于 400mm。

2. 安装的梁式或桁架式支架的间距设置应与模板设计图一致。

3. 支承梁式或桁架式支架的建筑结构应具有足够强度，否则，应另设立柱支撑。

4. 若桁架采用多榀成组排放，在下弦折角处必须加设水平撑。

3.2.2　工具式立柱支撑的构造与安装应符合下列规定：

1. 工具式钢管单立柱支撑的间距应符合支撑设计的规定。

2. 立柱不得接长使用。

3. 所有夹具、螺栓、销子和其他配件应处在闭合或拧紧的位置。

4. 立杆及水平拉杆构造应符合规范规定。

3.2.3　木立柱支撑的构造与安装应符合下列规定：

1. 木立柱宜选用整料，当不能满足要求时，立柱的接头不宜超过 1 个，并应采用对接夹板接头方式。立柱底部可采用垫块垫高，但不得采用单码砖垫高，垫高高度不得超过 300mm。

2. 木立柱底部与垫木之间应设置硬木对角楔调整标高，并应用铁钉将其固定在垫木上。

3. 木立柱间距、扫地杆、水平拉杆、剪刀撑的设置应符合规范的规定，严禁使用板皮替代规定的拉杆。

4. 所有单立柱支撑应在底垫木和梁底模板的中心，并应与底部垫木和顶部梁底模板紧密接触，且不得承受偏心荷载。

5. 当仅为单排立柱时，应在单排立柱的两边每隔 3m 加设斜支撑，且每边不得少于 2 根，斜支撑与地面的夹角应为 60°。

3.2.4　当采用扣件式钢管作立柱支撑时，其构造与安装应符合下列规定：

1. 钢管规格、间距、扣件应符合设计要求。每根立柱底部应设置底座及垫板，垫板厚度不得小于50mm。

2. 钢管支架立柱间距、扫地杆、水平拉杆、剪刀撑的设置应符合规范的规定。当立柱底部不在同一高度时，高处的纵向扫地杆应向低处延长不少于2跨，高低差不得大于1m，立柱距边坡上方边缘不得小于0.5m。

3. 立柱接长严禁搭接，必须采用对接扣件连接，相邻两立柱的对接接头不得在同步内，且对接接头沿竖向错开的距离不宜小于500mm，各接头中心距主节点不宜大于步距的1/3。

4. 严禁将上段的钢管立柱与下段钢管立柱错开固定在水平拉杆上。

5. 满堂模板和共享空间模板支架立柱，在外侧周圈应设由下至上的竖向连续式剪刀撑；中间在纵横向应每隔10m左右设由下至上的竖向连续式剪刀撑，其宽度宜为4～6m，并在剪刀撑部位的顶部、扫地杆处设置水平剪刀撑。剪刀撑杆件的底端应与地面顶紧，夹角宜为45°～60°。当建筑层高在8～20m时，除应满足上述规定外，还应在纵横向相邻的两竖向连续式剪刀撑之间增加"之"字斜撑，在有水平剪刀撑的部位，应在每个剪刀撑中间处增加一道水平剪刀撑。当建筑层高超过20m时，在满足以上规定的基础上，应将所有"之"字斜撑全部改为连续式剪刀撑。

6. 当支架立柱高度超过5m时，应在立柱周圈外侧和中间有结构柱的部位，按水平间距6～9m、竖向间距2～3m与建筑结构设置一个固结点。

3.2.5 当采用标准门架作支撑时，其构造与安装应符合下列规定：

1. 门架的跨距和间距应按设计规定布置，间距宜小于1.2m；支撑架底部垫木上应设固定底座或可调底座。门架、调节架及可调底座，其高度应按其支撑的高度确定。

2. 门架支撑可沿梁轴线垂直和平行布置。当垂直布置时，在两门架的两侧应设置交叉支撑；当平行布置时，在两门架间的两侧应设置交叉支撑，交叉支撑应与立杆上的锁销锁牢，上下门架的组装连接必须设置连接棒及锁臂。

3. 当门架支撑宽度为4跨及以上或5个间距及以上时，应在周边底层、顶层、中间每5列、5排在每门架立杆跟部设 $\phi48mm×3.5mm$ 通长水平加固杆，并应采用扣件与门架立杆扣牢。

4. 当门架支撑高度超过8m时，应按规范的规定执行，剪刀撑不应大于4个间距，并应采用扣件与门架立杆扣牢。

5. 顶部操作层应采用挂扣式脚手板满铺。

3.2.6 悬挑结构立柱支撑的安装应符合下列要求：

1. 多层悬挑结构模板的上下立柱应保持在同一条垂直线上。

2. 多层悬挑结构模板的立柱应连续支撑，并不得少于3层。

3.3　普通模板构造与安装

3.3.1 基础及地下工程模板应符合下列规定：

1. 地面以下支模应先检查土壁的稳定情况，当有裂纹及塌方迹象时，应采取安全防范措施后，方可作业。当深度超过2m时，操作人员应设上下梯。

2. 距基槽（坑）上口边缘 1m 内不得堆放模板。向基槽（坑）内运料应使用起重机、溜槽或绳索；运下的模板严禁立放在基槽（坑）土壁上。

3. 斜支撑与侧模的夹角不应小于 45°，支在土壁的斜支撑应加设垫板，底部的对角楔木应与斜支撑连牢。高大长脖基础若采用分层支模时，其下层模板应经就位校正并支撑稳固后，方可进行上一层模板的安装。

4. 在有斜支撑的位置，应在两侧模间采用水平撑连成整体。

3.3.2 柱模板应符合下列规定：

1. 现场拼装柱模时，应适时地安设临时支撑进行固定，斜撑与地面的倾角宜为 60°，严禁将大片模板系在柱子钢筋上。

2. 待四片柱模就位组拼经对角线校正无误后，应立即自下而上安装柱箍。

3. 若为整体预组合柱模，吊装时应采用卡环和柱模连接，不得采用钢筋钩代替。

4. 柱模校正（用四根斜支撑或用连接在柱模顶四角带花篮螺栓的揽风绳，底端与楼板钢筋拉环固定进行校正）后，应采用斜撑或水平撑进行四周支撑，以确保整体稳定。当高度超过 4m 时，应群体或成列同时支模，并应将支撑连成一体，形成整体框架体系。当需单根支模时，柱宽大于 500mm 应每边在同一标高上设置不得少于 2 根斜撑或水平撑。斜撑与地面的夹角宜为 45°～60°，下端尚应有防滑移的措施。

5. 角柱模板的支撑，除满足上述要求外，还应在里侧设置能承受拉力和压力的斜撑。

3.3.3 墙模板应符合下列规定：

1. 当采用散拼定型模板支模时，应自下而上进行，必须在下一层模板全部紧固后，方可进行上一层安装。当下层不能独立安设支撑件时，应采取临时固定措施。

2. 当采用预拼装的大块墙模板进行支模安装时，严禁同时起吊 2 块模板，并应边就位、边校正、边连接，固定后方可摘钩。

3. 安装电梯井内墙模前，必须在板底下 200mm 处牢固地满铺一层脚手板。

4. 模板未安装对拉螺栓前，板面应向后倾一定角度。

5. 当钢楞长度需接长时，接头处应增加相同数量和不小于原规格的钢楞，其搭接长度不得小于墙模板宽或高的 15%～20%。

6. 拼接时的 U 形卡应正反交替安装；间距不得大于 300mm；2 块模板对接接缝处的 U 形卡应满装。

7. 对拉螺栓与墙模板应垂直，松紧应一致，墙厚尺寸应正确。

8. 墙模板内外支撑必须坚固、可靠，应确保模板的整体稳定。当墙模板外面无法设置支撑时，应在里面设置能承受拉力和压力的支撑。多排并列且间距不大的墙模板，当其与支撑互成一体时，应采取措施，防止灌筑混凝土时引起临近模板变形。

3.3.4 独立梁和整体楼盖梁结构模板应符合下列规定：

1. 安装独立梁模板时应设安全操作平台，并严禁操作人员站在独立梁底模或柱模支架上操作及上下通行。

2. 底模与横楞应拉结好，横楞与支架、立柱应连接牢固。

3. 安装梁侧时，应边安装边与底模连接，当侧模高度多于 2 块时，应采取临时固定措施。

4. 起拱应在侧模内外楞连固前进行。

5. 单片预组合梁模，钢楞与板面的拉结应按设计规定制作，并应按设计吊点试吊无误后，方可正式吊运安装，侧模与支架支撑稳定后方准摘钩。

3.3.5 楼板或平台板模板应符合下列规定：

1. 当预组合模板采用桁架支模时，桁架与支点的连接应固定牢靠，桁架支承应采用平直通长的型钢或木方。

2. 当预组合模板块较大时，应加钢楞后方可吊运。当组合模板为错缝拼配时，板下横楞应均匀布置，并应在模板端穿插销。

3. 单块模就位安装，必须待支架搭设稳固、板下横楞与支架连接牢固后进行。

4. U形卡应按设计规定安装。

3.3.6 其他结构模板应符合下列规定：

1. 安装圈梁、阳台、雨篷及挑檐等模板时，其支撑应独立设置，不得支搭在施工脚手架上。

2. 安装悬挑结构模板时，应搭设脚手架或悬挑工作台，并应设置防护栏杆和安全网。作业处的下方不得有人通行或停留。

3. 烟囱、水塔及其他高大构筑物的模板，应编制专项施工设计和安全技术措施，并应详细地向操作人员进行交底后方可安装。

4. 在危险部位进行作业时，操作人员应系好安全带。

3.4 爬升模板构造与安装

3.4.1 进入施工现场的爬升模板系统中的大模板、爬升支架、爬升设备、脚手架及附件等，应按施工组织设计及有关图纸验收，合格后方可使用。

3.4.2 爬升模板安装时，应统一指挥，设置警戒区与通信设施，做好原始记录，并应符合下列规定：

1. 检查工程结构上预埋螺栓孔的直控和位置，并应符合图纸要求。

2. 爬升模板的安装顺序应为底座、立柱、爬升设备、大模板、模板外侧吊脚手。

3.4.3 施工过程中爬升大模板及支架时，应符合下列规定：

1. 爬升前，应检查爬升设备的位置、牢固程度、吊钩及连接杆件等，确认无误后，拆除相邻大模板及脚手架间的连接杆件，使各个爬升模板单元彻底分开。

2. 爬升时，应先收紧千斤钢丝绳，吊住大模板或支架，然后拆卸穿墙螺栓，并检查再无任何连接，卡环和安全钩无问题，调整好大模板或支架的重心，保持垂直，开始爬升。爬升时，作业人员应站在固定件上，不得站在爬升件上爬升，爬升过程中应防止晃动与扭转。

3. 每个单元的爬升不宜中途交接班，不得隔夜再继续爬升。每单元爬升完毕应及时固定。

4. 大模板爬升时，新浇混凝土的强度不应低于 $1.2N/mm^2$。支架爬升时的附墙架穿墙螺栓受力处的新浇混凝土强度应达到 $10N/mm^2$ 以上。

　　5. 爬升设备每次使用前均应检查，液压设备应由专人操作。

3.4.4　作业人员应背工具袋，以便存放工具和拆下的零件，防止物件跌落。且严禁高空向下抛物。

3.4.5　每次爬升组合安装好的爬升模板、金属件应涂刷防锈漆，板面应涂刷脱模剂。

3.4.6　爬模的外附脚手架或悬挂脚手架应满铺脚手板，脚手架外侧应设防护栏杆和安全网。爬架底部亦应满铺脚手板和设置安全网。

3.4.7　每步脚手架间应设置爬梯，作业人员应由爬梯上下，进入爬架应在爬架内上下，严禁攀爬模板、脚手架和爬架外侧。

3.4.8　脚手架上不应堆放材料，脚手架上的垃圾应及时清除。如需临时堆放少量材料或机具，必须及时取走，且不得超过设计荷载的规定。

3.4.9　所有螺栓孔均应安装螺栓，螺栓应采用 $50\sim60N\cdot m$ 的扭矩紧固。

3.5　飞模构造与安装

3.5.1　飞模的制作组装必须按设计图进行。运到施工现场后，应按设计要求检查合格后方可使用安装。安装前应进行一次试压和试吊，检验确认各部件无隐患。对利用组合钢模板、门式脚手架、钢管脚手架组装的飞模，所用的材料、部件应符合 GB 50214《组合钢模板技术规范》、GB 50018《冷弯薄壁型钢结构技术规范》以及其他专业技术规范的要求。

　　凡属采用铝合金型材、木或竹塑胶合板组装的飞模，所用材料及部件应符合有关专业标准的要求。

3.5.2　飞模起吊时，应在吊离地面 0.5m 后停下，待飞模完全平衡后再起吊。吊装应使用安全卡环，不得使用吊钩。

3.5.3　飞模就位后，应立即在外侧设置防护栏，其高度不得小于 1.2m，外侧应另加设安全网，同时应设置楼层护栏。并应准确、牢固地搭设出模操作平台。

3.5.4　当飞模在不同楼层转运时，上下层的信号人员应分工明确、统一指挥、统一信号，并应采用步话机联络。

3.5.5　当飞模转运采用地滚轮推出时，前滚轮应高出后滚轮 $10\sim20mm$，并应将飞模重心标画在旁侧，严禁外侧吊点在未挂钩前将飞模向外倾斜。

3.5.6　飞模外推时，必须用多根安全绳一端牢固拴在飞模两侧，另一端围绕在飞模两侧建筑物的可靠部位上，并应设专人掌握，缓慢推出飞模，并松放安全绳，飞模外端吊点的钢丝绳应逐渐收紧，待内外端吊钩挂牢后再转运起吊。

3.5.7　在飞模上操作的挂钩作业人员应穿防滑鞋，且应系好安全带，并应挂在上层的预埋铁环上。

3.5.8　吊运时，飞模上不得站人和存放自由物料，操作电动平衡吊具的作业人员应站在楼面上，并不得斜拉歪吊。

3.5.9　飞模出模时，下层应设安全网，且飞模每运转一次后应检查各部件的损坏情况，同时应对所有的连接螺栓重新进行紧固。

3.6 隧道模构造与安装

3.6.1 一般规定：

1. 组装好的半隧道模应按模板编号顺序吊装就位。并应将 2 个半隧道模顶板边缘的角钢用连接板和螺栓进行连接。

2. 合模后应采用千斤顶升降模板的底沿，按导墙上所确定的水准点调整到设计标高，并应采用斜支撑和垂直支撑调整模板的水平度和垂直度，再将连接螺栓拧紧。

3.6.2 支卸平台构架的支设，必须符合下列规定：

1. 支卸平台的设计应便于支卸平台吊装就位，平台的受力应合理。

2. 平台桁架中立柱下面的垫板，必须落在楼板边缘以内 400mm 左右，并应在楼层下相应位置加设临时垂直支撑。

3. 支卸平台台面的顶面，必须和混凝土楼面齐平，并应紧贴楼面边缘。相邻支卸平台间的空隙不得过大。支卸平台外周边应设安全护栏和安全网。

3.6.3 山墙作业平台应符合下列规定：

1. 隧道模拆除吊离后，应将特制 U 形卡承托对准山墙的上排对拉螺栓孔，从外向内插入，并用螺帽紧固。U 形卡承托的间距不得大于 1.5m。

2. 将作业平台吊至已埋设的 U 形卡位置就位，并将平台每根垂直杆件上 $\phi30$ 水平杆件落入 U 形卡内，平台下部靠墙的垂直支撑用穿墙螺栓紧固。

3. 每个山墙作业平台的长度不应超过 7.5m，且不应小于 2.5m，并应在端头分别增加外挑 1.5m 的三角平台。作业平台外周边应设安全护栏和安全网。

3.7 模板安装与维护

3.7.1 模板安装前，应按设计图纸测量放样，重要结构应多设控制点，以利于检查校正。

3.7.2 模板安装过程中，应经常保持足够的临时固定设施，以防倾覆。

3.7.3 支架应支承在坚实的地基或老混凝土上，并应有足够的支承面积；地基承载能力应满足支架传递荷载的要求，必要时应对地基进行加固处理。斜撑应防止滑动。竖向模板和支架的支承部分，当安装在基土上时应加设垫板，且基土应坚实并设有排水措施。对湿陷性黄土应有防水措施；对冻胀性土应设有防冻融措施。

3.7.4 支架立柱底地基承载力应按下列公式计算：

$$P = N/A \leqslant M_f f_{ak}$$

式中 P——立柱底垫木的底面平均压力；

N——上部立柱传至垫木顶面的轴向力设计值；

A——垫木底面面积；

M_f——立柱垫木地基土承载力折减系数，应按表 3-3 采用；

f_{ak}——地基土承载力设计值，应按工程地质报告提供的数据采用。

表 3-3 地基土承载力折减系数

地 基 土 类 别	折 减 系 数	
	支承在原土上时	支撑在回填土上时
碎石土、砂、多年填积土	0.8	0.4
粉土、黏土	0.9	0.5
岩石、混凝土	1.0	—

3.7.5 现浇钢筋混凝土梁、板,当跨度等于或大于 4m 时,模板应起拱;当设计无具体要求时,起拱高度宜为全跨长度的 $1/1000 \sim 3/1000$。

3.7.6 模板的钢拉杆不应弯曲。伸出混凝土外露面的拉杆宜采用端部可拆卸的结构型式。拉杆与锚环的连接应牢固。应埋在下层混凝土中的模板锚定件(螺栓、钢筋环等),在承受荷载时,应有足够的锚固强度。

3.7.7 模板与混凝土的接触面,以及各块模板接缝处,应平整密合,以保证混凝土表面的平整度和混凝土的密实性。

3.7.8 建筑物分层施工时,应逐层校正下层偏差,模板下端与已浇混凝土不应有错台和缝隙。

3.7.9 模板的面板应涂脱模剂,但应避免脱模剂污染或侵蚀钢筋和混凝土。

3.7.10 模板安装的允许偏差,应根据结构物的安全、运行条件、经济和美观等要求确定。

1. 一般大体积混凝土模板安装的允许偏差,应符合表 3-4 的规定。

表 3-4 一般大体积混凝土模板安装的允许偏差 单位:mm

偏差项目		混凝土结构的部位	
		外露表面	隐蔽内面
模板平整度	相邻两面板错台	2	5
	局部不平(用 2m 直尺检查)	5	10
板 面 缝 隙		2	2
结构物边线与设计边线	外模板	0 −10	15
	内模板	+10 0	
结构物水平截面内部尺寸		±20	
承重模板标高		+5 0	
预留孔洞	中心线位置	5	
	截面内部尺寸	+10 0	

注 1. 外露表面、隐蔽内面是指相应模板的混凝土结构表面最终所处的位置。

2. 高速水流区、流态复杂部位、机电设备安装部位的模板,除参照表中要求外,还应符合有关专项设计的要求。

2. 大体积混凝土以外的一般现浇结构模板安装的允许偏差，应符合表3-5的规定。

表3-5 一般现浇结构模板安装的允许偏差 单位：mm

偏差项目		允许偏差
轴线位置		5
底模上表面标高		+5 0
截面内部尺寸	基础	±10
	柱、梁、墙	+4 −5
层高垂直	全高≤5m	6
	全高＞5m	8
相邻两面板高差		2
表面局部不平度（用2m直尺检查）		5

3. 预制构件模板安装的允许偏差，应符合表3-6的规定。

表3-6 预制构件模板安装的允许偏差 单位：mm

偏差项目		允许偏差
长度	板、梁	±5
	薄腹梁、桁架	±10
	柱	0 −10
	墙板	0 −5
宽度	板、墙板	0 −5
	梁、薄腹梁、桁架、柱	+2 −5
高度	板	+2 −5
	墙板	0 −5
	梁、腹梁、桁架、柱	+2 −5
板的对角线差		7
拼板表面高低差		1
板的表面平整度（2m长度上）		3
墙板的对角线差		5
侧向弯曲	梁、柱、板	$L/1000$ 且≤15
	墙板、薄腹梁、桁架	$L/1500$ 且≤15

注 L—构件长度，mm。

　　4. 永久性模板、滑动模板、移置模板、清水混凝土模板等特种模板，其模板安装的允许偏差，按结构设计要求和模板设计要求执行。

3.7.11　钢承重骨架的模板，应按设计位置可靠地固定在承重骨架上，以防止在运输及浇筑时错位。承重骨架安装前，宜先做试吊及承载试验。

3.7.12　模板上严禁堆放超过设计荷载的材料及设备。混凝土浇筑时，应按模板设计荷载控制浇筑顺序、浇筑速度及施工荷载。应及时清除模板上的杂物。

3.7.13　混凝土浇筑过程中，应安排专人负责经常检查、调整模板的形状及位置，使其与设计线的偏差不超过模板安装允许偏差绝对值的 1.5 倍，并每班做好记录。对承重模板，应加强检查、维护；对重要部位的承重模板，还应由有经验的人员进行监测。模板如有变形、位移，应立即采取措施，必要时停止混凝土浇筑。

3.7.14　混凝土浇筑过程中，应随时监视混凝土下料情况，不得过于靠近模板下料、直接冲击模板；混凝土罐等机具不得撞击模板。

3.7.15　对模板及其支架应定期维修。

4 模板安全检查及验收

4.1 施工方案检查及验收

4.1.1 模板支撑支架施工必须有针对性能指导施工的施工方案，并按有关程序进行审批。

4.1.2 危险性较大的应编制专项方案，应由施工单位技术、安全、质量等专业部门进行审核，施工单位技术负责人签字，高大模板支撑体系由施工单位组织进行专家论证。

4.1.3 模板支架搭设高度 8m 及以上；跨度 18m 及以上，施工总荷载 15kN/m² 及以上；集中线荷载 20kN/m² 及以上的专项施工方案应按规定组织专家论证。

4.2 支架的检查及验收

4.2.1 支架构配件检查及验收：

1. 钢管壁厚应符合规范要求。
2. 构配件规格、型号、材质应符合规范要求。
3. 杆件弯曲、变形、锈蚀量应在规范允许范围内。

4.2.2 支架基础检查与验收：

1. 基础应坚实、平整，承载力应符合设计要求，并应能承受支架上部全部荷载。
2. 底部应按规范要求设置底座、垫板，垫板规格应符合规范要求。
3. 支架底部纵、横向扫地杆的设置应符合规范要求。
4. 基础应设排水设施，并应排水畅通。
5. 当支架设在楼面结构上时，应对楼面结构强度进行验算，必要时应对楼面结构采取加固措施。

4.2.3 支架构造检查及验收：

1. 立杆间距应符合设计和规范要求。
2. 水平杆步距应符合设计和规范要求，水平杆应按规范要求连续设置。
3. 竖向、水平剪刀撑或专用斜杆、水平斜杆的设置应符合规范要求。
4. 立柱底部必须设置扫地杆。
5. 立柱接长应采用同心对接连接方式。
6. 立柱顶应设置可调支托。
7. 立柱底部应设置符合要求的垫板。
8. 搭设高度超过 5m 及以上与建筑物成有固节点。
9. 模板支撑支架应按规定设置剪刀撑。

4.2.4 支架稳定检查及验收：

1. 当支架高宽比大于规定值时，应按规定设置连墙杆或采用增加架体宽度的加强措施。

　　2. 立杆伸出顶层水平杆中心线至支承点的长度应符合规范要求。

　　3. 浇筑混凝土时应对架体基础沉降、架体变形进行监控，基础沉降、架体变形应在规定允许范围内。

4.2.5　支架拆除检查及验收：

　　1. 支架拆除前结构的混凝土强度应达到设计要求。

　　2. 支架拆除前应设置警戒区，并应设专人监护。

4.3　杆件连接检查及验收

4.3.1　立杆应采用对接、套接或承插式连接方式，并应符合规范要求。

4.3.2　水平杆的连接应符合规范要求。

4.3.3　当剪刀撑斜杆采用搭接时，搭接长度不应小于1m。

4.3.4　杆件各连接点的紧固应符合规范要求。

4.4　底座与托撑检查及验收

4.4.1　可调底座、托撑螺杆直径应与立杆内径匹配，配合间隙应符合规范要求。

4.4.2　螺杆旋入螺母内长度不应少于5倍的螺距。

4.5　施工荷载检查及验收

4.5.1　施工均布荷载、集中荷载应在设计允许范围内。

4.5.2　当浇筑混凝土时，应对混凝土堆积高度进行控制。

4.5.3　作业面上模板和配件不得随意堆放，模板应放平放稳应均匀，荷载不能超过设计值。

4.6　模板存放检查及验收

4.6.1　各种模板要分类存放整齐，堆放高度应符合安全要求。

4.6.2　模板存放应有防倾倒措施。

4.7　混凝土浇筑检查及验收

4.7.1　混凝土浇筑应按施工方案进行施工。

4.7.2　模板安装高度在2m及以上，应有相应的安全措施。

4.7.3　模板拆除区域应设置警戒线并设专人监护，悬空模板必须拆除。

4.7.4　在高处安装和拆除模板时，周围应设安全网或脚手架并应加设防护栏杆。

4.8　模板工程资料检查及验收

4.8.1　支架搭设、拆除、支拆模板前应进行安全技术交底，并应有交底记录。

4.8.2　支架搭设完毕、模板工程完成后应按规定组织验收，验收应有量化内容并经责任人签字确认。

4.8.3　模板拆除应有申请审批严格执行拆模令。

4.8.4　模板拆除前应有混凝土强度报告，未达到拆除要求强度值严禁拆模。

4.9　作业环境检查及验收

4.9.1　作业面临边及孔洞应有防护措施。

4.9.2　垂直作业上下必须有隔离防护措施。

4.9.3　混凝土浇筑路线应搭设走道，应牢固稳定。

5 模 板 拆 除

5.1 模板拆除要求

5.1.1 模板的拆除措施应经技术主管部门或负责人批准,拆除模板的时间可按 GB 50204《混凝土结构工程施工质量验收规范》的有关规定执行。冬期施工的拆模,应符合专门规定。

5.1.2 当混凝土未达到规定强度或已达到设计规定强度,需提前拆模或承受部分超设计荷载时,必须经过计算和技术主管确认其强度能足够承受此荷载后,方可拆除。

5.1.3 在承重焊接钢筋骨架作配筋的结构中,承受混凝土重量的模板,应在混凝土达到设计强度的 25% 后方可拆除承重模板。当在已拆除模板的结构上加置荷载时,应另行核算。

5.1.4 大体积混凝土的拆模时间除应满足混凝土强度要求外,还应使混凝土内外温差降低到 25℃ 以下时方可拆模。否则应采取有效措施防止产生温度裂缝。

5.1.5 后张预应力混凝土结构的侧模宜在施加预应力前拆除,底模应在施加预应力后拆除。当设计有规定时,应按规定执行。

5.1.6 拆模前应检查所使用的工具有效和可靠,扳手等工具必须装入工具袋或系挂在身上,并应检查拆模场所范围内的安全措施。

5.1.7 模板的拆除工作应设专人指挥。作业区应设围栏,其内不得有其他工种作业,并应设专人负责监护。拆下的模板、零配件严禁抛掷。

5.1.8 拆模的顺序和方法应按模板的设计规定进行。当设计无规定时,可采取先支的后拆、后支的先拆、先拆非承重模板、后拆承重模板,并应从上而下进行拆除。拆下的模板不得抛扔,应按指定地点堆放。

5.1.9 多人同时操作时,应明确分工、统一信号或行动,应具有足够的操作面,人员应站在安全处。

5.1.10 高处拆除模板时,应符合有关高处作业的规定。严禁使用大锤和撬棍,操作层上临时拆下的模板堆放不能超过 3 层。

5.1.11 在提前拆除互相搭连并涉及其他后拆模板的支撑时,应补设临时支撑。拆模时,应逐块拆卸,不得成片撬落或拉倒。

5.1.12 拆模如遇中途停歇,应将已拆松动、悬空、浮吊的模板或支架进行临时支撑牢固或相互连接稳固。对活动部件必须一次拆除。

5.1.13 已拆除了模板的结构,应在混凝土强度达到设计强度值后方可承受全部设计荷载。若在未达到设计强度以前,需在结构上加置施工荷载时,应另行核算,强度不足时,应加设临时支撑。

5.1.14 遇 6 级或 6 级以上大风时,应暂停室外的高处作业。雨、雪、霜后应先清扫施工现场,方可进行工作。

5.1.15 拆除有洞口模板时,应采取防止操作人员坠落的措施。洞口模板拆除后,应按规定及时进行防护。

5.1.16　现浇混凝土结构的模板拆除时混凝土强度应符合设计要求；当设计无具体要求时，应符合下列规定：

1. 不承重的侧面模板，混凝土强度能保证其表面和棱角不因拆除模板而受损坏。

2. 承重模板及支架，混凝土强度应符合表3-7的规定。

表3-7　　　　　　现浇混凝土结构承重模板及支架拆模时所需混凝土强度

结 构 类 型	结 构 跨 度	按设计的混凝土强度标准值的百分率计/%
板	≤2	≥50
	>2，≤8	≥75
	>8	≥100
梁、拱、壳	≤8	≥75
	>8	≥100
悬臂构件	—	≥100

注　设计的混凝土强度标准值是指与设计混凝土强度等级相应的混凝土立方体抗压强度标准值。

3. 经计算及试验复核，混凝土结构的实际强度已能承受自重及其他实际荷载时，可提前拆模。

4. 在低温季节施工的混凝土的模板，其拆除应满足混凝土温控防裂要求。

5.1.17　拆模时，应根据锚固情况分批拆除锚固连接件，防止大片模板坠落。拆模应使用专门工具，以减少混凝土及模板的损坏。

5.1.18　预制构件模板拆除时的混凝土强度，应符合设计要求：当设计无具体要求时，应符合下列规定：

1. 侧模，在混凝土强度能保证构件不变形、棱角完整时，方可拆除。

2. 芯模或预留孔洞的内模，在混凝土强度能保证构件和孔洞表面不发生坍陷和裂缝后，方可拆除。

3. 底模，当构件跨度不大于4m时，在混凝土强度符合设计混凝土强度标准值的50%的要求后，方可拆除；当构件跨度大于4m时，在混凝土强度符合设计混凝土强度标准值75%的要求后，方可拆除。

5.1.19　后张法预应力混凝土结构构件模板的拆除，除应符合以上的规定外，侧模应在预应力张拉前拆除，底模应在结构构件建立预应力后拆除。

5.1.20　拆下的模板、支架及配件应及时清理、维修。暂时不用的模板应分类堆存，妥善保管：钢模应做好防锈处理，设仓库存放。大型模板堆放时，应垫平放稳，并适当加固，以免翘曲变形。

5.2　支架立柱拆除

5.2.1　当拆除钢楞、木楞、钢桁架时，应在其下面临时搭设防护支架，使所拆楞梁及桁架先落在临时防护支架上。

5.2.2 当立柱的水平拉杆超出 2 层时，应首先拆除 2 层以上的拉杆。当拆除最后一道水平拉杆时，应和拆除立柱同时进行。

5.2.3 当拆除 4～8m 跨度的梁下立柱时，应先从跨中开始，对称地分别向两端拆除，拆除时，严禁采用连梁底板向旁侧一片拉倒的拆除方法。

5.2.4 对于多层楼板模板的立柱，当上层及以上楼板正在浇筑混凝土时，下层楼板立柱的拆除，应根据下层楼板结构混凝土强度的实际情况，经过计算确定。

5.2.5 拆除平台、楼板下的立柱时，作业人员应站在安全处。

5.2.6 对已拆下的钢楞、木楞、桁架、立柱及其他零配件应及时运到指定地点。对有芯钢管立柱运出前应先将芯管抽出或用销卡固定。

5.3 普通模板拆除

5.3.1 拆除条形基础、杯形基础、独立基础或设备基础的模板时，应符合下列规定：

1. 拆除前应先检查基槽（坑）土壁的安全状况，发现有松软、龟裂等不安全因素时，应在采取安全防范措施后，方可进行作业。

2. 模板和支撑杆件等应随拆随运，不得在离槽（坑）上口边缘 1m 以内堆放。

3. 拆除模板时，施工人员必须站在安全地方。应先拆内外木楞、再拆木面板；钢模板应先拆钩头螺栓和内外钢楞，后拆 U 形卡和 L 形插销，拆下的钢模板应妥善传递或用绳钩放置地面，不得抛掷。拆下的小型零配件应装入工具袋内或小型箱笼内，不得随处乱扔。

5.3.2 拆除柱模应符合下列规定：

1. 柱模拆除应分别采用分散拆除和分片拆除 2 种方法。

（1）分散拆除的顺序应为：拆除拉杆或斜撑、自上而下拆除柱箍或横楞、拆除竖楞、自上而下拆除配件及模板、运走分类堆放、清理、拔钉、钢模维修、刷防锈油或脱模剂、入库备用。

（2）分片拆除的顺序应为：拆除全部支撑系统、自上而下拆除柱箍及横楞、拆掉柱角 U 形卡、分 2 片或 4 片拆除模板、原地清理、刷防锈油或脱模剂、分片运至新支模地点备用。

2. 柱子拆下的模板及配件不得向地面抛掷。

5.3.3 拆除墙模应符合下列规定：

1. 墙模分散拆除顺序应为：拆除斜撑或斜拉杆、自上而下拆除外楞及对拉螺栓、分层自上而下拆除木楞或钢楞及零配件和模板、运走分类堆放、拔钉清理或清理检修后刷防锈油或脱模剂、入库备用。

2. 预组拼大块墙模拆除顺序应为：拆除全部支撑系统、拆卸大块墙模接缝处的连接型钢及零配件、拧去固定埋设件的螺栓及大部分对拉螺栓、挂上吊装绳扣并略拉紧吊绳后，拧下剩余对拉螺栓，用方木均匀敲击大块墙模立楞及钢模板，使其脱离墙体，用撬棍轻轻外撬大块墙模板使全部脱离，指挥起吊、运走、清理、刷防锈油或脱模剂备用。

3. 拆除每一大块墙模的最后 2 个对拉螺栓后，作业人员应撤离大模板下侧，以后的操作均应在上部进行。个别大块模板拆除后产生局部变形者应及时整修好。

4. 大块模板起吊时，速度要慢，应保持垂直，严禁模板碰撞墙体。

5.3.4 拆除梁、板模板应符合下列规定：

1. 梁、板模板应先拆梁侧模，再拆板底模，最后拆除梁底模，并应分段分片进行，严禁成片撬落或成片拉拆。

2. 拆除时，作业人员应站在安全的地方进行操作，严禁站在已拆或松动的模板上进行拆除作业。

3. 拆除模板时，严禁用铁棍或铁锤乱砸，已拆下的模板应妥善传递或用绳钩放至地面。

4. 严禁作业人员站在悬臂结构边缘敲拆下面的底模。

5. 待分片、分段的模板全部拆除后，方允许将模板、支架、零配件等按指定地点运出堆放，并进行拔钉、清理、整修、刷防锈油或脱模剂，入库备用。

5.4　特殊模板拆除

5.4.1　对于拱、薄壳、圆穹屋顶和跨度大于 8m 的梁式结构，应按设计规定的程序和方式从中心沿环圈对称向外或从跨中对称向两边均匀放松模板支架立柱。

5.4.2　拆除圆形屋顶、筒仓下漏斗模板时，应从结构中心处的支架立柱开始，按同心圆层次对称地拆向结构的周边。

5.4.3　拆除带有拉杆拱的模板时，应在拆除前先将拉杆拉紧。

5.5　爬升模板拆除

5.5.1　拆除爬模应有拆除方案，且应由技术负责人签署意见，应向有关人员进行安全技术交底后，方可实施拆除。

5.5.2　拆除时应先清除脚手架上的垃圾杂物，并应设置警戒区由专人监护。

5.5.3　拆除时应设专人指挥，严禁交叉作业。拆除顺序应为：悬挂脚手架和模板、爬升设备、爬升支架。

5.5.4　已拆除的物件应及时清理、整修和保养，并运至指定地点备用。

5.5.5　遇 5 级以上大风应停止拆除作业。

5.6　飞模拆除

5.6.1　脱模时，梁、板混凝土强度等级不得小于设计强度的 75%。

5.6.2　飞模的拆除顺序、行走路线和运到下一个支模地点的位置，均应按飞模设计的有关规定进行。

5.6.3　拆除时应先用千斤顶顶住下部水平连接管，再拆去木楔或砖墩（或拔出钢套管连接螺栓，提起钢套管）。推入可任意转向的四轮台车，松千斤顶使飞模落在台车上，随后推运至主楼板外侧搭设的平台上，用塔吊吊至上层重复使用。若不需重复使用时，应按普通模板的方法拆除。

5.6.4　飞模拆除必须有专人统一指挥，飞模尾部应绑安全绳，安全绳的另一端应套在坚固的建筑结构上，且在推运时应徐徐放松。

5.6.5　飞模推出后，楼层外边缘应立即绑好护身栏。

5.7　隧道模拆除

5.7.1　拆除前应对作业人员进行安全技术交底和技术培训。

5.7.2　拆除导墙模板时，应在新浇混凝土强度达到 $1.0N/mm^2$ 后，方准拆模。

5.7.3　拆除隧道模应按下列顺序进行：

1. 新浇混凝土强度应在达到承重模板拆模要求后，方准拆模。

2. 应采用长柄手摇螺帽杆将连接顶板的连接板上的螺栓松开，并应将隧道模分成两个半隧道模。

3. 拔除穿墙螺栓，并旋转垂直支撑杆和墙体模板的螺旋千斤顶，让滚轮落地，使隧道模脱离顶板和墙面。

4. 放下支卸平台防护栏杆，先将一边的半隧道模推移至支卸平台上，然后再推另一边半隧道模。

5. 为使顶板不超过设计允许荷载，经设计核算后，应加设临时支撑柱。

5.7.4　半隧道模的吊运方法，可根据具体情况采用单点吊装法、两点吊装法、多点吊装法或鸭嘴形吊装法。

6 模板支架施工安全要点

6.1 模板支架工程必须按照规定编制、审核专项施工方案，超过一定规模的要组织专家论证。

6.2 模板支架搭设、拆除单位必须具有相应的资质和安全生产许可证，严禁无资质从事模板支架搭设、拆除作业。

6.3 模板支架搭设、拆除人员必须取得建筑施工特种作业人员操作资格证书。

6.4 模板支架搭设、拆除前，应向现场管理人员和作业人员进行安全技术交底。

6.5 模板支架材料进场验收前，必须按规定进行验收，未经验收或验收不合格的严禁使用。

6.6 模板支架搭设、拆除要严格按照专项施工方案组织实施，相关管理人员必须在现场进行监督，发现不按照专项施工方案施工的，应当要求立即整改。

6.7 模板支架搭设场地必须平整坚实。必须按专项施工方案设置纵横向水平杆、扫地杆和剪刀撑；立杆顶部自由端高度、顶托螺杆伸出长度严禁超出专施工方案要求。

6.8 模板支架搭设完毕应组织验收，验收合格的，方可铺设模板。

6.9 混凝土浇筑时，必须按照专项施工方案规定的顺序进行，应指定专人对模板支架进行监测，发现架体存在坍塌风险时应立即组织作业人员撤离现场。

6.10 混凝土强度必须达到规范要求，并经监理单位确认后方可拆除模板支架。模板支架拆除应从上而下逐层进行。

第四篇

起重吊装工程

1 起重吊装设备介绍

1.1 起重吊装设备分类

起重吊装设备分类依据《质检总局关于修订特种设备目录的公告》（2014 年第 114 号）规定。

1.1.1 起重吊装设备属于特种设备的有：桥式起重机、门式起重机、塔式起重机、流动式起重机、门座式起重机、升降机、缆索式起重机、桅杆式起重机、机械式停车设备（见图 4-1～图 4-9）。

图 4-1 桥式起重机

（a）通用门式起重机

（b）架桥机

图 4-2 门式起重机

图 4-3 塔式起重机

（a）轮胎式起重机　　　　（b）履带式起重机

图 4-4　流动式起重机

图 4-5　门座式起重机

注：门座式起重机简称门吊，是港口码头使用最多的、结构复杂、非常典型的一种电动装卸机械，广泛应用在港口码头。

（a）简易升降机　　　　（b）施工升降机

图 4-6　升降机

图 4-7　缆索式起重机

注：缆索式起重机又叫走线滑车，挂有取物装置的起重小车沿架空承载索运行的起重机，常用在其他吊装方法不便或不经济的场合，吊重量不大，跨度、高度较大的场合，如桥梁建造、电视塔顶设备吊装。

图 4-8　桅杆式起重机

注：桅杆式起重机一般用木材或钢材制作。这类起重机具有制作简单、装拆方便，起重量大，受施工场地限制小的特点。特别是吊装大型构件而又缺少大型起重机械时，这类起重设备更显它的优势。但这类起重机需设较多的缆风绳，移动困难。另外，其起重半径小，灵活性差。因此，桅杆式起重机一般多用于构件较重、吊装工程比较集中、施工场地狭窄，而又缺乏其他合适的大型起重机械时使用。

图 4-9　机械式停车设备

1.1.2　除上述介绍的属于特种设备的起重吊装设备外，常用的起重吊装设备还包含：汽车起重机、物料提升机、卷扬机、电动葫芦（见图 4-10～图 4-13）。

《质检总局关于修订特种设备目录的公告》（2014 年第 114 号）规定中特种设备不含物料提升机，但物料提升机和施工升降机都属于升降机，遵循相同的标准规范：GB/T 10054—2005《施工升降机》，GB 10055—2007《施工升降机安全规程》。

本节着重介绍水利施工中几种常见的起重吊装设备：汽车起重机、物料提升机、塔式起重机、卷扬机。

图 4-10 汽车起重机

图 4-11 物料提升机

图 4-12 卷扬机

图 4-13 电动葫芦

1.2 汽车起重机与轮胎起重机

1.2.1 汽车起重机：是装在普通汽车底盘或特制汽车底盘上的一种起重机，其行驶驾驶室与起重操纵室分开设置。见图 4-14。

1.2.2 轮胎式起重机：利用轮胎式底盘行走的动臂旋转起重机。见图 4-15。

1.2.3 汽车起重机的优点是机动性好，转移迅速。缺点是工作时须支腿，不能负荷行驶，也不适合在松软或泥泞的场地上工作。汽车起重机的底盘性能等同于同样整车总重的载重汽车，符合公路车辆的技术要求，因而可在各类公路上通行无阻。此种起重机一般备有上、下车两个操纵室，作业时必须伸出支腿保持稳定。起重量的范围很大（8～1000t），底盘的车轴有 2～10 根，是产量最大、使用最广泛的起重机类型。

图4-14 汽车起重机　　　　　　　图4-15 轮胎式起重机

1.2.4 轮胎起重机是把起重机构安装在加重型轮胎和轮轴组成的特制底盘上的一种全回转式起重机，其上部构造与履带式起重机基本相同，为了保证安装作业时机身的稳定性，起重机设有四个可伸缩的支腿。在平坦地面上可不用支腿进行小起重量吊装及吊物低速行驶。它由上车和下车两部分组成，上车为起重作业部分，设有动臂、起升机构、变幅机构、平衡重和转台等；下车为支承和行走部分。上、下车之间用回转支承连接。吊重时一般需放下支腿，增大支承面，并将机身调平，以保证起重机的稳定。

1.3 自行式起重机

1.3.1 自行式起重机是指自带动力并依靠自身的运行机构沿有轨或无轨通道运移的臂架型起重机，包括汽车起重机、轮胎起重机、履带起重机、铁路起重机和随车起重机。

1.3.2 自行式起重机的优点是灵活性大，移动方便，起重机本身是安装好的一个整体，一到现场，就可投入使用。但这类起重机的缺点是稳定性较差。

　　1. 起重机工作、行驶或停放时，应与沟渠、基坑保持最低的安全距离，不得停放于斜坡上，以防发生翻车事故。

　　2. 起重机的四个支腿是保证起重机稳定性的关键。

　　3. 启动前将主离合器分离，并将各操纵杆放在空档位置。启动后应检查各仪表指示值，待运转正常后合上主离合器进行空转，并以低速运转3～5min，然后再逐渐增高转速。在低速运转时，机油压力、排气管排烟应正常，各系统管路应无泄漏现象，当温度和机油压力正常后，方可载荷作业。

　　4. 起重机作业时的臂杆仰角，一般不超过78°，臂杆的仰角过大，易造成起重机后倾或发生将构件拉斜的现象。

　　5. 起重机吊重物时，不得猛起猛落吊杆或起重臂。因猛起杆或起重臂，容易造成所吊重物严重摆动，撞击吊杆，甚至使吊杆折断。若猛落吊杆，则在重力加速度的作用下，使冲击力加大，对起重机的底座有很大的冲击，也很易发生事故。如果中途突然刹车，起重机在重力加速度的作用下失去稳定，会造成臂杆折断。因此吊重物下降时，应用动力下降才能保证起重机的安全作业。这时，若变换挡位或同时进行两种动作，很易使各个部位和零配件损坏，使操纵失灵而发生事故。

6. 起重机的稳定性，随起吊方向的不同而不同，起重能力也随之不同。在稳定性较好的方向起吊的额定荷载，当转到稳定性较差的方向上就会出现超载，有倾翻的可能。有的起重机对各个不同起吊方向的起重量，做了特殊的规定。因此，要认真按起重机说明书的规定执行。另外，在满负荷时，下落吊杆就会造成严重超载，易使吊杆折断。这里还要强调一点，旋转不要过快，因吊重物回转时将会产生离心力，荷载将有飞出的趋势，并使幅度增加，起重能力下降，稳定性降低，倾覆的危险增大。

7. 吊重超越驾驶室上的，万一起重机失灵，容易砸坏机身的前半部，造成车毁人亡的恶性事故。

8. 当臂杆由几节采用液压伸缩时，应按规定伸缩，按顺序进行。当限制器发出警报时，应立即停止伸臂。伸缩式臂杆伸出后，当前节臂杆大于后节伸出的长度时，臂杆受力就不合理。因此，应在消除这不正常的情况后，方可作业。作业中臂杆不应小于规定的仰角，亦是为保证臂杆和车身的安全。同时在伸臂伸出时，应相应下降吊钩并保持动、定滑轮间的安全距离，避免将起重钢丝绳崩断或损坏其他机件。

1.4　物料提升机与施工升降机

1.4.1　物料提升机、施工升降机都属于升降机，两者的区别：电气控制系统不同。施工升降机在箱体内控制和地面控制均可，属于两端控制，物料提升机属于手提式控制端。

1.4.2　物料提升机的类型。物料提升机按结构形式的不同可分为：单柱双笼式物料提升机（见图4-16）、井架式物料提升机（见图4-17）、龙门架式（即双柱单笼）物料提升机（见图4-18）。水利工程应用较多的是单柱双笼式物料提升机。

图4-16　单柱双笼式　　　　图4-17　井架式物料　　　　图4-18　龙门架式（即双柱
　　　　物料提升机　　　　　　　　　提升机　　　　　　　　　　单笼）物料提升机

1.5 起重机标准节和附着装置

塔式起重机、物料提升机、施工升降机上设有标准节，当达到一定起升高度时，应按说明书的要求设附着装置。

1.5.1 标准节。一个合格的标准节（见图4-19）不仅能提高起重机的稳定性能，而且也能显著提高安全性能、工作效率，甚至能够起到事半功倍的效果。

1.5.2 附着装置。就是附着架，类似于一个方形的套子，禁锢在标准节上边，一边连接到扶墙上边，主要起固定起重机的作用。塔吊越高，需要的附着架越密集，固定起重机本身，减少起重机的摆动。保证安全，缓解对底架的压重。见图4-20。

图4-19 标准节　　　　　图4-20 附着装置

不得擅自在起重机械上安装非原制造厂制造的标准节和附着装置。

1.6 起重机械安全、保险装置

1.6.1 总则。安全防护装置是防止起重机械事故的必要措施。包括限制运动行程和工作位置的装置、防起重机超载的装置、防起重机倾翻和滑移的装置、联锁保护装置等。

1.6.2 安全防护装置的分类。本条依据GB/T 3811—2008《起重机设计规范》以及SL 425—2017《水利水电起重机械安全规程》中的规定。

1. 限制运动行程与工作位置的安全装置：
（1）起升高度限位器。
（2）运行行程限位器。
（3）幅度限位器。

（4）幅度指示器。

（5）防止臂架向后倾翻的装置。

（6）回转限位。

（7）回转锁定装置。

（8）支腿回缩锁定装置。

（9）防碰撞装置。

（10）缓冲器及端部止挡。

（11）偏斜指示器或限制器。

（12）水平仪。

2. **防超载的安全装置：**

（1）起重量限制器。

（2）起重力矩限制器。

（3）极限力矩限制装置。

3. **抗风防滑和防倾翻装置：**

（1）抗风防滑装置。

（2）防倾翻安全钩。

（3）联锁保护装置。应在下列位置设置联锁保护：

1）动臂的支持停止器与动臂变幅机构之间。

2）进入桥式起重机和门式起重机的门和由司机室登上桥架的舱口门。

3）司机室设在运动部分时，进入司机室的通道口。

4）夹轨器和锚定装置与运行机构之间。

5）回转锁定装置与回转机构之间。

4. **其他安全防护装置：**

（1）风速仪及风速报警器。

（2）轨道清扫器。

（3）防小车坠落保护。

（4）检修吊笼或平台。

（5）导电滑触线的安全防护。

（6）报警装置。

（7）防护罩。

1.6.3 起重机械安全防护装置设置及相关规定：

1. 典型起重机械安全防护装置。典型起重机械安全防护装置的设置要求见表4-1。

2. 其他类型起重机械的安全防护装置。其他类型起重机械的安全防护装置见相应规范规定。

3. 起重机械安全装置的一般规定。

（1）使用单位应当对在用的起重机械及其安全保护装置、吊具、索具等进行经常性和定期的检查、维护和保养，并做好记录。

使用单位在起重机械租期结束后，应当将定期检查、维护和保养记录移交出租单位。

表4-1　安全防护装置在典型起重机械上的设置要求

说明：下列起重机类型分属：桥式和门式起重机（通用桥式起重机、通用门式起重机、梁式起重机）、流动式起重机（汽车起重机、轮胎起重机、履带起重机、铁路起重机）、臂架起重机（固定式起重机、悬臂式起重机）。

序号	安全防护装置名称	通用桥式起重机 程度要求	通用桥式起重机 要求范围	通用门式起重机 程度要求	通用门式起重机 要求范围	梁式起重机 程度要求	梁式起重机 要求范围	汽车起重机 程度要求	汽车起重机 要求范围	轮胎起重机 程度要求	轮胎起重机 要求范围	履带起重机 程度要求	履带起重机 要求范围	铁路起重机 程度要求	铁路起重机 要求范围	塔式起重机 程度要求	塔式起重机 要求范围	门座起重机 程度要求	门座起重机 要求范围	固定式起重机 程度要求	固定式起重机 要求范围	悬臂式起重机 程度要求	悬臂式起重机 要求范围	缆索起重机 程度要求	缆索起重机 要求范围	电动葫芦 程度要求	电动葫芦 要求范围
1	起重量限制器	应装	动力驱动	应装	动力驱动	应装	动力驱动									应装	动力驱动	应装	额定起重量不随幅度而变化的	应装	额定起重量不随幅度而变化的	应装		应装		应装	根据需要
2	起重力矩限制器							应装		应装		应装		应装		应装		应装	额定起重量随幅度而变化的	应装	额定起重量随幅度而变化的	应装					
3	起升高度限位器	应装	动力驱动	应装	动力驱动	应装	动力驱动	应装		应装		应装		应装		应装		应装		应装		应装		应装		应装	
4	下降深度限位器	应装	根据需要	应装	根据需要	应装	根据需要	应装	根据需要	应装	根据需要	应装	根据需要	应装	根据需要	应装	根据需要	应装	根据需要	应装	根据需要	应装	根据需要	应装	根据需要	应装	根据需要
5	运行行程限位器	应装	动力驱动的并且在大车和小车运行的极限位置	应装	动力驱动的并且在大车和小车运行的极限位置（悬挂葫芦小车除外）	应装	动力驱动的在大车运行的极限位置									应装		应装						应装			
6	幅度限位器															应装		应装	在吊臂幅度的极限位置	应装	在吊臂幅度的极限位置	应装					
7	偏斜指示器或限制器			宜装	跨度等于或大于40m时															宜装							
8	幅度指示器							应装		应装		应装		应装		应装		应装		应装		应装					

续表

序号	安全防护装置名称	通用桥式起重机 程度要求	通用桥式起重机 要求范围	通用门式起重机 程度要求	通用门式起重机 要求范围	梁式起重机 程度要求	梁式起重机 要求范围	汽车起重机 程度要求	汽车起重机 要求范围	轮胎起重机 程度要求	轮胎起重机 要求范围	履带起重机 程度要求	履带起重机 要求范围	铁路起重机 程度要求	铁路起重机 要求范围	塔式起重机 程度要求	塔式起重机 要求范围	门座起重机 程度要求	门座起重机 要求范围	固定式起重机 程度要求	固定式起重机 要求范围	悬臂式起重机 程度要求	悬臂式起重机 要求范围	缆索起重机 程度要求	缆索起重机 要求范围	电动葫芦 程度要求	电动葫芦 要求范围
		桥式和门式起重机						流动式起重机								塔式起重机		臂架起重机						缆索起重机		电动葫芦	
9	联锁保护安全装置	应装	按9.5有关要求	应装	按9.5有关要求	应装	按9.5有关要求									应装		应装	按9.5	应装	按9.5.2有关要求						
10	水平仪							应装		应装						应装		应装		应装							
11	防止臂架向后倾翻的装置							应装	油缸变幅除外	应装	油缸变幅除外	应装	油缸变幅除外	应装	油缸变幅除外	应装	动臂变幅的	应装	单臂架钢丝绳变幅								
12	极限力矩限制装置															应装	有可能自锁的旋转机构	应装	有可能自锁的旋转机构	应装	有可能自锁的旋转机构						
13	缓冲器	应装	在大车、小车运行或机构轨道端部	应装	在大车、小车运行机构或轨道端部	应装	在大车、小车运行或机构轨道端部									应装	行走式	应装	在运行或轨道端部			应装	在大车、小车运行或机构轨道端部	应装	在大车、运行机构或轨道端部		
14	抗风防滑装置	应装	室外工作的	应装	室外工作的	应装	室外工作的									应装	臂架铰点高度大于50m时										
15	风速风级报警器	应装	起升高度大于12m时					应装	起升高度大于50m时	应装	起升高度大于50m时	应装	起升高度大于50m时			应装	起升高度大于50m时										
16	垂直支腿回缩锁定装置							应装		应装				应装													
17	回转锁定装置							应装		应装				应装													
18	防倾翻安全钩	应装	按9.4.7的要求																								

104

续表

序号	安全防护装置名称	通用桥式起重机 程度要求	通用桥式起重机 要求范围	通用门式起重机 程度要求	通用门式起重机 要求范围	梁式起重机 程度要求	梁式起重机 要求范围	汽车起重机 程度要求	汽车起重机 要求范围	轮胎起重机 程度要求	轮胎起重机 要求范围	履带起重机 程度要求	履带起重机 要求范围	铁路起重机 程度要求	铁路起重机 要求范围	塔式起重机 程度要求	塔式起重机 要求范围	门座起重机 程度要求	门座起重机 要求范围	固定式起重机 程度要求	固定式起重机 要求范围	悬臂式起重机 程度要求	悬臂式起重机 要求范围	缆索起重机 程度要求	缆索起重机 要求范围	电动葫芦 程度要求	电动葫芦 要求范围
19	轨道清扫器	应装	动力驱动的大车运行机构上	应装	在大车运行机构上	应装	在大车运行机构									应装	行走式	应装									
20	端部止挡	应装	在运行机构	应装	在运行机构	应装	在运行机构									应装	在行走式的运行机构	应装	在运行与变幅机构	应装	在变幅机构	应装	在运行机构	应装	在运行机构		
21	导电滑线防护板	应装																应装	采用滑线导电结构的			应装	采用滑线导电结构的				
22	作业报警装置	宜装		宜装				应装		应装		应装						应装	大车运行时								
23	暴露部件的防护罩	应装	有伤人可能性的	应装	有伤人可能性的	应装	有伤人可能性的	应装	有伤人可能性的	应装	有伤人可能性的	应装	有伤人可能性的	应装	有伤人可能性的	应装	有伤人可能性的	应装	有伤人可能性的	应装	有伤人可能性的	应装	有伤人可能性的	应装	有伤人可能性的		
24	电气设备的防雨罩	应装	室外工作的防护等级不能满足要求时	应装	室外工作的防护等级不能满足要求时	应装	室外工作的防护等级不能满足要求时	应装	室外工作的防护等级不能满足要求时	应装	室外工作的防护等级不能满足要求时	应装	室外工作的防护等级不能满足要求时	应装	室外工作的防护等级不能满足要求时	应装	室外工作的防护等级不能满足要求时	应装	室外工作的防护等级不能满足要求时	应装	室外工作的防护等级不能满足要求时	应装	室外工作的防护等级不能满足要求时	应装	室外工作的防护等级不能满足要求时		
25	防小车坠落保护															应装											
26	防碰撞装置	宜装	在同一轨道运行工作的两台以上的	宜装	在同一轨道运行工作的两台以上的													宜装	在同一轨道运行工作的两台以上的								

注 本表引用 GB 6067.1—2010《起重机械安全规程 第 1 部分 总则》。

（2）各类起重机应装有音响清晰的喇叭、电铃或汽笛等信号装置；在起重臂、吊钩、平衡臂等转动体上应标明以明显的色彩标志。

（3）起重机械的变幅限位器、力矩限制器、起重量限制器、防坠安全器、钢丝绳防脱装置、防脱钩装置以及各种行程限位开关等安全保护装置，必须齐全有效，严禁随意调整或拆除。严禁利用限制器和限位装置代替操纵机构。

2 起重机械设备安装安全管理

2.1 起重机械安装作业安全要点

2.1.1 起重机械安装作业必须按照规定编制、审核专项施工方案，超过一定规模的要组织专家论证。

2.1.2 起重机械安装单位必须具有相应的资质和安全生产许可证，严禁无资质、超范围从事起重机械安装作业。

2.1.3 起重机械安装人员、起重机械司机、信号司索工必须取得建筑施工特种作业人员操作资格证书。

2.1.4 起重机械安装作业前，安装单位应按照要求办理安装拆卸告知手续。

2.1.5 起重机械安装作业前，应向现场管理人员和作业人员进行安全技术交底。

2.1.6 起重机械安装作业应严格按照专项施工方案组织实施，相关管理人员必须在现场监督，发现不按照专项施工方案施工的，应要求立即整改。

2.1.7 起重机械的顶升、附着作业必须由具有相应资质的安装单位严格按照专项施工方案实施。

2.1.8 遇大风、大雾、大雨、大雪等恶劣天气，严禁起重机械安装和顶升作业。

2.1.9 塔式起重机顶升前，应将回转下支座与顶升套架可靠连接，并应进行配平。顶升过程中，应确保平衡，不得进行起升、回转、变幅等操作。顶升结束后，应将标准节与回转下支座可靠连接。

2.1.10 起重机械加节后需进行附着的，应按照先装附着装置、后顶升加节的顺序进行。附着装置必须符合标准规范要求。拆卸作业时应先降节，后拆除附着装置。

2.1.11 辅助起重机械的起重性能必须满足吊装要求，安全装置必须齐全有效，吊索具必须安全可靠，场地必须符合作业要求。

2.1.12 起重机械安装完毕及附着作业后，应当按规定进行自检、检验和验收，验收合格后方可投入使用。

2.2 安装作业环境安全

2.2.1 起重设备对地基的要求。不同的起重设备对地基的要求不同。

1. 履带式起重机：履带式起重机械应在平坦坚实的地面上作业、行走和停放。作业时，坡度不得大于3°，起重机械应与沟渠、基坑保持安全距离。

2. 汽车起重机、轮胎式起重机：起重机械的工作场地应保持平坦坚实，符合起重时的受力要求；起重机械应与沟渠、基坑保持安全距离。

3. 门式、桥式起重机与电动葫芦：起重机路基与轨道的铺设应符合使用说明书的规定，轨道接地电阻不得大于 4Ω。

4. 施工升降机：施工升降机基础应符合使用说明书要求，当使用说明书无要求时，应经专项设计计算，地基上表面平整度允许偏差为 10mm，场地应排水通畅。

5. 卷扬机：卷扬机地基与基础应平整、坚实，场地应排水通畅，地锚应设置可靠。卷扬机应搭设防护棚。

6. 井架、龙门架物料提升机：基础应符合说明书要求。

7. 塔式起重机固定基础和轨道的地基除应符合塔式起重机技术要求外，还应符合下列要求：

（1）应避开任何地下设施（地下建筑物、地道、暗沟、防空洞等）和冻土层。无法避开时，由使用单位技术部门编制地基处理方案或保护措施，并组织实施。

（2）基础的地基承载能力必须能承受塔式起重机在工作状态和非工作状态所施加的最大载荷，并应满足塔式起重机抗倾翻稳定性的要求。如地基承载力不能满足要求，应由有资质的单位专业工程师对基础进行重新设计，当设计的基础要求降低塔式起重机独立使用高度时，应在设计文件中清晰地注明并确保实施。

（3）当需要采用如钢结构平台等特殊基础时，应由有资质的单位专业工程师进行设计并能满足塔式起重机使用要求。

总之，起重机械基础承载力应符合说明书要求。

2.2.2 起重作业环境安全。起重机械作业应考虑其周围的障碍物，如附近的建筑、其他起重机、车辆或正在进行装卸作业的船只、堆垛的货物、公共交通区域包括高速公路、铁路和河流、架空电线和电缆。

不应忽视通向或来自地下设施的危险，如煤气管道或电缆线。应采取措施使起重机械避开任何地下设施，如果避不开，应对地下设施实施保护措施，预防灾害事故发生。

起重机械或其吊载通过有障碍物的地方，应注意观察下列环境：

1. 现场条件允许时，起重机械的运行路线应清晰地标识，使其远离障碍物。起重机械的任何部件与障碍物之间应有足够的间隙。如不能达到规定的间隙要求，应采取有效措施防止任何阻挡或被挤住的危险。

2. 在起重机械附近周期性堆放货物的地方，在地面上应长期标记其边界线。

3. 起重机械馈电裸滑线与周围设备的安全距离。

起重机械馈电裸滑线与周围设备的安全距离应符合表 4-2 的规定，否则应采取安全防护措施。

表 4-2　　　　　　　　**起重机械馈电裸滑线与周围设备的安全距离**　　　　　单位：mm

项　目	安 全 距 离	项　目	安 全 距 离
距地面高度	>3500	距氧气管道及设备	>1500
距汽车通道高度	>6000	距易燃气体及液体管道	>3000
距一般管道	>1000		

4. 起重机靠近架空电线和电缆时的注意事项。起重机在靠近架空电缆线作业时，指派人员、操作者和其他现场工作人员应注意以下几点：

（1）在不熟悉的地区工作时，检查是否有架空线。

（2）确认所有架空电缆线路是否带电。

（3）在可能与带电动力线接触的场合，工作开始之前，应首先考虑当地电力主管部门的意见。

（4）起重机工作时，臂架、吊具、辅具、钢丝绳、缆风绳及载荷等，与输电线的最小距离应符合表4-3的规定。

表 4-3　　　　　　　　　　　起重机与输电线的最小距离

输电线路电压/kV	<1	1~20	35~110	154	220	330
最小距离/m	1.5	2	4	5	6	7

当起重机械进入到架空电线和电缆的预定距离之内时，安装在起重机械上的防触电安全装置可发出有效的警报。但不能因为配有这种装置而忽视起重机的安全工作制度。

5. 起重机械与架空电线的意外触碰。如果起重机械触碰了带电电线或电缆，应采取下列措施：

（1）司机室内的人员不得离开。

（2）警告所有其他人员远离起重机械，不得触碰起重机械、绳索或物品的任何部分。

（3）在没有任何人接近起重机械的情况下，司机应尝试独立地开动起重机械直到动力电线或电缆与起重机械脱离。

（4）如果起重机械不能开动，司机应留在驾驶室内。设法立即通知供电部门。在未确认处于安全状态之前，不得采取任何行动。

（5）如果由于触电引起的火灾或者一些其他因素，应离开司机室，应尽可能跳离起重机械，人体部位不得同时接触起重机械和地面。

（6）应立刻通知对工程负有相关责任的工程师，或现场有关的管理人员。在获取帮助之前，应有人留在起重机附近，以警告危险情况。

2.3　起重作业人员安全规定

2.3.1　起重作业人员。起重作业人员应包括具有建筑施工特种作业操作资格证书的起重机械安装拆卸工、起重司机、起重信号工、司索工等特种作业操作人员。

汽车底盘驾驶员应取得公安交管部门核发的相应准驾车型的驾驶证，无机动车驾驶证，则不能驾驶汽车起重机。

2.3.2　起重作业人员应遵守的安全规定：

1. 司索人员应遵守安全规定：

（1）对使用的吊索、吊链、卡扣等工器具进行检查合格方可使用。

（2）应该按照施工技术措施规定的吊点、吊运方案司索。

（3）严禁人员乘坐吊车、吊钩进行升降。

（4）严禁对埋在地下的重物司索、起吊。

（5）在吊运零碎散件物品时，应使用吊筐，不应使用无栏杆的平板散装。

（6）捆绑边棱角锋利的物体，应用软物包垫。

（7）严禁将锚固在地上的附着物和其他杂物与重物捆绑在一起。重物应绑扎牢固，吊索夹角不应大于 60°。

（8）吊钩应在重物的重心线上，严禁在倾斜状态下拖拉重物。起吊大件或体形不规则的重物时，应在重物上拴牵引绳。起吊重物离地面 10cm 时，应停机检查绳扣、吊具和绑扎的可靠性。

（9）重物吊至指定位置后，应放置平稳、确认无误后，方可松钩解索。

2. 起重指挥人员应遵守的安全规定：

（1）在起重作业中，指挥人员应是唯一的现场指挥者，不应脱岗。

（2）指挥人员应使用对讲机或指挥旗与哨音，或标准手势与哨音进行指挥。

（3）应按照施工技术措施规定的吊运方案指挥。

（4）指挥机械起吊设备工件时，应遵守吊车司机的安全要求。

（5）指挥两台起重机抬一重物时，指挥者应站在两台起重机司机都能看到的位置。

2.4　设备运行前使用单位的安全职责

2.4.1　审核起重机械的特种设备制造许可证、产品合格证、制造监督检验证明、备案证明等文件。

2.4.2　起重吊装作业前，对于危险性较大的，应由技术人员、操作人员进行技术论证，编制吊装作业的专项施工方案，并应进行安全技术措施交底；作业中，在作业中配备专门人员进行监护，确保安全。

2.4.3　门式起重机、塔式起重机、施工升降机、物料提升机、桅杆式起重机等需要进行设备安装拆除的，审核安装拆除单位的资质证书、安全生产许可证和特种作业人员的特种作业操作资格证书。

2.4.4　审核安装单位制定的起重机械安装、拆卸工程专项施工方案和生产安全事故应急救援预案。

2.4.5　使用单位应制定的起重机械生产安全事故应急救援预案。

2.4.6　指定专职安全生产管理人员监督检查起重机械安装、拆卸、使用情况。

2.4.7　暂停作业时，对吊装作业中未形成稳定体系的部分，必须采取临时固定措施。

2.4.8　使用单位应根据起重机种类、复杂程度以及技术力量等，建立起重机使用管理规章制度，包括但不限于：

1. 交接班制度。

2. 操作规程细则，包括绑挂指挥规程等。

3. 安全技术要求细则。

4. 定期检查、保养及维修制度。

5. 吊索具、辅助机具的管理和保养制度。

6. 作业人员培训制度。

7. 设备档案管理制度。

8. 司机及起重工守则。

2.4.9   同一作业区多台起重设备运行要求应符合下列要求：

同一施工地点有两台及以上汽车起重机作业时，应保持两机间任何接近部位（包括起重物）的安全距离不得小于 2m。

当同一施工地点有两台及以上塔式起重机并可能互相干涉时，应制定群塔作业方案；两台塔式起重机之间的最小架设距离应保证处于低位塔式起重机的起重臂端部与另一台塔式起重机的塔身之间至少有 2m 的距离；处于高位塔式起重机的最低位置的部件（吊钩升至最高点或平衡重的最低部位）与低位塔式起重机中位于最高位置部件之间的垂直距离不应小于 2m。

两台或两台以上吊车布置在同一轨道上或相互垂直、平行（臂杆会相互干扰）的轨道上进行作业时，吊车臂杆之间相距安全距离不小于 3m。

2.4.10   多台起重机吊运同一重物：

1. 抬吊作业应遵守下列规定：

（1）由使用部门提出多机抬吊的可行性分析报告，内容包括：作业项目和内容、抬吊的吊次、抬吊时各台起重机的最大起吊重量及幅度、各台起重机的协调动作方案和详细的指挥方案，安全措施等。

（2）设备主管部门和主管技术负责人对报告审查后签署意见。

（3）必须选派有经验的司机和指挥人员作业，并有详细的书面操作程序。

2. 用两台或多台起重机吊运同一重物时，应满足下列安全技术要求：

（1）起升钢丝绳应保持垂直。

（2）升降、运行应保持同步。

（3）所承受的载荷均不得超过各自的额定起重能力。

3. 如达不到上述要求时，各起重机应降低至额定起重能力的 75% 以下使用。

4. 应有专人统一指挥，指挥者应站在起重机司机都可以看见的位置。

5. 多台起重机抬吊作业，应根据实际情况制定专项技术方案，经严格审批后才能实施。

6. 多台起重机抬吊作业时，应由负责技术的工程师在现场指导。

2.5   起重机械的检查与验收

2.5.1   建筑起重机械安装完毕后，使用单位应组织出租、安装、监理等有关单位进行验收，或者委托具有相应资质的检验检测机构进行验收。起重机械经验收合格后方可投入使用，未经验收或者验收不合格的不得使用。

2.5.2   实行施工总承包的，由施工总承包单位组织验收。

2.5.3   使用单位应当自建筑起重机械安装验收合格之日起 30 日内，将起重机械安装验收资料、起重机械安全管理制度、特种作业人员名单等，向工程所在地县级以上地方人民政府建设主管部门办理起重机械使用登记。登记标志置于或者附着于该设备的显著位置。

2.5.4   物料提升机的检查与验收：

1. 资料检查及验收：

（1）使用说明书等随机资料是否齐全且与所验收的物料提升机一致。

（2）是否具有出厂合格证。

（3）隐蔽工程验收单，如基础、附着装置或缆风绳埋件签字手续是否齐全。

2. 基础检查及验收：

（1）检查基础是否有足够的强度，是否能承受物料提升机自重与荷载 2 倍的安全系数。

（2）基础土是否夯实，混凝土是否达到设计强度，基础面积应比架体四周大 50mm，并应高出自然地面 200～300mm。

（3）底座是否安装了螺栓。

（4）基础上是否设置了排水设施。

3. 架体检查及验收：

（1）架体连接件是否齐全、可靠、无弯曲、变形、锈蚀，焊接部位是否有脱焊、裂纹。

（2）出料开口处是否有加固措施、架体全高三面是否张挂密目网。

（3）架体垂直度和滑道水平度是否在允许的偏差范围内。

（4）吊篮导轨有无明显变形、接头处有无错位、吊篮上下运行是否平稳、有无碰擦。

4. 吊篮检查及验收：

（1）吊篮两端安全门是否灵活可靠。

（2）两侧挡板高度是否不低于 1m。

（3）地板铺设是否紧固、平稳，有无破损和修饰现象。

（4）自动升降门栏上下滑动是否顺畅。

（5）吊篮顶动滑轮是否灵活。

（6）吊篮颜色与架体是否存在明显区别。

（7）吊篮与轨道接触的滚动是否自如，滚轮与轨道间隙是否超出要求。

5. 附着装置检查及验收：

（1）是否按方案设计规定或使用说明书要求设置。

（2）是否存在与脚手架等临时连接的现象。

（3）各连接件是否齐全、可靠。

6. 缆风绳检查及验收：

（1）缆风绳所用材料是否符合规定，不得采用铁丝作缆风绳。

（2）高于 20m 的物料提升机是否设置了两组以上风绳。

（3）缆风绳与地面的夹角是否达到要求（45°～60°）。

（4）缆风绳与高架及地锚的连接是否牢固可靠，调节拉力的性能是否完好。

7. 缆风绳地锚检查及验收：

（1）地锚是否埋设在平整、干燥的地方，四周 2m 内是否有沟洞、地下管道和地下电线。

（2）地锚材料是否按规定选择，不得用腐朽材料做地锚。

（3）在进行荷载试验及正常运行过程中，检查地锚是否发生变化。

8.卷扬机检查及验收：

（1）卷扬机是否安装在视野开阔、地面平整的场地。

（2）卷扬机与架体的距离是否符合要求。

（3）卷扬机锚固是否符合要求。

（4）是否设立了防晒、防雨、防高空落物的操作棚。

（5）控制回路电压应不大于36V，引线长度应不超过5m，是否采用点动式并配有紧急停止的开关。

（6）卷筒、减速器、联轴器、制动器等是否有损坏。

9.钢丝绳检查及验收：

（1）钢丝绳选用直径是否符合规定要求，钢丝绳绳扣安装位置是否符合规定，是否拧紧。

（2）钢丝绳是否有外层局部断丝、变形。

（3）卷筒前方是否设置有导向滑轮。

（4）钢丝绳在卷筒上是否多层卷绕混乱，钢丝绳表面是否锈蚀，是否缺油。

（5）钢丝绳是否存在拖地及与其他障碍物摩擦现象。

（6）是否设置了过路保护。

10.摇臂把杆检查及验收：

（1）是否符合说明书要求。

（2）是否存在缆风绳等障碍物。

（3）是否安装了保险钢丝绳。

（4）是否设置了吊钩超高限位。

（5）起重量是否小于600g。

11.电气设备检查及验收：

（1）是否按卷扬机的容量选择电气开关，导线、热元件、保险丝等。

（2）电源箱是否安装在便于操作处，是否有门锁和防雨设施。

（3）检查电气线路及设备的绝缘情况，是否采取了可靠的接零、接地保护设施，是否安装了漏电保护器。

（4）是否安装了防雷接地装置，其接地电阻是否符合要求。

12.安全装置检查及验收：

（1）防坠装置是否灵敏、可靠。

（2）上、下（高架）极限限位是否灵敏、可靠。

（3）停层安全保护装置是否齐全、完好、安全可靠。

（4）卸料平台铺设是否牢靠。

（5）断绳保护装置是否灵敏、可靠。

（6）高架超载限制器是否灵敏、可靠。

（7）卷筒防脱绳保险是否齐全、有效。

（8）滑轮防脱绳装置是否齐全、有效。

（9）是否设置了必要的信号装置。

13. 标志检查及验收：

（1）楼层标志是否齐全、醒目。

（2）进料口上及摇臂把杆处是否设置了限载标志。

14. 性能试验检查及验收：

（1）空载试验。开动卷扬机，空载起升、降落吊篮各 3 次，检查传动部位、电气设备、安全装置等是否可靠。

（2）静试验。先做额定载荷试验，再在此基础上由超载 5％开始，每次增加 5％，直到超载 50％，把重物吊离地面 100mm，悬停等 10min 后放下吊篮，检查物料提升机金属结构应无永久变形，焊缝不得脱焊，工作机构无异常现象，制动器可靠制动，缆风绳和地锚无松动，物料提升机底座无沉陷，架体垂直度应在规定的标准范围内。

（3）动载试验。超载 25％，吊篮连续起升、制动 3 次，再连续下降，再制动 3 次，检查各工作机构，特别是制动器是否灵敏可靠。

2.5.5 塔式起重机的检查与验收：

1. 力矩限制器检查及验收。塔式起重机是否安装灵敏可靠的力矩限制器。当达到额定起重力矩时，限制器是否发出报警信号；当起重力矩超过额定值的 8％时，限制器是否切断上升和增幅电源，但塔式起重机可做下降和减幅运动。

2. 限位器检查及验收。塔式起重机是否安装超高、变幅、行走限位装置，限位器是否灵敏可靠。

3. 保险装置检查及验收：

（1）塔式起重机吊钩是否设置防止吊物滑脱的保险装置。

（2）卷扬机是否设置防止钢丝绳滑出的防护保险装置；上人爬梯是否有符合要求的护圈，当爬梯高度超过 5m 时，从 2.5m 处开始是否设置直径 0.65～0.8m、间距为 0.5～0.7m 的防护圈，当爬梯设于结构内部并且与结构的距离小于 1.2m 时，可不设护圈（见图 4-21）。

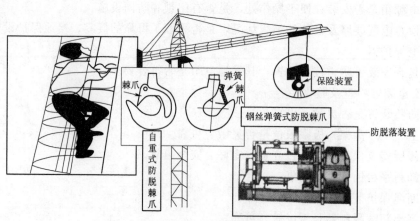

图 4-21 塔式起重机上人爬梯护圈、吊钩保险，卷扬机防钢丝绳滑出保险装置

4. 附墙装置与夹轨钳检查及验收：

（1）塔式起重机高度超过说明书规定的自由高度时是否安装附墙装置，附墙装置是否符合说明书要求。

（2）行走式塔式起重机是否安装了防风夹轨器，以保证塔式起重机在非工作力作用下保持静止。

5. 安装与拆卸检查及验收：

（1）塔式起重机安装拆卸是否有专项施工方案，以指导现场施工；塔式起重机基础是否有设计计算书和施工详图。施工方案是否经拆装单位企业技术负责人审核签字，有关部门审批。

（2）拆装方案编制和拆装作业单位是否具有相应的起重设备安装工程专业承包企业资质等级证书，作业人员是否持有起重机械设备作业人员上岗证书，作业前是否进行技术交底。

6. 塔式起重机指挥检查及验收：

（1）塔式起重机信号指挥、司索、司机是否持证上岗。

（2）塔式起重机指挥是否使用旗语或对讲机。

7. 路基与轨道检查及验收：

（1）路基是否坚实、平整，两侧或中间是否设排水沟，路基无积水。固定式塔机基础是否符合设计要求。

（2）枕木铺设是否符合要求，枕木之间是否填满碎石，不得松动。道钉坚固，道轨接头螺栓是否齐全，接头下垫枕木。

（3）道轨轨距误差是否不大于 1/1000，并不得超过 ±6mm，平整度误差是否不超过 1/1000，接头空隙是否不大于 4mm，高差不大于 2mm。

（4）道轨是否设置极限位置阻挡器。

8. 电气安全检查及验收：

（1）行走式塔式起重机是否设置有效的卷线器。

（2）塔式起重机除做好保护接零外，是否做重复接地（兼避雷接地），电阻不大于 10Ω。

9. 多塔作业检查及验收。处于低位的塔式起重机臂架端部与另一台塔式起重机的塔身之间是否有 2m 的安全距离，处于高位的塔式起重机（吊钩升至最高点）与低位塔式起重机的垂直距离在任何情况下是否小于 2m。

10. 安装验收检查及验收：

（1）塔式起重机使用前是否按规定组织验收，验收内容中数据是否量化，验收责任人员在验收记录上签字。

（2）验收资料中是否包括拆装单位《起重设备安装工程专业承包企业资质等级证书》、作业人员《起重机械设备作业人员上岗证书》及其身份证的复印件。

2.5.6 其他设备的检查与验收：

1. 对购置到货的机具，由物资部门负责人组织物资管理人员、操作人员或懂机具原理的技术人员共同进行验收，并填写《机具验收点交单》。对发现有损坏、缺少随机工具、备件、资料和存在质量问题的，应及时与供方联系解决。

2. 机具进入施工现场后项目部物资部门应组织进行性能能力验证，确定其是否符合配置计划对机具性能能力的要求，安全防护装置是否完好，操作人员是否有规定的上岗证明等，并记录验证结果。

3. 需要安装调试的新机具应由厂家出具安装调试检验报告。自行安装的机具应对机具各项指标进行检测确认。

4. 特种机具（设备）应按要求由有关部门进行鉴定，出具鉴定合格证明材料。

3 起重吊装作业的安全管理

3.1 起重机械使用安全要点

3.1.1 起重机械使用单位必须建立机械设备管理制度，并配备专职设备管理人员。

3.1.2 起重机械安装验收合格后应当办理使用登记，在机械设备活动范围内设置明显的安全警示标志。

3.1.3 起重机械司机、信号司索工必须取得建筑施工特种作业人员操作资格证书。

3.1.4 起重机械使用前，应向作业人员进行安全技术交底。

3.1.5 起重机械操作人员必须严格遵守起重机械安全操作规程和标准规范要求，严禁违章指挥、违规作业。

3.1.6 遇大风、大雾、大雨、大雪等恶劣天气，不得使用起重机械。

3.1.7 起重机械应按规定进行维修、维护和保养，设备管理人员应当按规定对机械设备进行检查，发现隐患及时整改。

3.1.8 起重机械的安全装置、连接螺栓必须齐全有效，结构件不得开焊和开裂，连接件不得严重磨损和塑性变形，零部件不得达到报废标准。

3.1.9 两台以上塔式起重机在同一现场交叉作业时，应制定塔式起重机防碰撞措施。任意两台塔式起重机之间的最小架设距离应符合规范要求。

3.1.10 塔式起重机使用时，起重臂和吊物下方严禁有人员停留。物件吊运时，严禁从人员上方通过。

3.2 起吊作业安全规定

3.2.1 通用起吊作业安全规定：

1. 工作前，认真检查所需的一切工具设备。

2. 起重工应熟悉、正确运用并及时发出各种规定的手势、旗语等信号。多人工作时，应指定一人负责指挥。

3. 各种物件正式起吊前先试吊。

4. 使用三脚架起吊时，绑扎应牢固，杆距应相等，杆脚固定应牢靠，不宜斜吊。

5. 起吊前应先清理起吊地点及运行通道上的障碍物，通知无关人员避让。

6. 吊运时应保持物件重心平稳。

7. 对表面涂油的重物应将捆绑处油污处理清理干净.

8. 起吊重物前应将其活动附件拆下或固定牢靠。

9. 吊运装有液体的容器时，容器重心应在吊点的正下方。

10. 吊运成批零星小件时，应装箱整体吊运。

11. 吊运长形等大件时，应计算出其重心位置，起吊时应在长、大部件的端部系绳索拉紧。

12. 大件起吊运输和吊运危险的物品时，应制定专项安全技术措施。按规定要求审批后，方能施工。

13. 大件吊运过程中，重物上严禁站人，重物下面严禁有人停留或穿行。

14. 设备和构件在起吊过程中，应保持平稳，吊钩上使用的绳索，不应滑动。

15. 在起吊过程中，绳索与设备或构件的棱角接触部分，均应加垫麻布、橡胶及木块等非金属材料。

起重作业"十不吊"（见图4-22）：

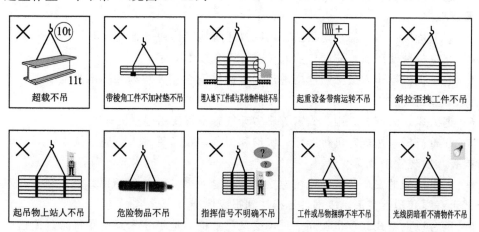

图 4-22　起重作业"十不吊"

（1）超载不吊。

（2）棱刃物与钢丝绳直接接触无保护措施时不吊。

（3）埋在地下物件不吊。

（4）机械安全装置失灵或带病时不吊。

（5）斜拉及斜吊重物不吊。

（6）起吊物上站人不吊。

（7）危险物品不吊。

（8）无人指挥或信号不清时不吊。

（9）工件或吊物捆绑不牢不吊。

（10）夜间现场照明不够看不清吊物起落点时不吊。

起重吊装应按说明书的要求在最大起重力矩范围内吊运，起吊位置不同则起吊力不同。

3.2.2 常用几种起重机械运行过程中的安全规定。常用起重机械的运行过程中的安全操作除应遵守通用起吊作业安全规定外，还应该遵守相应起重机械的安全操作规定。

1. 汽车起重机。汽车起重机使用应遵守以下规定（依据 DL/T 5250—2010《汽车起重机安全操作规程》）。

（1）不得采用自由下降的方式下降吊钩及重物。

（2）操作室应有起重机特性曲线表，挡风玻璃应保持清洁，视野清晰开阔。

（3）夜间作业时，机上及作业区域应有符合安全规定和施工要求的照明。

（4）汽车起重机应按规定配备消防器材，并放置于易摘取的安全部位，操作人员应掌握其使用方法。

（5）启动前应进行检查，安全防护装置及指示仪表应齐全完好，钢丝绳、连接部位及轮胎气压应符合规定；燃油、润滑油液压油、冷却液等应符合设备技术文件要求。

（6）操纵杆应置于空档位置，拉紧手制动器，取力器置于脱离位置。

（7）发动机启动时间和启动未成功的间隔时间应符合设备技术文件要求。

（8）低温启动时，应使用启动预热装置。严禁明火烘烤。

（9）发动机启动后应怠速运转 3～5min 进行暖机，观察各仪表显示值是否正常。

（10）工作场地应满足汽车起重机作业要求。

（11）按顺序定位伸展支腿，在支腿座下铺垫垫块，调节支腿使起重机呈水平状态，其倾斜度满足设备技术文件规定，并使轮胎脱离地面。

（12）作业中不得操作支腿控制手柄。

（13）作业中应随时观察支腿座下地基，发现地基下沉、塌陷时，应立即停止作业及时处理。

（14）检查各工作机构及其制动器，进行空载运行，正常后方可进行作业。

（15）确认起吊重物的质量、起升高度、工作半径应符合起重特性曲线要求。

（16）起升作业时，先将重物吊离地面，距离不宜大于 0.5m，检查重物的平衡、捆绑、吊挂是否牢靠，确认无异常后，方可继续操作。对易晃动的重物，应拴拉安全绳。

（17）当起吊重要物品或吊物达到额定起重量的 90% 以上时，应检查起重机的稳定性、制动器的可靠性。

（18）伸缩臂杆应严格按照设备技术文件要求操作。

（19）伸缩起重臂时，应保持起重臂前滑轮组与吊钩之间有一定安全距离，并确保吊钩不接触地面。

（20）起升钢丝绳在卷筒上的安全剩余量不得少于设备技术文件规定。

（21）起升重物跨越障碍时，重物底部至少应高出所跨越障碍物最高点 0.5m 以上。

（22）作业过程中，操作应平稳，不得猛起急停；若需换向操作应先将手柄回位后进行。

（23）雨雪天气，为了防止制动器受潮失灵，应先经过试吊确认可靠后，方可作业。

（24）作业中如突然发生故障，应立即停止作业、卸载、进行检查和修理。

（25）严禁在作业时，对运转部位进行调整、保养、检修等工作。

（26）严禁用起重机吊运人员。吊运易燃、易爆、危险物品和重要物件时，应有专项安全措施。

（27）当实际载荷达到额定载荷的 90% 及以上或力矩限制器发生蜂鸣报警时，操作应缓慢进行，并严禁同时进行两种及以上操作动作。

（28）当确需两台或多台起重机起吊同一重物时，应进行论证并制定专项吊装方案。

（29）起重作业完成后，收回起重臂并固定牢靠，按规定收回支腿并锁定，锁定回转、断开取力器后方可行驶。

2. 物料提升机：

（1）物料提升机使用应遵守以下规定（依据 JGJ 88—2010《龙门架及井架物料提升机安全技术规范》中的相关条款）。

1）物料提升机的结构设计，应满足制作、运输、安装、使用等各种条件下的强度、刚度和稳定性要求，并应符合 GB/T 3811《起重机设计规范》的规定。

2）物料提升机在下列条件下应能正常作业：环境温度为 −20～＋40℃；导轨架顶部风速不大于 20m/s；电源电压值与额定电压值偏差为 ±5％，供电总功率不小于产品使用说明书的规定值。

3）用于物料提升机的材料、钢丝绳及配套零部件产品应有出厂合格证。起重量限制器、防坠安全器应经型式检验合格。

4）传动系统应设常闭式制动器，其额定制动力矩不应低于作业时额定力矩的 1.5 倍。不得采用带式制动器。

5）当物料提升机采用对重时，对重应设置滑动导靴或滚轮导向装置，并应设有防脱轨保护装置。对重应标明质量并涂成警告色。吊笼不应做对重使用。

6）当荷载达到额定起重量的 90％时，起重量限制器应发出警示信号；当荷载达到额定起重量的 110％时，起重量限制器应切断上升主电路电源。

7）当吊笼提升钢丝绳断绳时，防坠安全器应制停带有额定起重量的吊笼，且不应造成结构损坏。自升平台应采用渐进式防坠安全器。

8）安全停层装置应为刚性机构，吊笼停层时，安全停层装置应能可靠承担吊笼自重、额定荷载及运料人员等全部工作荷载。吊笼停层后底板与停层平台的垂直偏差不应大于 50mm。

9）限位装置应符合下列规定：

上限位开关：当吊笼上升至限定位置时，触发限位开关，吊笼被制停，上部越程距离不应小于 3m。

下限位开关：当吊笼下降至限定位置时，触发限位开关，吊笼被制停。

紧急断电开关应为非自动复位型，任何情况下均可切断主电路停止吊笼运行。紧急断电开关应设在便于司机操作的位置。

缓冲器应承受吊笼及对重下降时相应冲击荷载。

当司机对吊笼升降运行、停层平台观察视线不清时，必须设置通信装置，通信装置应同时具备语音和影像显示功能。

（2）物料提升机使用管理。

1）使用单位应建立设备档案，档案内容应包括下列项目：安装检测及验收记录；大修及更换主要零部件记录；设备安全事故记录；累计运转记录。

2）物料提升机必须由取得特种作业操作证的人员操作。

3）物料提升机严禁载人。

4）物料应在吊笼内均匀分布，不应过度偏载。

5）不得装载超出吊笼空间的超长物料，不得超载运行。

6）在任何情况下，不得使用限位开关代替控制开关运行。

7）物料提升机严禁使用摩擦式卷扬机。

8）物料提升机每班作业前司机应进行作业前检查，确认无误后方可作业。应检查确认下列内容：

　　a. 制动器可靠有效。

　　b. 限位器灵敏完好。

　　c. 停层装置动作可靠。

　　d. 钢丝绳磨损在允许范围内。

　　e. 吊笼及对重导向装置无异常。

　　f. 滑轮、卷筒防钢丝绳脱槽装置可靠有效。

　　g. 吊笼运行通道内无障碍物。

9）当发生防坠安全器制停吊笼的情况时，应查明制停原因，排除故障，并应检查吊笼、导轨架及钢丝绳，应确认无误并重新调整防坠安全器后运行。

10）物料提升机夜间施工应有足够照明，照明用电应符合 JGJ 46《施工现场临时用电安全技术规范》的规定。

11）物料提升机在大雨、大雾、风速 13m/s 及以上大风等恶劣天气时，必须停止运行。

12）作业结束后，应将吊笼返回最底层停放，控制开关应扳至零位，并应切断电源，锁好开关箱。

3. 塔式起重机。塔式起重机使用应遵守下列规定（依据 DL/T 5282—2012《水电水利工程施工机械安全操作规程　塔式起重机》）：

（1）作业前对轨道或固定基础、电气部分、制动器、钢丝绳、附着等进行宏观检查应符合塔式起重机技术要求和相关规范的规定。

（2）对所使用的钢丝绳、链条、卡环、吊钩等吊具、索具进行检查应符合要求。不同种类的索具不得混用于一个重物的吊运。

（3）检查结束后，对所有发现的问题按该塔式起重机技术要求进行维修或更换，严禁塔式起重机带病工作。

（4）在接通电源前，各操作手柄、按钮、开关必须处于零位。接通电源后观察各仪表应显示正常。

（5）按塔式起重机技术要求依次启动各工作机构，空载、带载、运转一个作业循环应无异常，各机构限位器及限制器等安全保护装置应灵敏可靠。

（6）起重机开始作业时，司机应首先发出警示信号。

（7）操纵时应逐档变速，不得反档制动和和急开急停。

（8）塔式起重机在升降、变幅、回转、行走等作业过程中，当接近就位地点或限位装置前应提前减速，平稳就位。严禁用限位装置作为各运行动作停止就位来使用。

（9）重物的吊挂方式应正确，严禁用吊钩直接吊挂重物。不得在起吊的重物上悬挂任何物体。起吊细长物料时，应采取防止起重索具与物料间产生滑动及物料旋转的措施。

（10）起吊时应先将重物吊起离地面 0.5m 左右停住，确定制动物料捆扎、吊点和吊具无问题后，再继续起升。

（11）作业中平移起吊重物时，重物高出其所跨越障碍物的高度应大于1m。

（12）严禁限制、拆除、断开安全限制装置进行超载、超限等违章作业。

（13）严禁用起重机吊运人员。

（14）严禁采用自由下降的方法下降吊钩或重物。

（15）在作业中，严禁对传动部分、运动部分以及运动件所及区域做维修、保养、调整等工作。

（16）作业中如遇有影响塔式起重机安全作业的情况，应立即停止作业。

（17）采用多机抬吊重物时，使用部门必须制定作业方案报设备主管部门审批，并进行技术交底后方可进行作业。参与抬吊作业的起重机所承担的载荷不得超过本身80％的额定起重量。

（18）有电梯的塔式起重机，必须按塔式起重机的技术要求进行使用和操作。

（19）塔式起重机作业时禁止无关人员上下起重机。

（20）每月及暴雨后应对基础、轨道及塔身垂直度进行测量，发现问题及时处理。

（21）作业中，临时停歇或停电时，应将各操作手柄置于"零位"并切断总电源。

（22）当塔式起重机发生事故时，必须先切断电源然后及时抢救伤员，保护现场，并立即报告使用单位领导和有关部门进行处理。对事故的处理应按"四不放过"的原则进行。

（23）夜间作业时，作业场地应有足够亮度的照明。

（24）作业结束后应按下列要求执行：

1）轨道式塔式起重机结束作业后，司机应把塔式起重机停放在不妨碍大臂回转的位置，锁紧夹轨器。

2）凡是回转机构带有止动装置或常闭式制动器的塔式起重机，在停止作业后，必须松开制动器。不得限制起重臂随风转动。

3）动臂式塔式起重机将起重臂放到最大幅度位置；小车变幅的塔式起重机把小车开到塔式起重机技术要求中规定的位置。

4）将吊钩起升到上限位下的高点，吊钩上严禁吊挂重物。

5）把各控制器归到零位，切断总电源，关好门窗，保持红色障碍指示灯的开启状态。

4. 卷扬机：

（1）卷扬机应安装在坚固的基础上，安装地点必须使工人能清楚地看见重物的起吊位置，否则应使用自动信号或设多级指挥。不得在黑暗或光线不足的地方进行起重工作。

（2）钢构件或重大设备起吊，必须使用齿轮传动的卷扬机，不得使用摩擦式或皮带式卷扬机。

（3）必须有可靠的制动装置（自动制动器、手闸、脚闸），如制动装置失灵，未修复前不得使用。

（4）卷扬机卷筒中心线与导向滑轮的轴线应垂直，且导向滑轮的轴线应在卷筒中心位置，钢丝绳的出绳偏角应符合表4-4的规定。

排绳方式	槽面卷筒	光面卷筒	
		自然排绳	排绳器排绳
出绳偏角/(°)	≤4	≤2	≤4

表 4-4 （标题）卷扬机钢丝绳出绳偏角限值

注 钢丝绳的出绳偏角指钢丝绳与卷筒中心点垂直线的夹角。

（5）作业前，应检查卷扬机与地面的固定、弹性联轴器的连接用牢固，并应检查安全装置、防护设施、电气线路、接零或接地装置、制动装置和钢丝绳等并确认全部合格后再使用。

（6）卷扬机至少应装有一个常闭式制动器。

（7）卷扬机的传动部分及外露的运动件应设防护罩。

（8）卷扬机应在司机操作方便的地方安装能迅速切断总控制电源的紧急断电开关，并不得使用倒顺开关。

（9）钢丝绳卷绕在卷筒上的安全圈数不得少于 3 圈。钢丝绳末端应固定可靠。不得用手拉钢丝绳的方法卷绕钢丝绳。

（10）钢丝绳不得与机架、地面摩擦，通过道路时，应设过路保护装置。

（11）建筑施工现场不得使用摩擦式卷扬机。

（12）卷筒上的钢丝绳应排列整齐，当重叠或斜绕时，应停机重新排列，不得在转动中用手拉脚踩钢丝绳。

（13）作业中，操作人员不得离开卷扬机，物件或吊笼下面严禁有人员停留或通过。休息时，应将物件或吊笼降至地面。

（14）作业中如发现异响、制动失灵、制动带或轴承等稳定剧烈上升等异常情况时，应立即停机检查，排除故障后再使用。

（15）作业中停电时，应将控制手柄或按钮置于零位，并应切断电源，将物件或吊笼降至地面。

（16）作业完毕，应将物件或吊笼降至地面，并应切断电源，锁好开工箱。

3.3　大件起吊相关规定

3.3.1 基本规定。规定依据 SL 398—2007《水利水电工程施工通用安全技术规程》中的部分条款。

"大件"在水利水电工程施工中是指几何尺寸和单件重量大的构件和设备，其运输、吊装对运输设备、运输线路有一定的安全技术要求：大件运输必须有严密的组织，且必须取得当地公安交警部门的同意和配合。

大件起吊运输以及危险物品吊运，属重大危险作业。应根据物件的重量、几何尺寸以及危险物品的性质，充分进行危险辨识，制定切实可行的吊装运输方案，经反复论证后报业主审批后方可施工。施工前，还必须进行专项安全技术交底、检查、落实各项安全技术措施。

　　大型设备吊装，受起重设备和施工场地的限制，也可分解成几部分吊装，这样既增大了工作量，同时也增加了高处作业的危险，必须采取相应的安全保证措施。

　　大件吊运过程中，重物上严禁站人，重物下面严禁有人停留或穿行。若起重指挥人员需要站在重物上指挥时，应在重物停稳后站上去，并应选择在安全部位和采取必要的安全措施。

　　大件吊运时应计算出其重心位置，并应保证装运平衡。还应在长、大部件端部系绳索拉紧，以确保上升或平移时的平稳。

3.3.2　几种大件吊装的专门规定。

　　1. 水轮发电机组吊装：

　　(1) 机组主轴竖立，一般应用两个吊钩悬空进行。如用一个吊钩时，应在主轴与地面接触的法兰面下垫以木方，起吊应缓慢，严防滑动。

　　(2) 机架和转子中心体，若采用一个吊钩翻身时，吊点应在重心以上，以防翻身时发生冲击。

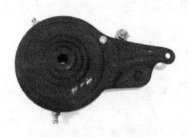

图 4 - 23　抱闸

　　注：抱闸一般是指电磁机械刹车，它是由静刹车片、动刹车盘（固定在电机轴侧）跟弹簧等组成，线圈电源同电机电源同步，当电机停止运行时刹车线圈同时失电，刹车弹簧推动刹车片动作锁死电机轴，即可完成抱闸功能。

　　(3) 大件（如转轮和转达子）吊装前，应对桥式起重机和吊具进行全面检查，各部必须良好。抱闸（见图 4 - 23)间隙应适宜，闸瓦应良好。大件吊装过程中，必须派有经验的工人监护抱闸。

　　(4) 大件起吊、翻身、两个吊钩抬吊、翻身，钢丝绳应保持垂直状态，以防钢丝绳脱出卷筒或滑轮槽，或与设备棱角相割，以及钢丝绳磨刮小车架。不得使用桥机长时间吊物于空中。

　　(5) 在基坑内进行吊装作业时基坑必须有足够照明，指挥人员应站在起重司机能看见的部位。

　　(6) 在厂房内吊运大件时，应选好路线，计算好起吊高度，使得重物与其他设备或建筑物间有不小于 1m 的安全距离。

　　(7) 吊运细长部件和材料时，钢丝绳应在部件上绕一圈后锁紧，不得兜底吊运。

　　(8) 转轮翻身和吊装，转子吊装，轮辐或推力头热套等，应有单项安全技术措施。

　　2. 电气设备吊装：

　　(1) 变压器吊装钟罩和铁芯时，钢丝绳的顶角不宜大于 60°，以免因水平分力过大而引起外壳或吊耳变形。

　　(2) 变压器注油后起吊时，应有防止钢丝绳窜动的措施，以防因油液波动，引起重心变化而造成歪斜。当用平衡梁起吊时，梁上应有防止钢丝绳打滑的装置，平衡梁中心轴应有限制转动的装置。

　　(3) 变压器在拖拉中转向时，必须随时注意千斤顶的稳定性及其头部与变压器外壳接触处是否有变形，如有异常，应立即停止工作，采取措施。

　　(4) 变压器沿轨道拖运时，应检查轨道接头是否平齐，轨道上有无杂物及焊疤，随时观察台车轮子转动是否正常，啃道是否严重，轮子有无歪斜。

（5）在厂房内吊运各种电气设备前，应检查吊环是否拧到底，设备上有无杂物，设备上活动部件是否取下或已固定牢固，严防吊运中落下伤人。

（6）在安装变电站的构架、铁塔、避雷针时，必须固定牢固后，不可松去缆风绳和起吊钢丝绳。

（7）在带电的开关站内吊装作业时，必须遵守带电作业的有关安全规定。

3. 其他大型金属结构吊装：

（1）静水启闭的闸门提升前，必须检查闸门前后是否平压，禁止在有水位差的情况下提门。

（2）闸门在门槽内运行一段时间后再提门时，必须检查节间连接销子有否脱出，门与槽间有无杂物卡住，闸门前后有无泥沙堆积过多。摸清情况方能启门，不得盲目提门。

（3）启闭机的吊具和抓梁的连接轴，以及抓梁与闸门的连接轴，必须插入到设计要求位置。

（4）闸门提升时，如发现提升力过大（视钢丝绳紧度来估计），应立即停止提升，检查原因。

（5）闸门组合时，工作人员的手、头、脚不得伸入组合缝内。指挥者应全面照看设备和工作人员，起落时均应打招呼，严防事故。

（6）暂时存放于现场而重心较高的金属构件，必须垫平放稳，固定或支撑牢靠，严防倾倒伤人。

（7）钢管拼装时，立起的瓦块应临时固定牢固。瓦块组装、节间组装时，工作人员的手、头、脚严禁伸入组合缝内，以防挤伤。

（8）吊装钢管，应将钢丝绳绕钢管一圈后锁紧，或焊上经过计算的专用吊环起吊，不得用钢丝绳兜钢管内壁起吊。

（9）大型钢管、尾水管里衬、弧形闸门运输时应使用专用弧形台车，以增加其装车稳定性。

（10）在高空组立构架时，工作人员必须系安全带，应选择安全位置站稳，注意其他部件吊装，防止被碰伤或因摇晃而坠落。

3.4 起重机械使用中的安全检查

3.4.1 日常检查。在每次换班或每个工作日的开始，对在用起重机械应按其类型针对下列适合的内容进行日常检查：

1. 按制造商手册的要求进行检查。
2. 检查所有钢丝绳在滑轮和卷筒上缠绕正常，没有错位。
3. 外观检查电气设备，不允许沾染润滑油、润滑脂、水或灰尘。
4. 外观检查有关的台面和（或）部件，无润滑油和冷却剂等液体的洒落。
5. 检查所有的限制装置或保险装置以及固定手柄或操作杆的操作状态，在非正常工作情况下采取措施进行检查。

6. 按制造商的要求检查超载限制器的功能是否正常，并按制造商的要求进行日常检查。

7. 具有幅度指示功能的超载限制器，应检查幅度指示值与臂架实际幅度的符合性。

8. 检查各气动控制系统中的气压是否处于正常状态，如制动器中的气压。

9. 检查照明灯、挡风屏雨刷和清洗装置是否能正常使用。

10. 外观检查起重机车轮和轮胎的安全状况。

11. 空载时检查起重机械所有控制系统是否处于正常状态。

12. 检查所有听觉报警装置能否正常操作。

13. 出于对安全和防火的考虑，检查起重机是否处于整洁环境，并且远离油罐、废料、工具或物料，已有安全储藏措施的情况除外；检查起重机械的出入口，要求无障碍并保证相应的灭火设施完备。

14. 检查防风锚定装置（固定时）的安全性以及起重机械运行轨道上有无障碍物。

15. 在开动起重机械之前，检查制动器和离合器的功能是否正常。

16. 检查液压和气压系统软管在正常工作情况下是否有非正常弯曲和磨损。

17. 在操作之前应确定在设备或控制装置上没有插入电缆接头或布线装置。

18. 应做好检查记录并加以保存归档。

3.4.2 周检。正常情况下每周检查一次，或按制造商规定的检查周期和根据起重机械的实际使用工况制定检查周期进行检查。除了按 GB 6067.1—2010《起重机械安全规程　第1部分：总则》中 18.1.2 规定的检查内容外，还应根据起重机械类型针对下列适合的内容进行检查：

1. 按制造商的使用说明书要求进行检查。

2. 检查所有钢丝绳外观有无断丝、挤压变形、笼状扭曲变形或其他的损坏迹象及过度的磨损和表面锈蚀情况，起重链条有无变形、过度磨损和表面锈蚀情况。

3. 检查所有钢丝绳端部结点、旋转接头、销轴和固定装置的连接情况，还应检查滑轮和卷筒的裂纹和磨损情况，所有的滑轮装置有无损坏及卡绳情况。

4. 检查起重机结构有无损坏，例如检查桥架或桁架式臂架有无缺损、弯曲、上拱、屈曲以及伸缩臂有无过量磨损痕迹、焊接开裂、螺栓和其他紧固件松动的现象。

5. 如果结构检查发现危险的征兆，则应去除油漆或使用其他的无损检测技术来确定危害的存在。

6. 对于高强度螺栓连接，应按规定的扭矩要求和制造商规定的时间间隔进行检查。

7. 检查吊钩和其他吊具、安全卡、旋转接头有无损坏、异常活动或磨损。检查吊钩螺纹和保险螺母有无可能因磨损或锈蚀导致的过度转动。

8. 在空载情况下，检查起重机械所有控制装置的功能。

9. 超载限制器应按其使用说明书的要求进行定期标定。

10. 对液压起重机械，检查液压系统有无渗漏。

11. 检查制动器和离合器的功能。

12. 检查流动式起重机上的轮胎压力以及轮胎是否有损坏、轮盘和外胎轮面的磨损情况，还应检查轮子上螺栓的紧固情况。

13. 对在轨道上运行的起重机，应检查轨道、端部止档，如有锚固也应进行检查。检查除去轨道上异物的安全装置及其状况。

14. 如有防摆锁，应进行检查。

15. 应做好检查记录并加以保存归档。

3.4.3　不经常使用的起重机械检查。除了备用起重设备外，一台起重机械如果停止使用一个月以上，但不超过一年的起重机械应在使用前按日常检查的要求进行检查。

一台起重机械如果停止使用一年以上，在使用前应按周检的要求进行检查。

3.5　钢丝绳的安全

3.5.1　钢丝绳端部的固定和连接。钢丝绳端部的固定和连接应符合下列要求：

1. 用绳卡连接（见图 4-24）时，连接强度不得小于钢丝绳破断拉力的 85%。

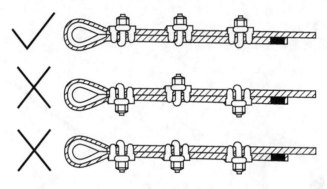

图 4-24　绳卡连接

2. 用编结连接（见图 4-25）时，编结长度不应小于钢丝绳直径的 15 倍，并且不得小于 300mm。连接强度不得小于钢丝绳破断拉力的 75%。

3. 用楔块、楔套连接（见图 4-26）时，楔套应用钢材制造。连接强度不得小于钢丝绳破断拉力的 75%。

图 4-25　编结连接

图 4-26　楔块、楔套连接

4. 用锥形套浇铸法连接（见图 4-27）时，连接强度应达到钢丝绳的破断拉力。

5. 用铝合金压制接头连接（见图 4-28）时，连接强度不小于钢丝绳最小破断拉力的 90%。

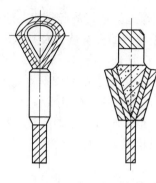

图 4-27　锥形套浇铸法连接　　　　图 4-28　铝合金压制接头连接

6.用压板连接时，压板符合 GB/T 5975《钢丝绳用压板标准》的规定，其数量符合 GB 6067.1—2010《起重机械安全规程　第 1 部分：总则》的规定，连接强度不小于钢丝绳的最小破断拉力。

3.5.2　钢丝绳放绳：

1.从绳卷上放绳的做法如图 4-29 所示。

图 4-29　从绳卷上放绳示意图

2.从卷盘上放绳的做法如图 4-30 所示。

在安装过程中，只要条件允许，就应确保钢丝绳始终向一个方向弯曲，即从供绳卷盘上部放出的钢丝绳进入到起重机或起重葫芦卷筒的上部（称为"上到上"），从供绳卷盘下部放出的钢丝绳进入到起重机或起重葫芦卷筒的下部（称为"下到下"）。

3.5.3　钢丝绳的维护。在钢丝绳寿命期内，在出现干燥或腐蚀迹象前，应按照主管人员的要求，定期为钢丝绳润滑，尤其是经过滑轮和进出卷筒的区段以及平衡滑轮同步运动的区段。有时，为了提高润滑效果，应在润滑前将钢丝绳清理干净。

钢丝绳的润滑材料应与钢丝绳制造商提供的初期润滑材料兼容，还应具有渗透性。如果从起重机使用手册中不能确定润滑材料的型号，用户应征询钢丝绳供货商或钢丝绳制造商的意见。

3.5.4　钢丝绳的检查范围。对每根钢丝绳，都应该沿整个长度进行检查。

对超长的钢丝绳，经主管人员同意，可以对工作长度加上卷筒上至少 5 圈的钢丝绳进行检查。在这种情况下，如果在上一次检查和下一次检查之前预计到工作长度会增加，增加的长度在使用前也宜进行检查。

（a）从卷盘上放绳

（b）控制绳张力，从卷盘底部和卷筒底部传送钢丝绳示意图

图 4－30 从卷盘上放绳

注：不应采取从平放于地面的卷或卷盘上将钢丝绳拉出或沿地面滚动卷盘的方法放绳。

应特别注意下列关键区域和部位：

1. 卷筒上的钢丝绳的固定点。

2. 钢丝绳绳端固定装置上附近的区段。

3. 经过一个或多个滑轮的区段。

4. 经过安全载荷指示器滑轮的区段。

5. 经过吊钩滑轮组的区段。

6. 进行重复作业的起重机，吊载时位于滑轮上的区段。

7. 位于平衡滑轮上的区段。

8. 经过缠绕装置的区段。

9. 缠绕在卷筒上的区段，特别是多层缠绕时的交叉重叠区域。

10. 因外部原因导致磨损的区段。

11. 暴露在热源下的部位。

3.5.5 钢丝绳报废：

1. 可见断丝报废基准。不同种类可见断丝的报废基准应符合以下规定：

（1）股沟断丝：在一个钢丝绳捻距（大约为 $6d$ 的长度）内出现两个或更多断丝的应报废。

（2）绳端固定装置处的断丝：两个或更多断丝的应报废。

（3）单层股钢丝绳和平行捻密实钢丝绳报废基准见表 4－5。

表 4－5　　　　　　　　单层股钢丝绳和平行捻密实钢丝绳中
达到报废程度的最少可见断丝数

钢丝绳类别编号 RCN	外层股中承载钢丝的总数[①] n	可见外部断丝的数量[②]					
		在钢制滑轮上工作和/或单层缠绕在卷筒上的钢丝绳区段（钢丝断裂随机分布）				多层缠绕在卷筒上的钢丝绳区段[③]	
		工作级别 M1～M4 或未知级别[④]				所有工作级别[④]	
		交互捻		同向捻		交互捻和同向捻	
		$6d$[⑤]长度范围内	$30d$[⑤]长度范围内	$6d$[⑤]长度范围内	$30d$[⑤]长度范围内	$6d$[⑤]长度范围内	$30d$[⑤]长度范围内
1	$n\leqslant50$	2	4	1	2	4	8
2	$51\leqslant n\leqslant75$	3	6	2	3	6	12
3	$76\leqslant n\leqslant100$	4	8	2	4	8	16
4	$101\leqslant n\leqslant120$	5	10	2	5	10	20
5	$121\leqslant n\leqslant140$	6	11	3	6	12	22
6	$141\leqslant n\leqslant160$	6	13	3	6	12	26
7	$161\leqslant n\leqslant180$	7	14	4	7	14	28
8	$181\leqslant n\leqslant200$	8	16	4	8	16	32
9	$201\leqslant n\leqslant220$	9	18	4	9	18	36
10	$221\leqslant n\leqslant240$	10	19	5	10	20	38
11	$241\leqslant n\leqslant260$	10	21	5	10	20	42
12	$261\leqslant n\leqslant280$	11	22	6	11	22	44
13	$281\leqslant n\leqslant300$	12	24	6	12	24	48
	$n>300$	$0.04n$	$0.08n$	$0.02n$	$0.04n$	$0.08n$	$0.16n$

注　对于外股为西鲁式结构且每股的钢丝数$\leqslant19$ 的钢丝绳（例如 6×19Seale），在表中的取值位置为其"外层股中承载钢丝总数"所在行之上的第二行。

① 在本标准中，填充钢丝不作为承载钢丝。因而不包括在 n 值之中。

② 一根断丝有两个断头（按一根断丝计数）。

③ 这些数值适用于交叉重叠区域和由于钢丝绳偏角影响的缠绕绳圈之间干涉引起的劣化（不适用于只在滑轮上工作而不在卷筒上缠绕的区段）。

④ 机构的工作级别为 M5～M8 时，断丝数可取表中数值的两倍。

⑤ d—钢丝绳公称直径。

（4）阻旋转钢丝绳中达到报废程度的最少可见断丝数表 4－6。

表 4－6　　　　　　阻旋转钢丝绳中达到报废程度的最少可见断丝数

钢丝绳类别编号 RCN	钢丝绳外层股数和外层股中承载钢丝总数[①]n	可 见 断 丝 数 量[②]			
		在钢制滑轮上工作和/或单层缠绕在卷筒上的钢丝绳区段		多层缠绕在卷筒上的钢丝绳区段[③]	
		$6d$[④]长度范围内	$30d$[④]长度范围内	$6d$[④]长度范围内	$30d$[④]长度范围内
21	4 股 $n\leqslant100$	2	4	2	4

钢丝绳类别编号 RCN	钢丝绳外层股数和外层股中承载钢丝总数[①]n	可见断丝数量[②]			
		在钢制滑轮上工作和/或单层缠绕在卷筒上的钢丝绳区段		多层缠绕在卷筒上的钢丝绳区段[③]	
		$6d$[④]长度范围内	$30d$[④]长度范围内	$6d$[④]长度范围内	$30d$[④]长度范围内
22	3股或4股 $n \geqslant 100$	2	4	4	8
	至少 11 个外层股				
23-1	$71 \leqslant n \leqslant 100$	2	4	4	8
23-2	$101 \leqslant n \leqslant 120$	3	5	5	10
23-3	$121 \leqslant n \leqslant 140$	3	5	6	11
24	$141 \leqslant n \leqslant 160$	3	6	6	13
25	$161 \leqslant n \leqslant 180$	4	7	7	14
26	$181 \leqslant n \leqslant 200$	4	8	8	16
27	$201 \leqslant n \leqslant 220$	4	9	9	18
28	$221 \leqslant n \leqslant 240$	5	10	10	19
29	$241 \leqslant n \leqslant 260$	5	10	10	21
30	$261 \leqslant n \leqslant 280$	6	11	11	22
31	$281 \leqslant n \leqslant 300$	6	12	12	24
	$n > 300$	6	12	12	24

注　对外股为西鲁式结构且每股的钢丝数≤19 的钢丝绳（例如 18×19Seale - WSC），在表中的取值位置为其"外层股中承载钢丝总数"所在行之上的第二行。

① 在本标准中，填充钢丝不作为承载钢丝，因而不包括在 n 值之中。

② 一根断丝有两个断头（按一根断丝计数）。

③ 这些数值适用于交叉重叠区域和由于钢丝绳偏角影响的缠绕绳圈质检干涉引起的劣化（不适用于只在滑轮上工作而不在卷筒上缠绕的区段）。

④ d——钢丝绳公称直径。

2. 钢丝绳直径的减小：

(1) 沿钢丝绳长度等值减小见表 4-7。

表 4-7　　直径等值减小的报废基准——单层缠绕卷筒和钢制滑轮上的钢丝绳

钢 丝 绳 类 别	直径的等值减少量 Q（用公称直径的百分比表示）	严重程度分级	
		程度	/%
纤维芯单层股钢丝绳	$Q < 6\%$	—	0
	$6\% \leqslant Q < 7\%$	轻度	20
	$7\% \leqslant Q < 8\%$	中度	40
	$8\% \leqslant Q < 9\%$	重度	60
	$9\% \leqslant Q < 10\%$	严重	80
	$Q \geqslant 10\%$	报废	100

续表

钢 丝 绳 类 别	直径的等值减少量 Q（用公称直径的百分比表示）	严重程度分级	
		程度	/%
钢芯单层股钢丝绳或平行捻密实钢丝绳	$Q<3.5\%$	—	0
	$3.5\%\leqslant Q<4.5\%$	轻度	20
	$4.5\%\leqslant Q<5.5\%$	中度	40
	$5.5\%\leqslant Q<6.5\%$	重度	60
	$6.5\%\leqslant Q<7.5\%$	严重	80
	$Q\geqslant7.5\%$	报废	100
阻旋转钢丝绳	$Q<1\%$	—	0
	$1\%\leqslant Q<2\%$	轻度	20
	$2\%\leqslant Q<3\%$	中度	40
	$3\%\leqslant Q<4\%$	重度	60
	$4\%\leqslant Q<5\%$	严重	80
	$Q\geqslant5\%$	报废	100

（2）确定直径等值减小量及将其表示为公称直径百分百的计算。用公称直径百分比表示的直径等值减小，用式（4-1）计算

$$Q=[(d_{ref}-d_m)/d]\times100\% \qquad (4-1)$$

式中　d_{ref}——参考直径；

　　　d_m——实测直径；

　　　d——公称直径。

图 4-31　局部减小示意图

（3）局部减小。如果发现直径有明显的局部减小，如由绳芯或钢丝绳中心区损伤导致的直径局部减小，应报废该钢丝绳（见图4-31）。

3. 断股。如果钢丝绳发生整股断裂，则应立即报废。

4. 腐蚀。评价腐蚀范围时，重要的是区分钢丝腐蚀和由于外来颗粒氧化而产生的钢丝绳表面腐蚀之间的差异。

在评估前，应将钢丝绳的拟检测区段擦净或刷净，但不宜使用溶剂清洗。

腐蚀报废基准和严重程度分级见表4-8。

表 4-8　　　　　　　腐蚀报废基准和严重程度分级

腐蚀类型	状　态	严重程度分级
外部腐蚀[1]	表面存在氧化迹象，但能够擦净 钢丝表面手感粗糙 钢丝表面重度凹痕以及钢丝松弛[2]	浅表——0% 重度——60%[3] 报废——100%
内部腐蚀[4]	内部腐蚀的明显可见迹象——腐蚀碎屑从外绳股之间的股沟溢出[5]	报废——100%或 如果主管人员认为可行，则按标准中的附录C所给的步骤进行内部检验

腐蚀类型	状　态	严重程度分级
摩擦腐蚀	摩擦腐蚀过程为：干燥钢丝和绳股之间的持续摩擦产生钢质微粒的移动，然后是氧化，并产生形态为干粉（类似红铁粉）状的内部腐蚀碎屑	对此类迹象特征宜作进一步探查，若仍对其严重性存在怀疑，宜将钢丝绳报废（100%）
①实例参见图4-32。钢丝绳外部腐蚀进程的实例，参见图4-33		
②对其他中间状态，宜对其严重程度分级作出评估（即在综合影响中所起的作用）		
③镀锌钢丝的氧化也会导致钢丝表面手感粗糙，但是总体状况可能不如非镀锌钢丝严重。在这种情况下，检验人员可以考虑将表中所给严重程度分级降低一级作为其在综合影响中所起的作用		
④虽然对内部腐蚀的评估是主观的，但如果对内部腐蚀的严重程度有怀疑，就宜将钢丝绳报废		

注　内部腐蚀或摩擦腐蚀能够导致直径增大。

5. 畸形和损伤。只要钢丝绳的自身状态被认为是危险的就应立即报废。

（1）波浪形。在任何情况下，只要出现以下情况之一，钢丝绳就要立即报废。

在从未经过绕进滑轮儿或缠绕在卷筒上的钢丝绳直径区段上，直尺和螺旋面下侧之间的间隙 $g \geqslant$ $1/3d$（见图4-34）。

图4-32　外部腐蚀

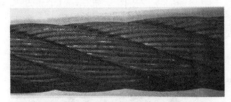

(a) 表面氧化的开始，呈浅表性，能够擦干净——趋于报废的严重程度级别0%

(b) 钢丝表面手感粗糙，普通的表面氧化——趋于报废的严重程度级别20%

(c) 氧化严重影响了钢丝表面——趋于报废的严重程度级别60%

(d) 表面有严重凹坑，钢丝非常松弛，钢丝之间出现间隙——立即报废

图4-33　钢丝绳外部腐蚀进程

在经过滑轮或缠绕在卷筒上的钢丝绳区段上，直尺和螺旋面儿下侧之间的间隙 $g \geqslant 1/10d$。

（2）笼状畸形（见图4-35）。出现篮形或灯笼状畸形的钢丝绳应立即报废，或者将受影响的区段去掉，但应保证余下的钢丝绳能够满足使用要求。

（3）绳芯、绳股突出或扭曲。发生绳芯或绳股突出的钢丝绳应立即报废，或者将受影响的区段去掉，但应保证余下的钢丝绳能够满足使用要求（见图4-36）。

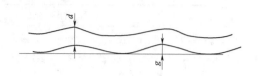

图 4-34 波浪形钢丝绳

图 4-35 笼状畸形

d—钢丝绳公称直径；*g*—间隙

（a）绳芯突出

（b）绳股突出或扭曲

图 4-36 绳芯、绳股突出或扭曲

（4）钢丝的环状突出。钢丝突出通常成组出现在钢丝绳与滑轮槽接触面的背面，发生钢丝突出的钢丝绳应立即报废（见图 4-37）。

注：钢丝绳外层股之间突出的单根绳线芯钢丝，如果能够除掉或在工作时不会影响钢丝绳的其他部分，可以不必将其作为报废钢丝绳的理由。

（5）绳径局部增大。钢芯钢丝绳直径增大 5% 及以上、纤维芯钢丝绳直径增大 10% 及以上时，应查明其原因并考虑报废钢丝绳（见图 4-38）。

图 4-37 钢丝的环状突出

图 4-38 绳径局部增大示意图

（6）局部扁平。钢丝绳的扁平区段经过滑轮时，可能会加速劣化并出现断丝。此时，不必根据扁平程度就可考虑报废钢丝绳。

在标准索具中的钢丝绳扁平区段可能会比正常绳段遭受更大程度的腐蚀，尤其是当外层绳股散开使湿气进入时。如果继续使用，就应对其进行更繁琐的检查，否则宜考虑报废钢丝绳（见图 4-39）。

（7）扭结。发生扭结的钢丝绳应立即报废（见图 4-40）。

注：扭结是一段环状钢丝绳在不能绕其自身轴线旋转的状态下被拉紧而产生的一种畸形。扭结使钢丝绳捻距不均导致过度磨损，严重的扭曲会使钢丝绳强度大幅降低。

（8）折弯。折弯严重的钢丝绳区段经过滑轮时可能会很快劣化并出现断丝，应立即报废钢丝绳。

如果折弯程度并不严重，钢丝绳需要继续使用时，应对其进行更频繁的检查，否则宜考虑报废钢丝绳。

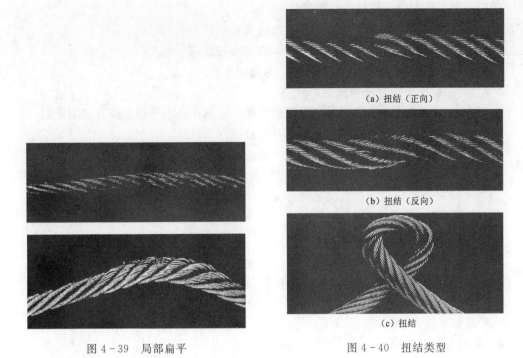

图 4-39　局部扁平　　　　　　　　图 4-40　扭结类型

折弯是钢丝绳由外部原因导致的一种角度畸形。

通过主观判断确定钢丝绳的折弯程度是否严重。如果在折弯部位的底面伴随有折痕，无论其是否经过滑轮，均宜看作是严重折弯。

（9）热和电弧引起的损伤。通常在常温下工作的钢丝绳，受到异常高温的影响，外观能够看出钢丝被加热过后颜色的变化或钢丝绳上润滑脂的异常消失，应立即报废。

如果钢丝绳的两根或更多的钢丝局部受到电弧影响（例如焊接引线不正确的接地所导致的电弧），应报废。这种情况会出现在钢丝绳上的电流进出点上。

3.6　起重机构件安全规定

3.6.1　吊钩（见图 4-41）应符合下列规定：

1. 起重机不得使用铸造的吊钩。

2. 吊钩严禁补焊。

3. 吊钩表面应光洁，不应有剥裂、锐角、毛刺、裂纹。

4. 吊钩应设有防脱装置；防脱棘爪在吊钩负载时不得张开，安装棘爪后钩口尺寸减小值不得超过钩口尺寸的 10%；防脱棘爪的形态应与钩口端部相吻合。

5. 吊钩出现下列情况之一时应报废：

（1）表面有裂纹或破口。

（2）钩尾和螺纹部分等危险截面及钩筋有永久性变形。

图 4-41　吊钩

（3）挂绳处截面磨损量超过原高度的 10％。

（4）开口度比原尺寸增加 15％；开口扭转变形超过 10°。

（5）板钩衬套磨损达原尺寸的 50％时，应报废衬套。

（6）板钩芯轴磨损达原尺寸的 5％时，应报废芯轴。

3.6.2 卷筒和滑轮应符合下列规定：

1. 卷筒两侧边缘的高度应超过最外层钢丝绳，其值不应小于钢丝绳直径的 2 倍。

2. 卷筒上钢丝绳尾端的固定装置，应有防松或自紧性能。

3. 滑轮槽应光洁平滑，不应有损伤钢丝绳的缺陷。

4. 滑轮应有防止钢丝绳跳出轮槽的装置。

5. 当卷筒和滑轮出现下列情况之一时应报废：

（1）裂纹或轮缘破损。

（2）卷筒壁磨损量达到原壁厚的 10％。

（3）滑轮槽不均匀磨损达 3mm。

（4）滑轮绳槽壁厚磨损量达到原壁厚的 20％。

（5）滑轮槽底的磨损量超过相应钢丝绳直径的 25％。

（6）其他能损害钢丝绳的缺陷。

3.6.3 制动器和制动轮应符合下列规定：

1. 起重机上的每一套机构都必须设制动器或具有同等功能的装置；对于电力驱动的起重机，在产生大的电压降或在电气保护元件动作时，不得发生导致各机构的动作失控；如变速机构有中间位置，必须在换档时使用制动器或其他能自动停住载荷的装置。

2. 制动器应有符合操作频度的热容量；操纵部位应有防滑性能；对制动带摩擦垫片的磨损量应有调整能力。

3. 制动带摩擦垫片与制动轮的实际接触面积，不应小于理论接触面积的 70％。

4. 带式制动器背衬钢带的端部与固定部分应采用铰接。

5. 制动轮的摩擦面，不应有妨碍制动性能的缺陷或油污。

6. 当制动器和制动轮出现下列情况之一时应报废：

（1）制动轮出现可见裂纹。

（2）制动块（带）摩擦衬垫磨损量达原厚度的 50％，或露出铆钉应报废更换摩擦衬垫。

（3）弹簧出现塑性变形。

（4）电磁铁杠杆系统空行程超过额定行程的 10％。

（5）小轴或轴孔直径磨损达原直径的 5％。

（6）起升、变幅机构的制动轮轮缘厚度磨损量达原厚度的 40％；其他机构制动轮轮缘厚度磨损量达原厚度的 50％。

（7）制动轮轮面凹凸不平度达 1.5mm，且不能修复；轮面磨损量达 1.5～2mm（直径 300mm 以上的取大值，否则取小值）。

7. 用于轨道式安装的车轮出现下列情况之一的应报废：

（1）可见裂纹。

(2) 车轮踏面厚度磨损量达原厚度的 15%。

(3) 轮缘厚度磨损量达原厚度的 50%；轮缘厚度弯曲变形达原厚度的 20%。

3.6.4 油料及水应符合下列规定：

1. 起重机使用的各类油料及水应符合该机说明书要求。

2. 冬期施工时，应根据当地气温情况，按内燃机使用说明书要求，选用适当牌号柴油。

3. 使用柴油时不应掺入汽油。

4. 润滑油和油脂的厂牌、型号、黏度等级（SAE）、质量等级（API）及油量应符合该机说明书的要求，不应混合使用。

5. 不得使用硬水或不洁水。

6. 水的加入量宜加到离水箱上室顶 30mm。

7. 冬期施工时，为防冻可使用长效防冻液；如不需使用防冻液时，应将防冻液全部放掉，将冷却系统冲洗干净再加清水。

8. 冬期未使用防冻液的，每日工作完毕后应将缸体、油冷却器和水箱里的水全部放净。

9. 施工现场使用的各类油料应集中存放，并应配备相应的灭火器材。

3.6.5 传动系统应符合下列规定：

1. 离合器接合应平稳、传递动力应有效，分离应彻底。

2. 各传动部件运转不应有冲击、振动、发热和漏油。

3. 齿轮箱内齿轮啮合应完好，油量适当。

4. 工作时，齿轮箱不应有异常响声、振动、发热和漏油。

5. 变速箱档位应正确，换档应轻便。

6. 联轴器零件不应有缺损；连接不应松动，运转时不得有剧烈撞击声。

7. 卷筒上的钢丝绳排列应整齐。

8. 齿轮箱地脚螺栓、壳体连接螺栓不应有松动、缺损。

9. 减速齿轮箱运转不得有异响，温升应符合说明书的规定。

3.6.6 液压（气压）系统应符合下列规定：

1. 液压（气压）系统中应设置过滤和防止污染装置，保证液压（气压）系统工作平稳，液（气）压泵内外不应有泄漏，元件应完好，不得有振动及异响。

2. 液压（气压）仪表应齐全，工作应可靠，指示数据应准确。

3. 液压油箱应保持清洁，应定期更换滤芯，更换时间应按使用说明书要求执行。

3.6.7 电气系统应符合下列规定：

1. 电气管线排列应整齐，卡固牢靠，不应有损伤、老化。

2. 电控装置反应应灵敏；熔断器配置应合理、正确；各电器仪表指示数据应准确，绝缘应良好。

3. 启动装置反应应灵敏，与发动机飞轮啮合应良好。

4. 电瓶应清洁，固定应牢靠；液面应高于电极板 10～15mm；免维护电瓶标志应符合规定。

5. 照明装置应齐全，亮度应符合使用要求。

6. 线路应整齐，不应损伤、老化，包扎、卡固应可靠；绝缘应良好，电缆电线不应有老化、裸露。

7. 电器元件性能应良好，动作应灵敏可靠，集电环集电性能应良好。

8. 仪表指示数据应正确。

3.6.8 起重机报废。有下列情况之一时，应报废：

1. 检验检测不合格，经修理改造后仍不合格。

2. 主要结构、机构部件严重磨损或损坏，失去修复价值。

3. 整机主要构件严重腐蚀，无法全面修理或经大修后检验检测仍不合格。

4. 有重大安全隐患，又无法彻底排除。

5. 国家有关部门规定淘汰的机型。

4 起重机械设备的拆卸安全管理规定

4.1 起重机拆卸作业人员安全规定

4.1.1 持有安全生产考核合格证书的项目负责人和安全负责人、机械管理人员。

4.1.2 具有建筑施工特种作业操作资格证书的起重机械安装拆卸工、起重司机、起重信号工、司索工等特种作业操作人员。

4.2 起重机械拆卸作业安全要点

4.2.1 起重机械拆卸前，应编制专项施工方案，指导作业人员实施拆卸作业。专项施工方案应根据起重机使用说明书和作业场地的实际情况编制，并应符合国家现行相关标准的规定。

4.2.2 起重机械拆卸作业宜连续进行；当遇特殊情况拆卸作业不能继续时，应采取措施保证塔式起重机处于安全状态。

4.2.3 当用于拆卸作业的辅助起重设备设置在建筑物上时，应明确设置位置、锚固方法，并应对辅助起重设备的安全性及建筑物的承载能力等进行验算。

4.2.4 拆卸前应检查主要结构件、连接件、电气系统、起升机构、回转机构、变幅机构、顶升机构等项目。发现隐患应采取措施，解决后方可进行拆卸作业。

4.2.5 附着式起重机应明确附着装置的拆卸顺序和方法。

4.2.6 自升式塔式起重机每次降节前，应检查顶升系统和附着装置的连接等，确认完好后方可进行作业。

4.2.7 拆卸时应先降节、后拆除附着装置。

4.2.8 拆卸完毕后，为起重机拆卸作业而设置的所有设施应拆除，清理场地上作业时所用的吊索具、工具等各种零配件和杂物。

4.2.9 大型起重机械的拆除应符合下列规定：

1. 严格按照大型起重机械拆除方案规定的作业程序施工。

2. 拆除现场周围应设有安全围栏或用色带隔离，并设置警示标志。

3. 拆除空间与输电线路的最小距离应符合起重作业环境中的相关规定。

4. 拆除工作范围内的设备及通道上方应设置防护棚。

5. 设有防止在拆除过程中行走机构滑移的锁定装置。

6. 不稳定的构件应设有缆风钢丝绳，缆风绳的安全系数不应小于 3.50，与地面夹角应为 30°～40°。

7. 在高处空中拆除结构件时，应架设工作平台。

8. 配有足够安全绳、安全网等防护用品。

5 起重机械设备的定期检验和档案管理

5.1 起重机械设备的定期检验

本节规定依据 TSG Q 7015—2016《起重机械定期检验规则》。

5.1.1 首次检验。首次检验是指在起重机械使用单位自检的基础上,由检验机构依据本规则对不实施安装监督检验的起重机械,在投入使用之前进行的检验。

实施首次检验的起重机械范围按照《实施首次检验的起重机械目录》进行,见表4-9。

表4-9 实施首次检验的起重机械目录

序号	类 别	品 种	备 注
1	桥式起重机	电动单梁起重机	—
2		轮胎起重机	—
3	流动式起重机	履带起重机	—
4		集装箱正面吊运起重机	—
5		铁路起重机	—
6	缆索式起重机	—	见①
7	桅杆式起重机	—	见②
8		轮胎式集装箱门式起重机	
9	门式起重机	轨道式集装箱门式起重机	指采用整机滚装形式
10		岸边集装箱起重机	出厂的(见③)
11		装卸桥(指卸船机)	

①缆索式起重机包括固定式缆索起重机、摇摆式缆索起重机、平移式缆索起重机和辐射式缆索起重机。

②桅杆式起重机包括固定式桅杆起重机、移动式桅杆起重机。

③整机滚装形式出厂的起重机械是指在厂内通电调试后不再拆卸,整体运输至使用现场不需要重新组装的起重机械。

实施首次检验的起重机械,其产权单位应在使用前向产权所在地的检验机构申请首次检验。实施定期检验的起重机械,其使用单位应在起重机械检验合格有效期届满前1个月向检验机构申请定期检验。

5.1.2 定期检验。定期检验是指在起重机械使用单位进行经常性维护保养(以下简称维保)和自行检查(以下简称自检)的基础上,由国家质量监督检验检疫总局(以下简称国家质检总局)核准的特种设备检验机构(以下简称检验机构),依据本规则对纳入使用登记的在用起重机械按照一定的周期进行的检验。

1. 汽车起重机的检验周期:

(1) 正常工作的起重机,每两年进行一次。

(2) 经过大修、新安装及改造过的起重机,在交付使用前。

（3）闲置时间超过一年的起重机，在重新使用前。

（4）经过暴风、大地震、重大事故后，可能使强度、刚度、构件的稳定性、机构的重要性能等受到损害的起重机。

2. 塔式起重机、升降机、流动式起重机，每年检验 1 次。

3. 桥式起重机、门式起重机、门座式起重机、缆索式起重机、桅杆式起重机、机械式停车设备，每 2 年检验 1 次，起重涉及吊运熔融金属的起重机，每年检验 1 次。

注：定期检验日期以安装改造重大修理监督检验、首次检验、停用后重新检验的检验合格日期为基准，下次定期检验日期不因本周期内的复检、不合格整改或逾期检验而变动。

5.1.3 对于检验存在不合格项需要整改的起重机械，或者检验结论综合判定为"不合格"或者"复检不合格"的起重机械，应停止使用。

5.2 起重机械安全档案

5.2.1 出租单位、自购起重机械的使用单位，应当建立起重机械安全技术档案

起重机械安全技术档案应包括以下资料：

1. 购销合同、制造许可证、产品合格证、制造监督检验证明、安装使用说明书、备案证明等原始资料。

2. 定期检验报告、定期自行检查记录、定期维护保养记录、维修和技术改造记录、运行故障和生产安全事故记录、累计运转记录等运行资料。

3. 历次安装验收资料。

5.2.2 安装单位应建立起重机械安装、拆卸工程档案。

起重机械安装、拆卸工程档案应包括以下资料：

1. 安装、拆卸合同及安全协议书。

2. 安装、拆卸工程专项施工方案。

3. 安全施工技术交底的有关资料。

4. 安装工程验收资料。

5. 安装、拆卸工程生产安全事故应急救援预案。

第五篇

脚手架工程

1 概　述

脚手架是指由杆件或结构单元、配件通过可靠连接而成，能承受相应荷载，具有安全防护功能，为建筑施工提供作业条件的结构架体统。

1.1　脚手架的类型

常见的脚手架有：扣件式钢管脚手架、碗扣式钢管脚手架、承插型盘扣式钢管脚手架、门式钢管脚手架等。

1.1.1　扣件式钢管脚手架。扣件式钢管脚手架由钢管管件、扣件、底座和脚手板组成。其特点是杆配件数量少，拆装方便，利于施工操作；搭设灵活，由于钢管长度易于调整，扣件连接方便，因而能适用于各种平面、立面的建筑物和构筑物；使用方便，耐用，经济效果好。图 5-1 为扣件式钢管脚手架图。

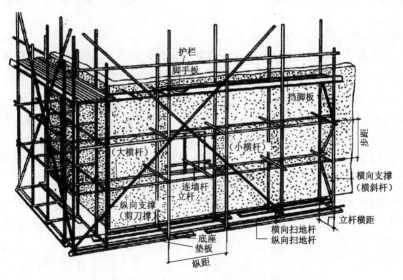

图 5-1　扣件式钢管脚手架图

1.1.2　碗扣式钢管脚手架。碗扣式钢管脚手架，接头构造合理，制作工艺简单，作业容易，使用范围广，能充分满足多种建筑物的施工要求，能根据具体施工要求，组成不同组架尺寸、形状和承载能力的单、双排脚手架、支撑架、支撑柱、物料提升架、爬升脚手架、悬挑架等多种功能的施工工具，也可用于搭设施工鹏、料棚、灯塔等构筑物，特别适用于搭设曲面脚手架和重载支撑架。碗扣式脚手架立杆连接是同轴心承插，横杆同立杆靠碗扣接头连接，接头具有可靠的抗弯、抗剪、抗扭力学性能，而且各杆件轴心线交于一点，节点在框架平面内，因此，其结构稳固可靠，承载力大，整架承载力高，约比同等情况的扣件式钢管脚手架提高15％以上，使用安全可靠。图5－2为碗扣式钢管脚手架。

1.1.3　承插型盘扣式钢管支架。

1. 承插型盘扣式钢管支架由立杆、水平杆、斜杆、可调底座及可调托座等构配件构成。立杆采用套管或连接棒承插连接，水平杆和斜杆采用杆端扣接头卡入连接盘，用棋形插销快速连接，形成结构几何不变体系的钢管支架（简称速接架），根据其用途可分为脚手架与模板支架两类。图5－3为承插型盘扣式钢管支架。

图5－2　碗扣式钢管脚手架　　　　　　图5－3　承插型盘扣式钢管支架

2. 承插型盘扣式钢管支架有如下特点：

（1）技术先进。圆盘式的连接方式是国际主流的脚手架连接方式，合理的节点设计能都达到各杆件传力均通过节点中心，主要应用于欧美国家和地区，是脚手架的升级换代产品，技术成熟，连接牢固、结构稳定、安全可靠。

（2）原材料升级。主要材料全部采用低合金结构钢（国标Q345B），强度高于传统脚手架的普碳钢管（国标Q235）的1.5～2倍。

（3）热镀锌工艺。主要部件均采用内、外热镀锌防腐工艺，既提高了产品的使用寿命，又为安全提供了进一步的保证，同时又做到美观、漂亮。

（4）可靠的品质。该产品从下料开始，整个产品加工要经过20道工序，每道工序均采用专业机器进行，减少人为因素的干预，特别是横杆、立杆的制作，采用自主开发的全自动焊接专机，做到了产品精度高、互换性强、质量稳定可靠。

（5）承载力大。以60系列重型支撑架为例，高度为5m的单支立杆的允许承载力为9.5t（安全系为2），破坏载荷达到19t，是传统产品的2～3倍。

（6）用量少、重量轻。一般情况下，立杆的间距为1.5m、1.8m，横杆的步距为1.5m，最大间距可以达到3m，步距达到2m。所以相同支撑体积下的用量会比传统产品减少1/2，重量会减少1/3～1/2。

（7）组装快捷、使用方便、节省费用。由于用量少、重量轻，操作人员可以更加方便地进行组装。搭拆费、运输费、租赁费、维护费都会相应地节省，一般情况下可以节省30％。

1.1.4　门式钢管脚手架。以门架、交叉支撑、连接棒、挂扣式脚手板、锁臂、底座等组成基本结构，再以水平加固杆、剪刀撑、扫地杆加固，并采用连墙件与建筑物主体结构相

连的一种定型化钢管脚手架。门式钢管脚手架
几何尺寸标准化，结构合理，受力性能好，能
充分利用钢材强度，承载能力高。施工中装拆
容易、架设效率高、省工省时、安全可靠、经
济适用。图5-4为门式钢管脚手架。

图5-4　门式钢管脚手架

1.2　脚手架专项施工方案

1.2.1　脚手架搭设和拆除作业前，应根据工程
特点编制专项施工方案，并经审批后组织实施。
超过一定规模的工程，还应当组织专家对方案进行论证。

1.2.2　脚手架工程危险性较大的单项工程范围包括：

1. 搭设高度24（含）～50m及以上的落地式钢管脚手架工程。

2. 附着式整体和分片提升脚手架工程。

3. 悬挑式脚手架工程。

4. 吊篮脚手架工程。

5. 自制卸料平台、移动操作平台工程。

6. 新型及异型脚手架工程。

1.2.3　应专家论证的超过一定规模危险性的较大的单项工程范围包括：

1. 搭设高度50m及以上落地式钢管脚手架工程。

2. 提升高度150m及以上附着式整体和分片提升脚手架工程。

3. 架体高度20m及以上悬挑式脚手架工程。

1.2.4　脚手架工程专项施工方案的主要内容包括：

1. 脚手架具体形式的选择应根据工程特点，选择合适的脚手架形式。

2. 设计计算书：

（1）纵向、横向水平杆等受弯构件的强度和连接扣减的抗滑承载力计算。

（2）立杆的稳定性计算。

（3）连墙件的强度、稳定性和连接强度的计算。

（4）地基承载力计算。

3. 基础处理方案。高大脚手架或地基较弱脚手架地基处理、基础做法。

4. 搭设要求。包括杆件间距、连墙件、连接方法、施工设备。

5. 脚手架使用和日常维护。

6. 冬雨季施工措施。

7. 脚手架拆除。

1.2.5　专项施工方案应由施工单位技术负责人组织相关人员编制，报建设单位（监理）
审核、批准后，对作业人员进行安全技术交底，之后严格按专项施工方案搭设。

1.2.6　脚手架搭成后，应经施工及使用单位技术、质检、安全部门按设计和规范检查验
收合格，方准投入使用。

2 扣件式钢管脚手架

扣件式钢管脚手架由钢管管件、扣件、底座和脚手板组成。其特点是杆配件数量少，拆装方便，利于施工操作；搭设灵活，由于钢管长度易于调整，扣件连接方便，因而能适用于各种平面、立面的建筑物和构筑物；使用方便，耐用，经济效果好。

2.1 构配件

2.1.1 钢管

1. 新钢管应符合下列规定：脚手架的钢管外径宜为 48.3mm，厚度 3.6mm，每根钢管的最大质量不应大于 25.8kg，同时规定单、双排脚手架横向水平杆最大长度不超过 2.2m，其他杆最大长度不超过 6.5m。

钢管应有产品质量合格证、出厂合格证；表面应平直、光滑，不得有裂缝、结疤、分层、错位、毛刺、硬弯、压痕和深的划道；无锈蚀脱层，应涂有防锈漆；外径允许最大偏差为 ±0.5mm，壁厚允许最大偏差为 ±0.36mm，如图 5-5 所示。

图 5-5　钢管

2. 旧钢管的检查应符合下列规定：

(1) 表面锈蚀深度应符合表 5-1 的要求。锈蚀检查应每年一次。检查时，应在锈蚀严重的钢管中抽取三根，在每根锈蚀严重的部位横向截断取样检查，当锈蚀深度超过规定值时不得使用。

(2) 钢管弯曲变形应符合构配件允许偏差检查表（表 5-1）的要求。

表 5-1　　　　　　　　　　　　构配件允许偏差检查表

序号	项　目		允许偏差 A/mm	示　意　图	检查工具
1	焊接钢管尺寸	外径 48.3mm	±0.5		游标卡尺
		壁厚 3.6mm	±0.36		

续表

序号	项目		允许偏差 A/mm	示意图	检查工具
2	钢管两端面切斜偏差		1.70		塞尺、拐角尺
3	钢管外表面锈蚀深度		≤0.18		游标卡尺
4	钢管弯曲	a. 各种杆件钢管的端部弯曲 l≤1.5m	≤5		钢板尺
		b. 立杆钢管弯曲 3m<l≤4m	≤12		
		4m<l≤6.5m	≤20		
		c. 水平杆、斜杆的钢管弯曲 l<6.5m	≤30		
5	冲压钢脚手板	a. 板面挠曲 l≤4m	≤12		钢板尺
		l>4m	≤16		
		b. 板面扭曲（任一角翘起）	≤5		
6	可调托撑支托板变形		1.0		钢板尺塞尺

2.1.2 扣件：

1. 扣件应使用可锻铸铁和铸钢制造的扣件，在螺栓拧紧扭力矩达到 65N·m 时，不得发生破坏。扣件应有出厂合格证、生产许可证、法定检测单位的测试报告和产品质量合格证。当对扣件质量有怀疑时，应按 GB 15831《钢管脚手架扣件》的规定抽样检测。扣件抗滑要求符合表 5-2 的规定。

2. 新、旧扣件均应进行防锈处理。

3. 扣件的技术要求应符合 GB 15831《钢管脚手架扣件》的相关规定。

4. 扣件进入施工现场应检查产品合格证，并应进行抽样复试，技术性能应符合 GB 15831《钢管脚手架扣件》的规定。扣件在使用前应逐个挑选，有裂缝、变形、螺栓出现滑丝的严禁使用。

2.1.3 脚手板：

1. 脚手板可采用钢、木、竹材料制作，单块脚手板的质量不宜大于 30kg。

2. 冲压钢脚手板的材质应符合 GB/T 700《碳素结构钢》中 Q235 级钢的规定，新脚手板应有产品质量合格证，每块质量不大于 30kg，并应有防滑措施，钢脚手板应涂防锈漆，不得有裂纹、开焊和硬弯。

3. 木脚手板材质应符合 GB 50005《木结构设计规范》中Ⅱa 级材质的规定。脚手板厚度不应小于 50mm，两端宜各设置直径不小于 4mm 的镀锌钢丝箍两道。不得使用扭曲变形、劈裂、腐朽的脚手板。

4. 竹脚手板宜采用由毛竹或楠竹制作的竹串片板、竹笆板；竹串片脚手板应符合 JGJ 164《建筑施工木脚手架安全技术规范》的相关规定。

2.1.4　可调托撑：

1. 应有产品质量合格证、质量检验报告，严禁使用有裂缝的支托板、螺母。

2. 可调托撑抗压承载力设计值符合（表 5-2）的要求，可调托撑支托板厚不应小于 5mm，变形不应大于 1mm。

3. 可调托撑螺杆外径不得小于 36mm，直径与螺距应符合 GB/T 5796.2《梯形螺纹　第 2 部分：直径与螺距系列》、GB/T 5796.3《梯形螺纹　第 3 部分：基本尺寸》的规定。

4. 可调托撑的螺杆与支托板焊接应牢固，焊缝高度不得小于 6mm；可调托撑螺杆与螺母旋合长度不得少于 5 扣，螺母厚度不得小于 30mm。

表 5-2　　　　　　　　　扣件、底座、可调托撑的承载力设计值

项　　目	承载力设计值	项　　目	承载力设计值
对接扣件（抗滑）	3.20	底座（抗压）、可调托撑（抗压）	40.00
直角扣件、旋转扣件（抗滑）	8.00		

2.2　构造技术要求

2.2.1　地基与基础

1. 脚手架地基与基础应夯实、平整；场地排水应顺畅，不应有积水，低洼处有积水的地方应设置排水沟。

2. 立杆垫板或底座底面标高宜高于自然地坪 50～100mm。

3. 脚手架地基承载力符合要求：

（1）立杆基础底面的平均压力应满足下式的要求：

$$P_K = \frac{N_K}{A} \leqslant f_g \qquad (5-1)$$

式中　P_K——立杆基础底部面处的平均压力标准值，kPa；

　　　N_K——上部结构传至立杆基础顶面的轴向标准值，kN；

　　　A——基础底面面积，m²；

　　　f_g——地基承载力特征值，kPa，应按本节地基承载力取值要求采用。

（2）地基承载力特征值的取值应符合下列规定：

1) 当为天然地基时，应按地质勘察报告选用；当为回填土地基时，应对地质勘察报告提供的回填土地基承载力特征值乘以折减系数 0.4。

2) 由荷载试验或工程经验确定。

（3）对搭设在楼面等建筑物结构上的脚手架，应对支撑架体的建筑结构进行承载力验算，当不能满足承载力要求时应采取可靠的加固措施。

2.2.2 脚手架垫板、底托

1. 脚手架垫板、底托的验收是根据脚手架高度及承载来定的。

2. 垫板应采用长度不少于 2 跨，宽度不小于 200mm，厚度不小于 50mm 的木垫板，保证每根立杆必须摆放在垫板中间部位（见图 5-6）。

3. 24m 以上承载脚手架底部垫板的厚度必须经过严格计算。

4. 脚手架底托必须摆放在垫板中心部位。

5. 脚手架底托宽度大于 100mm 厚度不得小于 5mm。

6. 底座、垫板均应准确地放在定位线上。

2.2.3 脚手架纵向水平杆、横向水平杆、脚手板

1. 纵向水平杆的构造应符合下列规定：

（1）纵向水平杆应设置在立杆内侧，单根杆长度不应小于 3 跨。

（2）纵向水平杆接长应采用对接扣件连接或搭接，并应符合下列规定：两根相邻纵向水平杆的接头不应设置在同步或同跨内；不同步或不同跨两个相邻接头在水平方向错开的距离不应小于 500mm；各接头中心至最近主节点的距离不应大于纵距的 1/3（见图 5-7）。

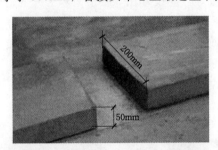

图 5-6 脚手架垫板、底托

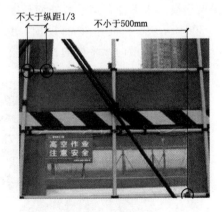

图 5-7 水平杆接头示意图

（3）搭接长度不应小于 1m，应等间距设置 3 个旋转扣件固定；端部扣件盖板边缘至搭接纵向水平杆杆端的距离不应小于 100mm（见图 5-8）。

（4）当使用冲压钢脚手板、木脚手板、竹串片脚手板时，纵向水平杆应作为横向水平杆的支座，用直角扣件固定在立杆上；当使用竹笆脚手板时，纵向水平杆应采用直角扣件固定在横向水平杆上，并应等间距设置，间距不应大于 400mm。

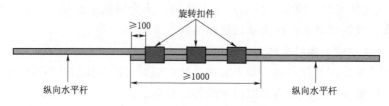

图 5-8 水平杆搭接示意图

2. 横向水平杆的构造应符合下列规定:

(1) 作业层上非主节点处的横向水平杆,宜根据支承脚手板的需要等间距设置,最大间距不应大于纵距的 1/2。

(2) 当使用冲压钢脚手板、木脚手板、竹串片脚手板时,双排脚手架的横向水平杆两端均应采用直角扣件固定在纵向水平杆上;单排脚手架的横向水平杆的一端应用直角扣件固定在纵向水平杆上,另一端应插入墙内,插入长度不应小于 180mm。

(3) 当使用竹笆脚手板时,双排脚手架的横向水平杆的两端,应用直角扣件固定在立杆上;单排脚手架的横向水平杆的一端,应用直角扣件固定在立杆上,另一端插入墙内,插入长度不应小于 180mm。

(4) 主节点处必须设置一根横向水平杆,用直角扣件扣接且严禁拆除。

3. 脚手板的设置应符合下列规定:

(1) 作业层脚手板应铺满、铺稳、铺实。

(2) 冲压钢脚手板、木脚手板、竹串片脚手板等,应设置在 3 根横向水平杆上。当脚手板长度小于 2m 时,可采用两根横向水平杆支承,但应将脚手板两端与横向水平杆可靠固定,严防倾翻。脚手板的铺设应采用对接平铺或搭接铺设。脚手板对接平铺时,接头处应设两根横向水平杆,脚手板外伸长度应取 130~150mm,两块脚手板外伸长度的和不应大于 300mm;脚手板搭接铺设时,接头应支在横向水平杆上,搭接长度不应小于 200mm,其伸出横向水平杆的长度不应小于 100mm(见图 5-9、图 5-10)。

图 5-9 脚手板对接平铺图

(3) 竹笆脚手板应按其主竹筋垂直于纵向水平杆方向铺设,且应对接平铺,四个角应用直径不小于 1.2mm 的镀锌钢丝固定在纵向水平杆上。

(4) 作业层端部脚手板探头长度应取 150mm,其板的两端均应固定于支承杆件上。

图 5-10　脚手板搭接铺设图

2.2.4　立杆

1. 每根立杆底部宜设置底座或垫板。

2. 脚手架必须设置纵、横向扫地杆。纵向扫地杆应采用直角扣件固定在距钢管底端不大于 200mm 处的立杆上。横向扫地杆应采用直角扣件固定在紧靠纵向扫地杆下方的立杆上（见图 5-11）。

图 5-11　纵、横向扫地杆示意图

3. 脚手架立杆基础不在同一高度上时，必须将高处的纵向扫地杆向低处延长两跨与立杆固定，高低差不应大于 1m。靠边坡上方的立杆轴线到边坡的距离不应小于 500mm（见图 5-12）。

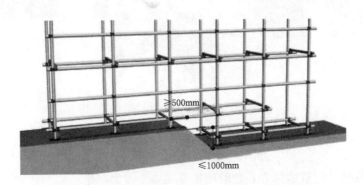

图 5-12　立杆基础不在同一高度时的扫地杆示意图

4. 单、双排脚手架底层步距均不应大于2m。

5. 单排、双排与满堂脚手架立杆接长除顶层顶步外，其余各层各步接头必须采用对接扣件连接。

6. 脚手架立杆的对接、搭接应符合下列规定：

（1）当立杆采用对接接长时，立杆的对接扣件应交错布置，两根相邻立杆的接头不应设置在同步内，同步内隔一根立杆的两个相隔接头在高度方向错开的距离不宜小于500mm；各接头中心至主节点的距离不宜大于步距的1/3（见图5-13）。

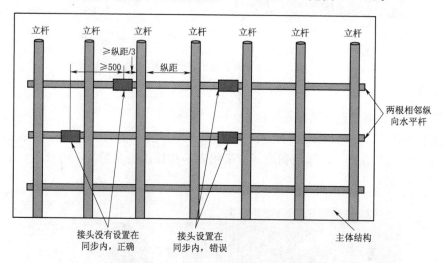

图5-13　立杆的对接接头位置示意图

（2）当立杆采用搭接接长时，搭接长度不应小于1m，并应采用不少于2个旋转扣件固定。端部扣件盖板的边缘至杆端距离不应小于100mm（见图5-14）。

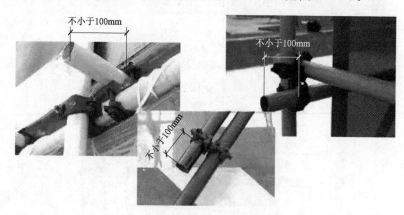

图5-14　端部扣件盖板距杆端距离示意图

（3）脚手架立杆顶端栏杆宜高出女儿墙上端1m，宜高出檐口上端1.5m。

2.2.5　连墙件：

1. 脚手架连墙件设置的位置、数量应按专项施工方案确定。

2. 脚手架连墙件数量的设置除应满足本规范的计算要求外，还应符合表5-3的规定。

表 5-3　　　　　　　　　　连墙件布置最大间距

搭设方式	高度/m	竖向间距/h	水平间距/l_a	每根连墙件覆盖面积/m²
双排落地	≤50	3h	3l_a	≤40
双排悬挑	>50	3h	3l_a	≤27
单　排	≤24	3h	3l_a	≤40

注　h—步距；l_a—纵距。

3. 连墙件的布置应符合下列规定：

(1) 应靠近主节点设置，偏离主节点的距离不应大于 300mm（见图 5-15）。

不大于300mm

图 5-15　连墙件布置示意图

(2) 应从底层第一步纵向水平杆处开始设置，当该处设置有困难时，应采用其他可靠措施固定。

(3) 应优先采用菱形布置，或采用方形、矩形布置。

4. 开口型脚手架的两端必须设置连墙件，连墙件的垂直间距不应大于建筑物的层高，并且不应大于4m（见图 5-16）。

5. 连墙件中的连墙杆应呈水平设置，当不能水平设置时，应向脚手架一端斜连接。

6. 连墙件必须采用可承受拉力和压力的构造。对高度 4m 以上的双排脚手架，应采用刚性连墙件与建筑物连接。

7. 当脚手架下部暂不能设连墙件时应采取防倾覆措施。当搭设抛撑时，抛撑应采用通长杆件，并用旋转扣件固定在脚手架上，与地面的倾角应为 45°～60°；连接点中心至主节点的距离不应大于 300mm。抛撑应在连墙件搭设后方可拆除。

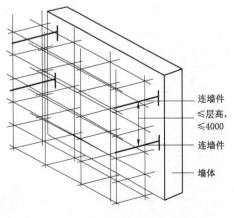

连墙件
≤层高，
≤4000
连墙件
墙体

图 5-16　开口型脚手架连墙件布置示意图

8. 架高超过 40m 且有风涡流作用时，应采取抗上升翻流作用的连墙措施。

2.2.6　门洞：

1. 单、双排脚手架门洞宜采用上升斜杆、平行弦杆桁架结构型式，斜杆与地面的倾角 α 应为 $45°\sim60°$。

2. 单、双排脚手架门洞桁架的构造应符合下列规定：

（1）单排脚手架门洞处，应在平面桁架的每一节间设置一根斜腹杆；双排脚手架门洞处的空间桁架，除下弦平面外，应在其余 5 个平面内的设置一根斜腹杆。

（2）斜腹杆宜采用旋转扣件固定在与之相交的横向水平杆的伸出端上，旋转扣件中心线至主节点的距离不宜大于 150mm。当斜腹杆在 1 跨内跨越 2 个步距时，宜在相交的纵向水平杆处，增设一根横向水平杆，将斜腹杆固定在其伸出端上。

（3）斜腹杆宜采用通长杆件，当必须接长使用时，宜采用对接扣件连接，也可采用搭接，搭接构造应符合规范的规定。

3. 单排脚手架过窗洞时应增设立杆或增设一根纵向水平杆。

4. 门洞桁架下的两侧立杆应为双管立杆，副立杆高度应高于门洞口 $1\sim2$ 步。

5. 门洞桁架中伸出上下弦杆的杆件端头，均应增设一个防滑扣件该扣件宜紧靠主节点处的扣件。

2.2.7　剪刀撑与横向斜撑：

1. 双排脚手架应设置剪刀撑与横向斜撑，单排脚手架应设置剪刀撑。

2. 单、双排脚手架剪刀撑的设置应符合下列规定：

（1）每道剪刀撑跨越立杆的根数应按（表 5-4）的规定确定。每道剪刀撑宽度不应小于 4 跨，且不应小于 6m，斜杆与地面的倾角应为 $45°\sim60°$。

表 5-4　　　　　　　　　剪刀撑跨越立杆的最多根数

剪刀撑斜杆与地面的倾角 $\alpha/(°)$	45	50	60
剪刀撑跨越立杆的最多根数 n	7	6	5

（2）剪刀撑斜杆的接长应采用搭接或对接，搭接应符合本节中脚手架立杆的对接、搭接的规定。

（3）剪刀撑斜杆应用旋转扣件固定在与之相交的横向水平杆的伸出端或立杆上，旋转扣件中心线至主节点的距离不应大于 150mm。

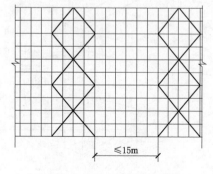

图 5-17　24m 以下剪刀撑搭设

3. 高度在 24m 及以上的双排脚手架应在外侧全立面连续设置剪刀撑；高度在 24m 以下的单、双排脚手架，均必须在外侧两端、转角及中间间隔不超过 15m 的立面上，各设置一道剪刀撑，并应由底至顶连续设置（见图 5-17）。

4. 双排脚手架横向斜撑的设置应符合下列规定：

（1）横向斜撑应在同一节间，由底至顶层成"之"字形连续布置，斜撑的固定应符合本节中单双排脚手架门洞桁架构造的相关规定。

（2）高度在 24m 以下的封闭型双排脚手架可不设横向斜撑，高度在 24m 及以上的封闭型脚手架，除拐角应设置横向斜撑外，中间应每隔 6 跨距设置一道。

5. 开口型双排脚手架的两端均必须设置横向斜撑。

2.2.8 斜道：

1. 人行并兼作材料运输的斜道的型式宜按下列要求确定：

（1）高度不大于 6m 的脚手架，宜采用"一"字形斜道。

（2）高度大于 6m 的脚手架，宜采用"之"字形斜道。

2. 斜道的构造应符合下列规定：

（1）斜道应附着外脚手架或建筑物设置。

（2）运料斜道宽度不应小于 1.5m，坡度不应大于 1：6；人行斜道宽度不应小于 1m，坡度不应大于 1：3。

（3）拐弯处应设置平台，其宽度不应小于斜道宽度（见图 5-18）。

（4）斜道两侧及平台外围均应设置栏杆及挡脚板。栏杆高度应为 1.2m，挡板高度不应小于 180mm。

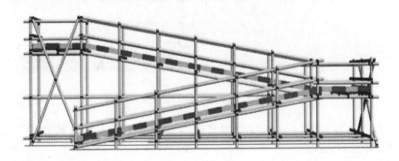

图 5-18 斜道

（5）运料斜道两端、平台外围和端部均应按规范的规定设置连墙件；每两步应加设水平斜杆；应按规范的规定设置剪刀撑和横向斜撑。

3. 斜道脚手板构造应符合下列规定：

（1）脚手板横铺时，应在横向水平杆下增设纵向支托杆，纵向支托杆间距不应大于 500mm。

（2）脚手板顺铺时，接头应采用搭接，下面的板头应压住上面的板头，板头的凸棱处应采用三角木填顺。

（3）人行斜道和运料斜道的脚手板上应每隔 250～300mm 设置一根防滑木条，木条厚度应为 20～30mm（见图 5-19）。

2.2.9 满堂脚手架：

1. 满堂脚手架搭设高度不宜超过 36m；满堂脚手架施工层不得超过 1 层。

图 5-19 斜道防滑木条

2. 满堂脚手架立杆的构造应符合本节 2.2.4 的相关规定；立杆接长接头必须采用对接扣件连接。立杆对接扣件布置应符合脚手架立杆的对接、搭接的相关规定，水平杆的连接应符合本节技术要求中纵向水平杆的相关规定，水平杆长度不宜小于 3 跨。

3. 满堂脚手架应在架体外侧四周及内部纵、横向每 6～8m 由底至顶设置连续竖向剪刀撑。当架体搭设高度在 8m 以下时，应在架体顶部设置连续水平剪刀撑；当架体搭设高度在 8m 及以上时，应在架体底部、顶部及竖向间隔不超过 8m 分别设置连续水平剪刀撑。水平剪刀撑宜在竖向剪刀撑斜杆相交平面设置，剪刀撑宽度应为 6～8m（见图 5-20）。

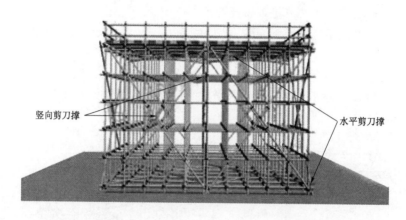

图 5-20 满堂脚手架剪刀撑设置示意图

4. 剪刀撑应用旋转扣件固定在与之相交的水平杆或立杆上，旋转扣件中心线至主节点的距离不宜大于 150mm。

5. 满堂脚手架的高宽比不宜大于 3，当高宽比大于 2 时，应在架体的外侧四周和内部水平间隔 6～9m，竖向间隔 4～6m 设置连墙件与建筑结构拉结，当无法设置连墙件时，应采取设置钢丝绳张拉固定等措施（见图 5-21）。

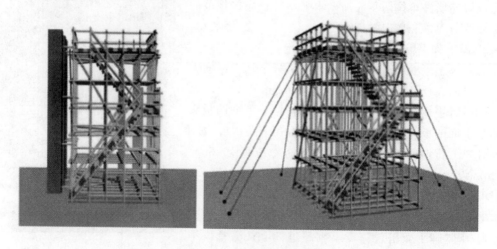

图 5-21 钢丝绳张拉示意图

6. 最少跨数为 2～3 跨的满堂脚手架，宜按本节技术要求中连墙件的相关规定设置连墙件。

7. 当满堂脚手架局部承受集中荷载时，应按实际荷载计算并应局部加固。

8. 满堂脚手架应设爬梯，爬梯踏步间距不得大于 300mm。

9. 满堂脚手架操作层支撑脚手板的水平杆间距不应大于 1/2 跨距；脚手板的铺设应符合本节技术要求中脚手板铺设的相关规定。

2.2.10 满堂支撑架：

1. 满堂支撑架立杆步距不宜超过 1.8m，立杆纵、横间距不宜超过 1.0m×1.0m，立杆伸出顶层水平杆中心线至支撑点的长度不应超过 0.5m。满堂支撑架搭设高度不宜超过 30m。

2. 满堂支撑架立杆、水平杆的构造应符合本节 2.2.9 满堂脚手架中第 2 条的要求。

3. 满堂支撑架应根据架体的类型设置剪刀撑，并应符合下列规定：

(1) 普通型。

1) 在架体外侧周边及内部纵、横向每 5～8m，应由底至顶设置连续竖向剪刀撑，剪刀撑宽度应为 5～8m（图 5-22）。

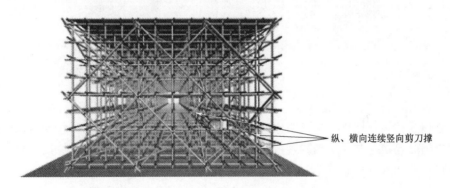

纵、横向连续竖向剪刀撑

图 5-22　剪刀撑示意图

2) 在竖向剪刀撑顶部交点平面应设置连续水平剪刀撑。当支撑高度超过 8m，或施工总荷载大于 15kN/m² ，或集中线荷载大于 20kN/m 的支撑架，扫地杆的设置层应设置水平剪刀撑。水平剪刀撑至架体底平面距离与水平剪刀撑间距不宜超过 8m。

(2) 加强型。

1) 当立杆纵、横间距为 0.9m×0.9m～1.2m×1.2m 时，在架体外侧周边及内部纵、横向每 4 跨（且不大于 5m），应由底至顶设置连续竖向剪刀撑，剪刀撑宽度应为 4 跨。

2) 当立杆纵、横间距为 0.6m×0.6m～0.9m×0.9m（含 0.6m×0.6m，0.9m×0.9m）时，在架体外侧周边及内部纵、横向每 5 跨（且不小于 3m），应由底至顶设置连续竖向剪刀撑，剪刀撑宽度应为 5 跨。

3) 当立杆纵、横间距为 0.4m×0.4m～0.6m×0.6m（含 0.4m×0.4m）时，在架体外侧周边及内部纵、横向每 3～3.2m 应由底至顶设置连续竖向剪刀撑，剪刀撑宽度应为 3～3.2m。

4）在竖向剪刀撑顶部交点平面应设置水平剪刀撑，扫地杆的设置层水平剪刀撑的设置应符合本节第 10 款的相关规定，水平剪刀撑至架体底平面距离与水平剪刀撑间距不宜超过 6m，剪刀撑宽度应为 3～5m。

5）竖向剪刀撑斜杆与地面的倾角应为 45°～60°，水平剪刀撑与支架纵（或横）向夹角应为 45°～60°，剪刀撑斜杆的接长应符合本节 2.2.4 中脚手架立杆对接、搭接的相关规定。

6）剪刀撑的固定应符合满堂脚手架部分 2.2.7 的规定。

7）满堂支撑架的可调底座、可调托撑螺杆伸出长度不宜超过 300mm，插入立杆内的长度不得小于 150mm（见图 5-23）。

图 5-23　可调托撑示意图

8）当满堂支撑架高宽比大于 2 或 2.5 时，满堂支撑架应在支架的四周和中部与结构柱进行刚性连接，连墙件水平间距应为 6～9m，竖向间距应为 2～3m。在无结构柱部位应采取预埋钢管等措施与建筑结构进行刚性连接，在有空间部位，满堂支撑架宜超出顶部加载区投影范围向外延伸布置 2～3 跨。支撑架高宽比不应大于 3。

图 5-24　悬挑脚手架

2.2.11　型钢悬挑脚手架：

1. 一次悬挑脚手架高度不宜超过 20m（见图 5-24）。

2. 型钢悬挑梁宜采用双轴对称截面的型钢。悬挑钢梁型号及锚固件应按设计确定，钢梁截面高度不应小于 160mm。悬挑梁尾端应在两处及以上固定于钢混凝土梁板结构上。锚固型钢悬挑梁的 U 形钢筋拉环或锚固螺栓直径不宜小于 16mm（见图 5-25）。

3. 用于锚固的 U 形钢筋拉环或螺栓应采用冷弯成型。U 形钢筋拉环、锚固螺栓与型钢间隙应用钢楔或硬木楔楔紧。

4. 每个型钢悬挑梁外端宜设置钢丝绳或钢拉杆与上一层建筑结构斜拉结钢丝绳、钢拉杆不参与悬挑钢梁受力计算；钢丝绳与建筑结构拉结的吊环应使用 HPB235 级钢筋，其直径不宜小于 20mm，吊环预埋锚固长度应符合 GB 50010《混凝土结构设计规范》中

图 5-25　型钢悬挑架

钢筋锚固的规定。

5. 悬挑钢梁悬挑长度应按设计确定，固定段长度不应小于悬挑段长度的 1.25 倍。（图 5-26）型钢悬挑梁固定端应采用 2 个（对）及以上 U 形钢筋拉环或锚固螺栓与建筑结构梁板固定，U 形钢筋拉环或锚固螺栓应预埋至混凝土梁、板底层钢筋位置，并应与混凝土梁、板底层钢筋焊接或绑扎牢固，其锚固长度应符合 GB 50010《混凝土结构设计规范》中钢筋锚固的规定（图 5-27）。

图 5-26　悬挑钢梁固定端长度　　　　　图 5-27　悬挑钢梁固定形式

6. 当型钢悬挑梁与建筑结构采用螺栓钢压板连接固定时，钢压板尺寸不应小于 100mm×10mm（宽×厚）；当采用螺栓角钢压板连接时，角钢的规格不应小于 63mm×63mm×6mm。

7. 型钢悬挑梁悬挑端应设置能使脚手架立杆与钢梁可靠固定的定位点，定位点离悬挑梁端部不应小于 100mm。

8. 锚固位置设置在楼板上时，楼板的厚度不宜小于 120mm。如果楼板的厚度小于 120mm 应采取加固措施。

9. 悬挑梁间距应按悬挑架架体立杆纵距设置，每一纵距设置一根。

10. 悬挑架的外立面剪刀撑应自下而上连续设置。

11. 铺固型钢的主体结构混凝土强度等级不得低于 C20。

2.3　搭设与拆除

2.3.1　施工准备

1. 脚手架搭设前，应按专项施工方案向施工人员进行交底。

2. 应按本规范规定和脚手架专项施工方案要求对钢管、扣件、脚手板、可调托撑等进行检查验收，不合格产品不得使用。

3. 经检验合格的构配件应按品种、规格分类，堆放整齐、平稳，堆放场地不得有积水。

4. 应清除搭设场地杂物，平整搭设场地，并使排水畅通。

2.3.2　地基与基础

1. 脚手架地基与基础的施工，必须根据脚手架所受荷载、搭设高度、搭设场地土质情况与 GB 50202《建筑地基基础工程施工质量验收规范》的有关规定进行。

2. 压实填土地基应符合 GB 50007《建筑地基基础设计规范》的相关规定；灰土地基应符合 GB 50202《建筑地基基础工程施工质量验收规范》的相关规定。

3. 立杆垫板或底座底面标高宜高于自然地坪 50～100mm。

4. 脚手架基础经验收合格后，应按施工组织设计或专项施工方案的要求放线定位。

2.3.3　搭设

1. 单、双排脚手架必须配合施工进度搭设，一次搭设高度不应超过相邻连墙件以上两步；如果超过相邻连墙件以上两步，无法设置连墙件时，应采取撑拉固定措施与建筑结构拉结。

2. 每搭完一步脚手架后，应按相应规定校正步距、纵距、横距及立杆的垂直度。

3. 底座安放应符合下列规定：

(1) 底座、垫板均应准确地放在定位线上；

(2) 垫板宜采用长度不少于 2 跨、厚度不小于 50mm 宽度不小于 200mm 的木垫板。

4. 立杆搭设应符合下列规定：

(1) 相邻立杆的对接连接应符合相应规定；

(2) 脚手架开始搭设立杆时，应每隔 6 跨设置一根抛撑，直至连墙件安装稳定后，方可根据情况拆除。

(3) 当架体搭设至有连墙件的主节点时，在搭设完该处的立杆、纵向水平杆、横向水平杆后，应立即设置连墙件。

5. 脚手架纵向水平杆的搭设应符合下列规定：

(1) 脚手架纵向水平杆应随立杆按步搭设，并应采用直角扣件与立杆固定。

(2) 纵向水平杆的搭设应符合相应规定。

(3) 在封闭型脚手架的同一步中，纵向水平杆应四周交圈设置，并应用直角扣件与内外角部立杆固定。

6. 脚手架横向水平杆搭设应符合下列规定：

(1) 搭设横向水平杆应符合相应构造规定。

（2）双排脚手架横向水平杆的靠墙一端至墙装饰面的距离不应大于 100mm。

（3）单排脚手架的横向水平杆不应设置在下列部位：

1）设计上不允许留脚手眼的部位。

2）过梁上与过梁两端成 60°角的三角形范围内及过梁净跨度 1/2 的高度范围内。

3）宽度小于 1m 的窗间墙。

4）梁或梁垫下及其两侧各 500mm 的范围内。

5）砖砌体的门窗洞口两侧 200mm 和转角处 450mm 的范围内；其他砌体的门窗洞口两侧 300mm 和转角处 600mm 的范围内。

6）墙体厚度小于或等于 180mm。

7）独立或附墙砖柱，空斗砖墙、加气块墙等轻质墙体。

8）砌筑砂浆强度等级小于或等于 M2.5 的砖墙。

7. 脚手架纵向、横向扫地杆搭设应符合第 2.2.4 中 2 条、3 条的规定。

8. 脚手架连墙件安装应符合下列规定：

（1）连墙件的安装应随脚手架搭设同步进行，不得滞后安装。

（2）当单、双排脚手架施工操作层高出相邻连墙件以上两步时，应采取确保脚手架稳定的临时拉结措施，直到上一层连墙件安装完毕后再根据情况拆除。

9. 脚手架剪刀撑与双排脚手架横向斜撑应随立杆、纵向和横向水平杆等同步搭设，不得滞后安装。

10. 脚手架门洞搭设应符合相应规定。

11. 扣件安装应符合下列规定：

（1）扣件规格必须与钢管外径相同。

（2）螺栓拧紧扭力矩不应小于 40N·m，且不应大于 65N·m。

（3）在主节点处固定横向水平杆、纵向水平杆、剪刀撑、横向斜撑等用的直角扣件、旋转扣件的中心点的相互距离不应大于 150mm。

（4）对接扣件开口应朝上或朝内。

（5）各杆件端头伸出扣件盖板边缘长度不应小于 100mm。

12. 作业层、斜道的栏杆和挡脚板的搭设应符合下列规定（图 5-28）：

（1）栏杆和挡脚板均应搭设在外立杆的内侧。

（2）上栏杆上皮高度应为 1200mm。

（3）挡脚板高度不应小于 180mm。

（4）中栏杆应居中设置。

13. 脚手板的铺设应符合下列规定：

（1）脚手架应铺满、铺稳，离墙面的距离不应大于 150mm。

（2）采用对接或搭接时均应符合相应规定；

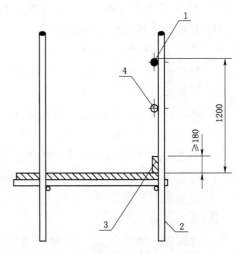

图 5-28 栏杆与挡脚板构造（单位：mm）
1—上栏杆；2—外立杆；3—挡脚板；4—中栏杆

脚手板探头应用直径 3.2mm 镀锌钢丝固定在支承杆件上。

（3）在拐角、斜道平台口处的脚手板，应用镀锌钢丝固定在横向水平杆上，防止滑动。

2.3.4　拆除

1. 脚手架拆除应按专项方案施工，拆除前应做好下列准备工作：

（1）应全面检查脚手架的扣件连接、连墙件、支撑体系等是否符合构造要求。

（2）应根据检查结果补充完善施工脚手架专项方案中的拆除顺序和措施，经审批后方可实施。

（3）拆除前应对施工人员进行交底。

（4）应清除脚手架上杂物及地面障碍物。

2. 单、双排脚手架拆除作业必须由上而下逐层进行，严禁上下同时作业；连墙件必须随脚手架逐层拆除，严禁先将连墙件整层或数层拆除后再拆脚手架；分段拆除高差大于两步时，应增设连墙件加固。

3. 当脚手架拆至下部最后一根长立杆的高度（约 6.5m）时，应先在适当位置搭设临时抛撑加固后，再拆除连墙件。当单、双排脚手架采取分段、分立面拆除时，对不拆除的脚手架两端，应按有关规定设置连墙件和横向斜撑加固。

4. 架体拆除作业应设专人指挥，当有多人同时操作时，应明确分工、统一行动，且应具有足够的操作面。

5. 卸料时各构配件严禁抛掷至地面。

6. 运至地面的构配件应按相应规定及时检查、整修与保养，并应按品种、规格分别存放。

2.4　检查与验收

2.4.1　脚手架及其地基基础应在下列阶段进行检查与验收：

1. 基础完工后及脚手架搭设前。

2. 作业层上施加荷载前。

3. 每搭设完 6～8m 高度后。

4. 达到设计高度后。

5. 遇有六级强风及以上大风或大雨后，冻结地区解冻后。

6. 停用超过一个月。

2.4.2　应根据下列技术文件进行脚手架检查、验收：

1. 符合本节 2.4.3～2.4.5 规定的要求。

2. 专项施工方案及变更文件。

3. 技术交底文件。

4. 构配件质量检查表（表 5-5）。

表 5－5 构 配 件 质 量 检 查 表

项 目	要 求	抽检数量	检查方法
钢管	应有产品质量合格证、质量检验报告	750 根为一批，每批抽取 1 根	检查资料
	钢管表面应平直光滑，不应有裂缝、结疤、分层、错位、硬弯、毛刺、压痕、深的划道及严重锈蚀等缺陷，严禁打孔；钢管使用前必须涂刷防锈漆	全数	目测
钢管外径及壁厚	外径 48.3mm，允许偏差±0.5mm；壁厚 3.6mm，允许偏差±0.36mm，最小壁厚 3.24mm	3%	游标卡尺测量
扣件	应由生产许可证、质量检测报告、产品合格证、复试报告	《钢管脚手架扣件》规定	检查资料
	不允许有裂缝、变形、螺栓滑丝；扣件与钢管接触部位不应有氧化皮；活动部位应能灵活转动，旋转扣件两旋转面间隙应不小于 1mm；扣件表面应进行防锈处理	全数	目测
扣件螺栓拧紧扭力矩	扣减螺栓拧紧力矩值不应小于 40N·m，且不应大于 65N·m	按扣件拧紧抽样检查数目及质量判定标准	扭力扳手
可调托撑	可调托撑抗压承载力设计值不应小于 40kN。应有产品质量合格证、质量检验报告	3‰	检查资料
	可调托撑螺杆外径不得小于 36mm，可调托撑螺杆与螺母旋合长度不得少于 5 扣，螺母厚度不小于 30mm。插入立杆内的长度不得小于 150mm。支托板厚不小于 5mm，变形不大于 1mm。螺杆与支托板焊接要牢固，焊缝高度不小于 6mm	3%	游标卡尺、钢板尺测量
	支托板、螺母有裂缝的严禁使用	全数	目测
脚手板	新冲压钢脚手应有产品质量合格证		检查资料
	冲压钢脚手板面挠曲≤12mm（l≤4m）或≤16mm（l>4m）；板面扭曲≤5mm（任一角翘起）	3%	钢板尺
	不得有裂纹、开焊与硬弯；新、旧脚手板均应涂防锈漆	全数	目测
	木脚手板材质应符合 GB 50005《木结构设计规范》中Ⅱa 级材质的规定。扭曲变形、劈裂、腐朽的脚手板不得使用	全数	目测
	木脚手板宽度不宜小于 200mm，厚度不应小于 50mm；板厚允许偏差－2mm	3%	钢板尺
	竹脚手板宜采用由毛竹或楠竹制作的竹串片、竹笆板	全数	目测
	竹串片脚手板宜采用螺栓将并列的竹片串联而成。螺栓直径宜为 3～10mm，螺栓间距为 500～600mm，螺栓里板端宜为 200～250mm，板宽 250mm、板长 2000mm、2500mm、3000mm	3%	钢板尺

2.4.3 脚手架使用中，应定期检查下列要求内容：

1. 杆件的设置和连接，连墙件、支撑、门洞桁架等的构造应符合本章节和专项施工方案的要求。

2. 地基应无积水，底座应无松动，立杆应无悬空。

3. 扣件螺栓应无松动。

4. 高度在 24m 以上的双排、满堂脚手架，其立杆的沉降与垂直度的偏差应符合表 5-6 中第 1、第 2 相关规定的要求；高度在 20m 以上的满堂支撑架，其立杆的沉降与垂直度的偏差应符合表 5-6 中第 1、第 3 相关规定的要求。

5. 安全防护措施应符合相关规定的要求。

6. 应无超载使用。

2.4.4 脚手架搭设的技术要求、允许偏差与检验方法，应符合表 5-6 的规定。

表 5-6　　　　　　　　脚手架搭设的技术要求、允许偏差与检验方法

项次	项　目		技术要求	允许偏差 Δ/mm	示　意　图	检查方法与工具
1	地基基础	表面	坚实平整	—	—	观察
		排水	不积水			
		垫板	不晃动			
		底座	不滑动			
			不沉降	−10		
2	单、双排与满堂脚手架立杆垂直度	最后验收立杆垂直度 20~50m	—	±100		用经纬仪或吊线和卷尺

下列脚手架允许水平偏差/mm

搭设中检查偏差的高度/m	总　高　度		
	50m	40m	20m
H=2	±7	±7	±7
H=10	±20	±25	±50
H=20	±40	±50	±100
H=30	±60	±75	
H=40	±80	±100	
H=50	±100		

中间档次用插入法

续表

<table>
<tr><th>项次</th><th colspan="2">项　目</th><th>技术要求</th><th>允许偏差 Δ/mm</th><th>示　意　图</th><th>检查方法与工具</th></tr>
<tr><td rowspan="6">3</td><td rowspan="6">满堂支撑架立杆垂直度</td><td colspan="4">下列满堂支撑架允许水平偏差/mm</td><td rowspan="3">用经纬仪或吊线和卷尺</td></tr>
<tr><td colspan="2" rowspan="2">搭设中检查偏差的高度/m</td><td colspan="2">总　高　度</td></tr>
<tr><td colspan="2">30m</td></tr>
<tr><td colspan="2">$H=2$
$H=10$</td><td colspan="2">± 7
± 30</td><td></td></tr>
<tr><td colspan="2">$H=20$
$H=30$</td><td colspan="2">± 60
± 50</td><td></td></tr>
<tr><td colspan="4">中间档次用插入法</td><td></td></tr>
<tr><td>4</td><td>单双排、满堂脚手架间距</td><td>步距
纵距
横距</td><td>—
—</td><td>± 20
± 50
± 20</td><td>—</td><td>钢板尺</td></tr>
<tr><td>5</td><td>满堂支撑架间距</td><td>步距
立杆间距</td><td>—
—</td><td>± 20
± 30</td><td>—</td><td>钢板尺</td></tr>
<tr><td rowspan="2">6</td><td rowspan="2">纵向水平杆高差</td><td>一根杆的两端</td><td>—</td><td>± 20</td><td>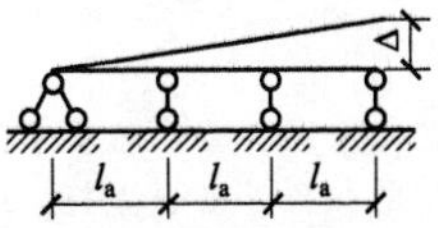
</td><td rowspan="2">水平仪或水平尺</td></tr>
<tr><td>同跨内两根纵向水平杆高差</td><td>—</td><td>± 10</td><td>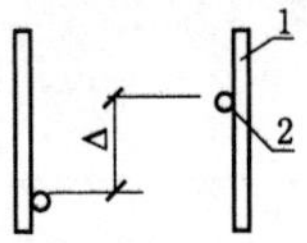
</td></tr>
<tr><td>7</td><td colspan="2">剪刀撑斜杆与地面</td><td>45°～60°</td><td colspan="2">—</td><td>角尺</td></tr>
<tr><td rowspan="2">8</td><td rowspan="2">脚手板外伸长度</td><td>对接</td><td>$a=130 \sim 150$mm
$l \leqslant 300$mm</td><td>—</td><td>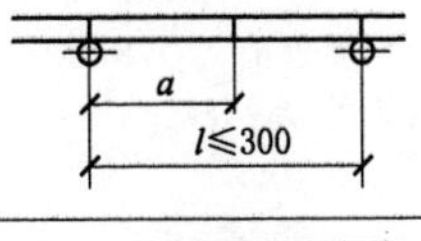
</td><td>卷尺</td></tr>
<tr><td>搭接</td><td>$a \geqslant 100$mm
$l \geqslant 200$mm</td><td>—</td><td>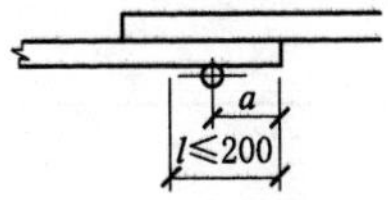
</td><td>卷尺</td></tr>
<tr><td rowspan="3">9</td><td rowspan="3">扣件安装</td><td>主节点处各扣件中心点相互距离</td><td>$a \leqslant 150$mm</td><td>—</td><td>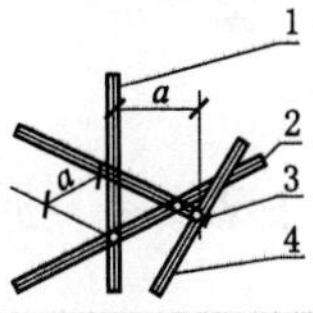
</td><td>钢卷尺</td></tr>
<tr><td>同步立杆上两个相隔对接扣件的高差</td><td>$a \geqslant 500$mm</td><td rowspan="2">—</td><td rowspan="2">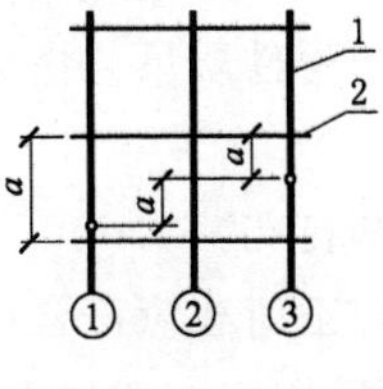
</td><td rowspan="2">钢卷尺</td></tr>
<tr><td>立杆上的对接扣件至主节点的距离</td><td>$a \leqslant l\beta$</td></tr>
</table>

续表

项次	项　目		技术要求	允许偏差 Δ/mm	示　意　图	检查方法与工具
9	扣件安装	纵向水平杆上的对接扣件至主节点的距离	$a \leq l\beta$	—		钢卷尺
		扣件螺栓拧紧扭力矩	40~65 N·m	—	—	扭力扳手

注　图中1—立杆；2—横向水平杆；3—总向水平杆；4—剪刀撑。

2.4.5　扣件螺栓拧紧扭力矩抽检。安装后的扣件螺栓拧紧扭力矩应采用扭力扳手检查，抽样方法应按随机分布原则进行。抽样检查数目与质量判定标准，应按表5-7的规定确定。不合格的应重新拧紧至合格。

表5-7　　　　　　　　　　扣件拧紧抽样检查数目及质量判定标准

项次	检　查　项　目	安装扣件数量/个	抽检数量/个	允许的不合格数
1	连接立杆与纵（横）向水平杆或剪刀撑的扣件；接长立杆、纵向水平杆或见到撑的扣件	51~90	5	0
		91~150	8	1
		151~280	13	1
		281~500	20	2
		501~1200	32	3
		1201~3200	50	5
2	连接横向水平杆与纵向水平杆的扣件（非主节点处）	51~90	5	1
		91~150	8	2
		151~280	13	3
		281~500	20	5
		501~1200	32	7
		1201~3200	50	10

2.5　安全管理

2.5.1　扣件钢管脚手架安装与拆除人员必须是经考核合格的专业架子工。架子工应持证上岗。

2.5.2　搭拆脚手架人员必须佩戴安全帽、系安全带、穿防滑鞋。

2.5.3　脚手架的构配件质量与搭设质量，应符合2.3的规定进行检查与验收，并应确认合格后使用。

2.5.4　钢管上严禁打孔。

2.5.5　作业层的施工荷载应符合设计要求，不得超载。不得将模板、缆风绳、泵送混凝土和砂浆的输送管等固定在架体上；严禁拆除或移动架体上安全防护设施。

2.5.6 满堂支撑架在使用过程中，应设有专人监护施工，当出现异常情况时，应停止施工，并应迅速撤离作业面上人员。应在采取确保安全的措施后，查明原因，做出判断和处理。

2.5.7 满堂支撑架顶部的实际荷载不得超过设计规定。

2.5.8 当有六级强风及以上风、浓雾、雨或雪天气时应停止脚手架搭设和拆除作业。雨、雪上架作业应有防滑措施，并应扫除积雪。

2.5.9 夜间不宜进行脚手架的搭设与拆除。

2.5.10 脚手板应铺设牢靠、严实，并应用安全网双层兜底。施工层以下每隔 10m 应用安全网封闭。

2.5.11 单、双排脚手架、悬挑式脚手架沿墙体外围应用密目式安全网封闭，密目式安全网设置在脚手架外立杆的内侧，并应与假体结扎牢固。

2.5.12 脚手架在使用期间严禁拆除主节点处的纵、横向水平杆，纵、横向扫地杆及连墙件。

2.5.13 脚手架在使用过程中开挖脚手架基础下的设备基础或管沟时，必须对脚手架采取加固措施。

2.5.14 满堂脚手架与满堂支撑架在安装过程中，应采取防倾覆的临时固定措施。

2.5.15 在脚手架上进行电、气焊作业时，应有防火措施和专人看守。

2.5.16 工地临时用电线路的架设及脚手架接地、避雷措施等，应按现行行业标准 JGJ 46《施工现场临时用电安全技术规范》的有关规定执行。

2.5.17 搭拆脚手架时，地面应设围栏和警戒标志，并应派专人看守，严禁非操作人员入内。

3 碗扣式钢管脚手架

3.1 构配件

3.1.1 钢管与碗扣

1. 钢管宜采用尺寸为 48.3mm×3.5mm 的钢管，外径允许偏差应为±0.5mm，壁厚偏差不应为负偏差。碗扣采用可锻铸铁或铸钢制造。

2. 钢管应平直光滑，不得有裂纹、锈蚀、分层、结疤或毛刺等缺陷，立杆不得采用横断面接长的钢管。

3. 钢管弯曲度允许偏差应为 2mm/m。

4. 立杆接长采用外插套时，外插套管壁厚不应小于 3.5mm；当采用内插套时，内插套管壁厚不应小于 3.0mm。插套长度不应小于 160mm，焊接端插入长度不应小于 60mm，外伸长度不应小于 110mm，插套与立杆钢管间的间隙不应大于 2mm。

5. 立杆碗扣节点间距允许偏差应为±1.0mm。

6. 水平杆曲板接头弧面轴心线与水平杆轴心线的垂直度允许偏差应为 1.0mm。

7. 下碗扣平面与立杆轴线的垂直度允许偏差应为 1.0mm。

3.1.2 可调托撑及可调底座的质量应符合下列规定：

1. 可调底座及可调托撑螺母应采用可锻铸铁或铸钢制造，调节螺母厚度不得小于 30mm。

2. 螺杆外径不得小于 38mm，空心螺杆壁厚不得小于 5mm，螺杆直径与螺距应符合 GB/T 5796.2《梯形螺纹 第 2 部分：直径与螺距系列》和 GB/T 5796.3《梯形螺纹 第 3 部分：基本尺寸》的规定。

3. 螺杆与调节螺母啮合长度不得少于 5 扣。

4. 可调托撑 U 形托板厚度不得小于 5mm，弯曲变形不应大于 1mm，可调底座垫板厚度不得小于 6mm；螺杆与托板或垫板应焊接牢固，焊脚尺寸不应小于钢板厚度，并宜设置加劲板。

3.1.3 构配件外观质量应符合下列规定：

1. 铸造件表面应平整，不得有砂眼、缩孔、裂纹或浇冒口残余等缺陷，表面粘砂应清除干净。

2. 冲压件不得有毛刺、裂纹、氧化皮等缺陷。

3. 焊缝应饱满，焊药应清除干净，不得有未焊透、夹砂、咬肉、裂纹等缺陷。

4. 构配件表面应涂刷防锈漆或进行被锌处理，涂层应均匀、牢靠，表面应光滑，在连接处不得有毛刺、滴瘤和多余结块。

3.1.4 主要构配件应有生产厂标识，进入施工现场的脚手架构配件，在使用前应对其质量进行复检，不合格产品不得使用。

3.1.5 构配件应具有良好的互换性，应能满足各种施工工况下的组架要求，并应符合下列规定：

1. 立杆的上碗口应能上下窜动、转动灵活，不得有卡滞现象。
2. 立杆与立杆的连孔处应能插入 $\phi 10mm$ 连接销。
3. 碗扣节点上在安装 1～4 个水平杆时，上碗扣应均能锁紧。
4. 当搭设不少于二步三跨 1.8m×1.8m×1.2m（步距×纵距×横距）的整体脚手架时，每一框架内立杆的垂直度偏差应小于 5mm。

3.1.6 主要构配件极限承载力性能指标应符合下列规定：

1. 上碗扣沿水平杆方向受拉承载力不应小于 30kN。
2. 下碗扣组焊后沿立杆方向剪切承载力不应小于 60kN。
3. 水平杆接头沿水平杆方向剪切承载力不应小于 50kN。
4. 水平杆接头焊接剪切承载力不应小于 25kN。
5. 可调底座受压承载力不应小于 100kN。
6. 可调托撑受压承载力不应小于 100kN。

3.1.7 构配件每使用一个安装、拆除周期后，应及时检查、分类、维护、保养，对不合格品应及时报废。

3.1.8 对经检验合格的构配件应按品种、规格分类码放，并应标识数量和规格。构配件堆放场地排水应畅通，不得有积水。

3.2 构造技术要求

3.2.1 脚手架地基应符合下列规定：

1. 地基应坚实、平整，场地应有排水措施，不应有积水。
2. 土层地基上的立杆底部应设置底座和混凝土垫层，垫层混凝土标号不应低于 C15，厚度不应小于 150mm；当采用整板代替混凝土垫层时，垫板宜采用厚度不小于 50m、宽度不小 200mm、长度不少于两跨的木垫板（图 5-29）；地基施工完成后，应检查地基表面平整度，平整度偏差不得大于 20mm。
3. 混凝土结构层上的立杆底部应设置底座或垫板（图 5-29）。

图 5-29 立杆垫板示意图

4. 对承载力不足的地基土或混凝土结构层，应进行加固处理。

5. 湿陷性黄土、膨胀土、软土地基应有防水措施。

6. 当基础表面高差较小时，可采用可调底座调整。当基础表面高差较大时，可利用立杆碗扣节点位差配合可调底座进行调整，且高处的立杆距离坡顶边缘不宜小于 500m；

7. 地基和基础经验收合格后，应按专项施工方案的要求放线定位。

3.2.2　双排脚手架起步立杆应采用不同型号的杆件交错布置，架体相邻立杆接头应错开设置，不应设置在同步内。模板支撑架相邻立杆接头宜交错布置。

3.2.3　脚手架的水平杆应按步距沿纵向和横向连续设置，不得缺失。在立杆的底部碗扣处应设置一道纵向水平杆、横向水平杆作为扫地杆，扫地杆距离地面高度不应超过 400mm。水平杆和扫地杆应与相邻立杆连接牢固。

3.2.4　剪刀撑杆件应符合下列规定：

1. 竖向剪刀撑两个方向的交叉斜向钢管宜分别采用旋转扣件设置在立杆的两侧。

2. 竖向剪刀撑两斜向钢管与地面的倾角应在 $45°\sim60°$。

3. 剪刀撑杆件应每步与交叉处立杆或水平杆扣接。

4. 剪刀撑杆件接长应采用搭接，搭接长度不应小于 1m，并应采用不少于 2 个旋转扣件扣紧，且杆端距端部扣件盖板边缘的距离不应小于 100mm。

5. 扣件扭紧力矩应为 $40\sim65N\cdot m$。

3.2.5　脚手架作业层设置应符合下列规定：

1. 作业平台脚手板应铺满、铺稳、铺实。

2. 工具式钢脚手板必须有抹钩，并应带有自锁装置与作业层横向水平杆锁紧，严禁浮放。

3. 木脚手板、竹串片脚手板、竹笆脚手板两端应与水平杆绑牢，作业层相邻两根横向水平杆间应加设间水平杆，脚手板探头长度不应大于 150mm。

4. 立杆碗扣节点间距按 0.6m 模数设置时，外侧应在立杆 0.6m 及 12m 高的碗扣节点处搭设两道防护栏杆；立杆碗扣节点间距按 0.5m 模数设置时，外侧应在立杆 0.5m 及 1.0m 高的碗扣节点处搭设两道防护栏杆，并应在外立杆的内侧设置高度不低于 180m 的挡脚板；脚手架立杆垫板、底座应准确放置在定位线上，垫板应平整、无翘曲，不得采用已开裂的垫板，底座的轴心线应与地面垂直。

5. 作业层脚手板下应采用安全平网兜底，以下每隔 10m 应采用安全平网封闭。

6. 作业平台外侧应采用密目安全网进行封闭，网间连接应严密，密目安全网宜设置在脚手架外立杆的内侧，并应与架体绑扎牢固。密目安全网应为阻燃产品。

3.2.6　双排脚手架

1. 双排脚手架搭设应按立杆、水平杆、斜杆、连墙件的顺序配合施工进度逐层搭设。一次搭设高度不应超过最上层连墙件两步，且自由长度不应大于 4m。

2. 双排脚手架连墙件必须随架体升高及时在规定位置处设置；当作业层高出相邻连墙件以上两步时，在上层连墙件安装完毕前，必须采取临时拉结措施。

3. 双排脚手架应根据使用条件及荷载要求选择结构设计尺寸，横杆步距宜选用

1.8m，廊道宽度（横距）宜选用 1.2m，立杆纵向间距可选择不同规格的系列尺寸。

4. 双排脚手架的搭设高度不宜超过 50m；当搭设高度超过 50m 时，应采用分段搭设等措施。

5. 当双排脚手架按曲线布置进行组架时，应按曲率要求用不同长度的内外水平杆组架，曲率半径应大于 2.4m。

6. 当双排脚手架拐角为直角时，宜采用水平杆直接组架；当双排脚手架拐角为非直角时。可采用钢管扣组架。

7. 双排脚手架立杆顶端防护栏杆宜高出作业层 1.5m。

8. 双排脚手架应设置竖向斜撑杆，并符合下列规定：

（1）竖向斜撑杆应采用专用外斜杆，并应设置在有纵向及横向水平杆的碗扣节点上。

（2）在双排脚手架的转角处、开口型双排脚手架的端部应各设置一道竖向斜撑杆。

（3）当架体搭设高度在 24m 以下时，应每隔不大于 5 跨设置一道竖向斜撑杆；当架体搭设高度在 24m 及以上时，应每隔不大于 3 跨设置一道竖向斜撑杆；相邻斜撑杆宜对称"八"字形设置。

（4）每道竖向斜撑杆应在双排脚手架外侧相邻立杆间由底至顶按步连续设置。

（5）当斜撑杆临时拆除时，拆除前应在相邻立杆间设置相同数量的斜撑杆。

9. 当采用钢管扣件剪刀撑代替竖向斜撑杆时，应符合下列规定：

（1）当架体搭设高度在 24m 以下时，应在架体两端、转角及中间间隔不超过 15m，各设置一道竖向剪刀撑；当架体搭设高度在 24m 及以上时，应在架体外侧全立面连续设置竖向剪刀撑。

（2）每道剪刀撑的宽度应为 4～6 跨，且不应小于 6m，也不应大于 9m。

（3）每道竖向剪刀撑应由底至顶连续设置。

10. 当双排脚手架高度在 24m 以上时，顶部 24m 以下所有的连墙件设置层应连续设置"之"字形水平斜撑杆，水平斜撑杆应设置在纵向水平杆之下。

11. 双排脚手架连墙件的设置应符合下列规定：

（1）连墙件应采用能承受压力和拉力的构造，并应与建筑结构和架体连接牢固。

（2）同一层连墙件应设置在同一水平面，连墙件的水平投影间距不得超过 3 跨，竖向垂直间距不得超过 3 步，连墙点之上架体的悬臂高度不得超过两步。

（3）在架体的转角处、开口型双排脚手架的端部应增设连墙件，连墙件的竖向垂直间距不应大于建筑物的层高，且不应大于 4m。

（4）连墙件宜从底层第一道水平杆处开始设置。

（5）连墙件宜采用菱形布置，也可采用矩形布置。

（6）连墙件中的连墙杆宜呈水平设置，也可采用连墙端高于架体端的倾斜设置方式。

（7）连墙件应设置在靠近有横向水平杆的碗扣节点处，当采用钢管扣件做连墙件时，连墙件应与立杆连接，连接点距架体碗扣主节点距离不应大于 300mm。

（8）当双排脚手架下部暂不能设置连墙件时，应采取可靠的防倾覆措施，但无连墙件的最大高度不得超过 6m。

12. 双排脚手架架体外侧全立面应采用密目安全网进行封闭。

13. 双排脚手架内立杆与建筑物距离不宜大于 150mm；当双排脚手架内立杆与建筑物距离大于 150mm 时，应采用脚手板或安全平网封闭。当选用窄挑梁或宽挑梁设置作业平台时，挑梁应单层挑出，严禁增加层数。

14. 当双排脚手架设置门洞时，应在门洞上部架设桁架托梁，门洞两侧立杆应对称加设竖向斜撑杆或剪刀撑。

3.2.7　模板支撑架

1. 模板支撑架搭设高度不宜超过 30m。

2. 模板支撑架每根立杆的顶部应设置可调托撑。当被支撑的建筑结构地面存在坡度时，应随坡度调整架体高度，可利用立杆碗扣节点位差增设水平杆，并应配合可调托撑进行调整。

3. 立杆顶端可调托撑伸出顶层水平杆的悬臂长度不应超过 650mm。可调托撑和可调底座螺杆插入立杆的长度不得小于 150mm，伸出立杆的长度不宜大于 300mm，安装时其螺杆应与立杆钢管上下同心，且螺杆外径与立杆钢管内径的间隙不应大于 3mm。

4. 可调托撑上主楞支撑梁应居中设置，接头宜设置在 U 形托板上、同一断面上主楞支撑梁接头数量不应超过 50%。

5. 水平杆步距应通过设计计算确定，并应符合下列规定：

(1) 步距应通过立杆碗扣节点间距均匀设置。

(2) 当立杆采用 Q235 级材质钢管时，步距不应大于 1.8m。

(3) 当立杆采用 Q345 级材质钢管时，步距不应大于 2.0m。

(4) 对安全等级为Ⅰ级的模板支撑架，架体顶层两步距应比标准步距缩小至少一个节点间距，但立杆稳定性计算时的立杆计算长度应采用标准步距。

6. 立杆间距应通过设计计算确定、并应符合下列规定：

(1) 当立杆采用 Q235 级材质钢管时，立杆间距不应大于 1.5m。

(2) 当立杆采用 Q345 级材质钢管时，立杆间距不应大于 1.8m。

7. 当有既有建筑结构时，模板支撑架应与既有建筑结构可靠连接，并应符合下列规定：

(1) 连接点竖向间距不宜超过 2 步，并应与水平杆同层设置。

(2) 连接点水平向间距不宜大于 8m。

(3) 连接点至架体碗扣主节点的距离不宜大于 300mm。

(4) 当遇柱时，宜采用抱箍式连接措施。

(5) 当架体两端均有墙体或边梁时，可设置水平杆与墙或梁顶紧。

8. 模板支撑架应设置竖向斜撑杆，并应符合下列规定：

(1) 安全等级为Ⅰ级的模板支撑架应在架体周边、内部纵向和横向每隔 4～6m 各设置一道竖向斜撑杆；安全等级为Ⅱ级的模板支撑架应在架体周边、内部纵向和横向每隔 6～9m 各设置一道竖向斜撑杆。

(2) 每道竖向斜撑杆可沿架体纵向和横向每隔不大于两跨在相邻立杆间由底至顶连续设置；也可沿架体竖向每隔不大于两步距采用八字形对称设置，或采用等覆盖率的其他设置方式。

9. 当采用钢管扣件剪刀撑代替竖向斜撑杆时，应符合下列规定：

(1) 安全等级为Ⅰ级的模板支撑架应在架体周边、内部纵向和横向每隔不大于 6m 设置一道竖向钢管扣件剪刀撑。

(2) 安全等级为Ⅱ级的模板支撑架应在架体周边、内部纵向和横向每隔不大于 9m 设置一道竖向钢管扣件剪刀撑。

(3) 每道竖向剪刀撑应连续设置，剪刀撑的宽度宜为 6~9m。

10. 模板支撑架应设置水平斜撑杆，并应符合下列规定：

(1) 安全等级为Ⅰ级的模板支撑架应在架体顶层水平杆设置层、竖向每隔不大于 8m 设置一层水平斜撑杆；每层水平斜撑杆应在架体水平面的周边、内部纵向和横向每隔不大于 8m 设置一道。

(2) 安全等级为Ⅱ级的模板支撑架已在架体顶层水平杆设置层设置一层水平剪刀撑；水平斜撑杆应在架体水平面的周边、内部纵向和横向每隔不大于 12m 设置一道。

(3) 水平斜撑杆应在相邻立杆间呈条带状连续设置。

11. 当采用钢管扣件剪刀撑代替水平斜撑杆时，应符合下列规定：

(1) 安全等级为Ⅰ级的模板支撑架应在架体顶层水平杆设置层、竖向每隔不大于 8m 设置一道水平剪刀撑。

(2) 安全等级为Ⅱ级的模板支撑架宜在架体顶层水平杆设置层设置一道水平剪刀撑。

(3) 每道水平剪刀撑应连续设置，剪刀撑的宽度宜为 6~9m。

12. 当模板支撑架同时满足下列条件时，可不设置竖向及水平向的斜撑杆和剪刀撑：

(1) 搭设高度小于 5m，架体高宽比小于 1.5。

(2) 被支撑结构面自重荷载标准值不大于 $5kN/m^2$，线荷载标准值不大于 8kN/m。

(3) 架体按模板支撑架第 7 款的构造要求与既有建筑结构进行了可靠连接。

(4) 场地地基坚实、均匀，满足承载力要求。

13. 独立的模板支撑架高宽比不大于 3；当大于 3 时，应采取下列加强措施：

(1) 将架体超出顶部加载区投影范围向外延伸布置 2~3 跨、将下部架体尺寸扩大。

(2) 按模板支撑架第 7 款的构造要求将架体与既有建筑结构进行可靠连接。

(3) 当无建筑结构进行可靠连接时，宜在架体上对称设置缆风绳或采取其他防倾覆的措施。

14. 桥梁模板支撑架顶面四周应设置作业平台，作业层宽度不应小于 900mm，并应符合本节第 5 款脚手架作业层设置的相关规定。

15. 当模板支撑架设置门洞时，应符合下列规定：

(1) 门洞净高不宜大于 5.5m，净宽不宜大于 4.0m；当需设置的机动车道净宽大于 4.0m 或与上部支撑的混凝土梁体中心线斜交时，应采用梁柱式门洞结构。

(2) 通道上部应架设转换横梁，横梁设置应经过设计计算确定。

(3) 横梁下立杆数量和间距应由计算确定，且立杆不应少于 4 排，每排横距不应大于 300mm。

(4) 横梁下立杆应与相邻架体连接牢固，横梁下立杆斜撑杆或剪刀撑应加密设置。

(5) 横梁下立杆应采用扩大基础，基础应满足防撞要求。

（6）转换横梁和立杆之间应设置纵向分配梁和横向分配梁。

（7）门洞顶部应采用木板或其他硬质材料全封闭，两侧应设置防护栏杆和安全网。

（8）对通行机动车的洞口，门洞净空应满足既有道路通行的安全界限要求，且应按规定设置导向、限高、限宽、减速、防撞等设施及标识、标示。

3.3　搭设与拆除

3.3.1　施工准备

1. 脚手架施工前应根据建筑结构的实际情况，编制专项施工方案，并应经审核批准后方可实施。

2. 脚手架在安装、拆除作业前，应根据专项施工方案要求，对作业人员进行安全技术交底。

3. 进入施工现场的脚手架构配件，在使用前应对其质量进行复检，不合格产品不得使用。

4. 对经检验合格的构配件应按品种、规格分类码放，并应标识数量和规格。构配件堆放场地排水应畅通，不得有积水。

5. 脚手架搭设前，应对场地进行清理、平整，地基应坚实均匀，并应采取排水措施。

6. 当采取预埋方式设置脚手架连墙件时，应按设计要求预埋；在混凝土浇筑前，应进行隐蔽检查。

3.3.2　地基与基础

1. 脚手架基础施工应符合专项施工方案要求，应根据地基承载力要求按现行国家标准的规定进行验收。

2. 当地基土不均匀或原位土承载力不满足要求或基础为软弱地基时，应进行处理。

3. 地基施工完成后，应检查地基表面平整度，平整度偏差不得大于 20mm。

4. 当脚手架基础为楼面等既有建筑结构或贝雷梁、型钢等临时支撑结构时，对不满足承载力要求的既有建筑结构应按方案设计的要求进行加固，对贝雷梁、型钢等临时支撑结构应按相关规定对临时支撑结构进行验收。

5. 地基和基础经验收合格后，应按专项施工方案的要求放线定位。

3.3.3　搭设

1. 脚手架立杆垫板、底座应准确放置在定位线上，垫板应平整、无翘曲，不得采用已开裂的垫板，底座的轴心线应与地面垂直。

2. 脚手架应按顺序搭设，并应符合下列规定：

（1）双排脚手架搭设应按立杆、水平杆、斜杆、连墙件的顺序配合施工进度逐层搭设。一次搭设高度不应超过最上层连墙件两步，且自由长度不应大于 4m。

（2）模板支撑架应按先立杆、后水平杆、再斜杆的顺序搭设形成基本架体单元，并应以基本架体单元逐排、逐层扩展搭设成整体支撑架体系，每次搭设高度不宜大于 3m。

（3）斜撑杆、剪刀撑等加固件应随架体同步搭设，不得滞后安装。

3. 双排脚手架连墙件必须随架体升高及时在规定位置处设置；当作业层高出相邻连墙件以上两步时，在上层连墙件安装完毕前，必须采取临时拉结措施。

4. 碗扣节点组装时，应通过限位销将上碗扣锁紧水平杆。

5. 脚手架每搭完一步架体后，应校正水平杆步距、立杆间距、立杆垂直度和水平杆水平度。架体立杆在 1.8m 高度内的垂直度偏差不得大于 5mm，架体全高的垂直度偏差应小于架体搭设高度的 1/600，且不得大于 35mm；相邻水平杆的高差不应大于 5mm。

6. 当双排脚手架内外侧加挑梁时，在一跨挑梁范围内不得超过 1 名施工人员操作，严禁堆放物料。

7. 在多层楼板上连续搭设模板支撑架时，应分析多层楼板间荷载传递对架体和建筑结构的影响，上下层架体立杆宜对位设置。

8. 模板支撑架应在架体验收合格后，方可浇筑混凝土。

3.3.4 拆除

1. 双排脚手架拆除

（1）碗扣式钢管双排脚手架连墙件必须随架体升高及时在规定位置处设置，严禁任意拆除。

（2）双排脚手架拆除时，必须按专项施工方案中规定的顺序拆除，在专人指挥下进行。

（3）双排脚手架拆除前应清理作业层上的器具及多余的材料和杂物。拆除时必须划出安全区域，并应设置警戒标志，派专人看守。

（4）碗扣式钢管双排脚手架拆除作业应从顶层开始，逐层向下进行，严禁上下层同时拆除。连墙件必须随脚手架逐层拆除，严禁先将连墙件整层或数层拆除后再拆除脚手架；分段拆除高差大于 2 步时，应增设连墙件加固。

（5）当双排脚手架采取分段、分立面拆除时，对不拆除的脚手架两端，应设置竖向横撑和连墙件加固。

（6）拆除作业应设专人指挥，当有多人同时操作时，应明确分工、统一行动且应具有足够的操作面。

（7）拆除的构配件应采用起重设备吊运或人工传递到地面，严禁抛掷。

（8）拆除的构配件应分类堆放，并应便于运输、维护和保管。

2. 模板支撑架的拆除

（1）模板支撑架拆除应符合 GB 50204《混凝土结构工程施工质量验收规范》、GB 50666《混凝土结构工程施工规范》中混凝土强度的有关规定。

（2）模板支撑架拆除前应先行清理支撑架上的材料、施工机具及其他多余的杂物；应在支撑架周边划出安全区域，并应设置警示标志，派专人警戒，严禁非操作人员进入作业范围。

（3）模板支撑架拆除时应按专项施工方案中规定的顺序进行。分段拆除时应确定分界位置。

（4）模板支撑架的拆除顺序、工艺应符合专项施工方案的要求。当专项施工方案无明确规定时，应符合下列规定：

　　1）应按先搭设后拆除，后搭设先拆除的拆除原则。

　　2）拆除必须自上而下逐层进行，严禁上下层同时拆除作业，分段拆除的高度不应大于两层。

　　3）梁下架体的拆除，应从跨中开始，对称地向两端拆除；悬臂构件下架体的拆除，应从悬臂端向固定端拆除。

　　4）设有连墙（柱）件的支撑架，连墙（柱）件必须随模板支撑架逐层拆除严禁先将连墙（柱）件全部或数层拆除后再拆除支撑架。

3.4　检查与验收

3.4.1　根据施工进度，应在下列环节进行检查与验收：

　　1. 施工准备阶段，构配件进场时。

　　2. 地基与基础施工完后，架体搭设前。

　　3. 首层水平杆搭设安装后。

　　4. 双排脚手架每搭设一个楼层高度，投入使用前。

　　5. 模板支撑架每搭设完 4 步或搭设至 6m 高度时。

　　6. 双排脚手架搭设至设计高度后。

　　7. 模板支撑架搭设至设计高度后。

3.4.2　进入施工现场的主要构配件应有产品质量合格证、产品性能检验报告，并应按表 5-8 的规定对其表面观感质量、规格尺寸等进行抽样检验。

表 5-8　　　　　　　　　　　　主要构配件检查验收

序号	检查项目	质量要求	抽检数量	检查方法
1	钢管	表面平直光滑，无裂缝、结疤、分层、错位、硬弯、毛刺、压痕和深的划痕及严重锈蚀等缺陷；构配件表面涂刷防锈漆或进行镀锌处理	全数	目测
		最小壁厚不小于 3.0mm	3%	游标卡尺
2	上下碗扣、水平杆和斜杆接头	碗扣的铸造件表面光滑平整，无砂眼、缩孔、裂纹、浇冒口残余等缺陷，表面粘砂清除干净	全数	目测
		锻造件和冲压件无毛刺、裂纹、氧化皮等缺陷	全数	目测
		各焊缝饱满，无未焊缝、夹砂、咬肉、裂纹等缺陷	全数	目测
		上碗扣能上下窜动、转动灵活，无卡滞现象	全数	目测

序号	检查项目	质 量 要 求	抽检数量	检查方法
3	立杆链接套管	立杆接长当采用外插套时，外插套管壁厚度不小于 3.5mm，当采用内插套时，内插套管壁厚度不小于 3.0mm。插套长度不小于 160mm，焊接端插入长度不小于 60mm，外伸长度不小于 110mm，插套与立杆钢管间的间隙不大于 2mm	3%	游标卡尺、钢板尺
		套管焊缝应饱满，立杆与立杆的连接孔能插入 10mm 的连接销	全数	目测

3.4.3　地基基础检查验收项目、质量要求、抽检数量、检验方法应符合表 5-9 的规定，并应重点检查和验收下列内容：

1. 地基的处理、承载力应符合方案设计的要求。

2. 基础不应有不均匀沉降，立杆底座和垫板与基础间应无松动、悬空现象。

3. 地基基础施工记录和试验资料应完整。

表 5-9　　　　　　　　　　　地 基 基 础 检 查 验 收

序号	检查验收项目	质 量 要 求	抽检数量	检验方法
1	地基处理、承载力	符合方案设计要求	每 100m² 不少于 3 个点	触探
2	地基顶面平整度	20mm	每 100m² 不少于 3 个点	2m 直尺
3	垫板铺设	土层地基上的立杆应设置垫板，垫板长度不少于 2 跨，并符合方案设计要求	全数	目测
4	垫板尺寸	垫板厚度不小于 50mm，宽度不小于 200mm，并符合方案设计要求	不少于 3 处	游标卡尺、钢板尺
5	底座设置情况	符合方案设计要求	全数	目测
6	立杆与基础的接触紧密度	立杆与基础间应无松动、悬空现象	全数	目测
7	排水设施	完善，并符合方案设计要求	全数	目测
8	施工记录、实验资料	完整	全数	查阅记录

3.4.4　架体检查验收项目、质量要求、抽检数量、检验方法应符合表 5-10 的规定，并应重点检查和验收下列内容：

1. 架体三维尺寸和门洞设置应符合方案设计的要求。

2. 斜撑杆和剪刀撑应按方案设计规定的位置和间距设置。

3. 纵向水平杆、横向水平杆应连续设置，扫地杆距离地面高度应满足本章规定要求。

4. 模板支撑架立杆伸出顶层水平杆长度不应超出本章规定的上限要求。

5. 双排脚手架连墙件应按方案设计规定的位置和间距设置，并应与建筑结构和架体可靠连接。

6. 模板支撑架应与既有建筑结构可靠连接。

7. 上碗扣应将水平杆接头锁紧。

8. 架体水平度和垂直度偏差应在本章规定的允许范围内。

表 5-10　　　　　　　　　脚手架架体检查验收

序号	检查项目		质量要求	抽检数量	检验方法
1	可调底座	垂直度	±5mm	全部	经纬仪或吊线和卷尺
		插入立杆长度	≥150mm		钢板尺
2	模板支撑架可调托撑	螺杆垂直度	±5mm	全部	经纬仪或吊线和卷尺
		插入立杆长度	≥150mm		钢板尺
3	碗扣节点	锁紧度	水平杆接头插入上、下碗扣，上碗扣通过限位销旋转锁紧水平杆	全部	目测
4	立杆	间距	符合方案设计要求	全部	目测、钢板尺
		双排脚手架接头	相邻立杆接头不在同一步距内	全部	目测
		垂直度	1.8m 高度内偏差小于 5mm	全部	经纬仪或吊线和卷尺
		模板支撑架立杆伸出顶层水平杆长度	符合方案设计要求，且≤650mm	全部	钢板尺
5	水平杆	完整性	纵、横向贯通，不缺失	全部	目测
		步距	符合方案设计要求	全部	目测
		水平度扫地杆距	相邻水平杆高差不小于 5mm 符合方案	全部	水平仪或水平尺
		离地面高度	设计要求，且≤400mm	全部	钢板尺
6		斜撑杆位置和间距	符合方案设计要求	全部	目测
	剪刀撑	间距、跨度	符合方案设计要求	全部	目测、钢板尺
		与地面夹角	45°～60°	全部	目测、钢板尺
		搭接长度及扣件数量	搭接长度≥1m，搭接扣件不少于 2 个	全部	目测、钢板尺

序号	检查项目		质量要求	抽检数量	检验方法
6	剪刀撑	与立杆（水平杆）扣接情况	每步扣接，与节点间距≤150mm	全部	目测、钢板尺
		扣件拧紧力矩	40~65N·m	全部	力矩扳手 复拧
7	双排脚手架连墙件的竖向和水平间距		符合方案设计要求	全部	目测、钢卷尺
8	模板支撑架与既有建筑结构连接点的竖向和水平间距		符合方案设计要求	全部	目测、钢卷尺
9	架体全高垂直度		≤架体搭设高度的1/600，且<35mm	每段内外里面均不少于44根立杆	经纬仪或吊线和卷尺
10	门洞	双排脚手架门洞结构（宽度、高度、专用托梁设置等）	符合方案设计要求	全部	目测、钢卷尺

3.4.5 安全防护设施检查验收项目、质量要求、抽检数量、检验方法应符合表5-11的规定，并应重点检查和验收下列内容：

1. 作业层宽度、脚手板、挡脚板、防护栏杆、安全网、水平防护的设置应齐全、牢固。

2. 梯道或坡道的设置应符合方案设计的要求，防护设施应齐全。

3. 门洞顶部应封闭，两侧应设置防护设施，车行通道门洞应设置交通设施和标志。

表5-11　　　　　　　　　　安全防护设施检查验收

序号	检查验收项目		质量要求	抽检数量	检验方法
1	作业层、作业平台	宽度	符合方案设计要求，且≥900mm	全部	钢板尺
		脚手架材质、规格和安装	符合方案设计要求，铺满、铺稳、铺实	全部	目测、钢板尺
		挡脚板位置和安装	立杆内侧、牢固，高度≥180mm	全部	目测、钢板尺
		安全网	外侧安全网牢固、连续	全部	目测
		防护栏杆高度	立杆内侧、离地高度分别为0.6m（0.5m）、1.2m（1.0m）	全部	目测
		层间防护	脚手板下采用安全平网兜底，水平网竖向间距≤10m，内立杆与建筑物间距离≥150mm时，间隙应封闭	全部	目测、钢卷尺

序号	检查验收项目		质量要求	抽检数量	检验方法
2	梯道、坡道	宽度	符合方案设计要求，且≥900mm	全部	钢板尺
		坡度	梯道坡度≤1∶1，坡道坡度≤1∶3	全部	钢板尺
	梯道、坡道	坡道防滑装置	符合方案设计要求，并完善、有效	全部	目测
		转角平台手板材质、规格和安装	符合方案设计要求，铺满、铺稳、铺实	全部	目测
	梯道、坡道	安全网	牢固、连续	全部	目测
		通道、转角平台防护栏杆高度	立杆内侧、离地高度分别为0.6m（0.5m）、1.2m（1.0m）	全部	目测
3	模板支撑架门洞安全防护	车行通道导向、限高、限宽、减速、防撞等设施及标识、标志	符合方案设计要求，并完善、有效	全部	目测
		顶部封闭、两侧防护栏杆及安全网	符合方案设计要求，并完善、有效	全部	目测

3.4.6 检查验收应具备下列资料：

1. 专项施工方案及变更文件。

2. 周转使用的脚手架构配件使用前的复验合格记录。

3. 构配件进场、基础施工、架体搭设、防护设施施工阶段的施工记录及质量检查记录。

3.4.7 脚手架搭设至设计高度后，在投入使用前，应在阶段检查验收的基础上形成完工验收记录，记录表应符合表5-12的规定。

表 5-12　　　　　　　施 工 验 收 记 录

项目名称				架体类型	双排脚手架　模板支撑架	
搭设部位		搭设高度		搭设高度		施工荷载
检查与验收情况记录						
序号	检查项目	检查内容及要求			实际情况	符合性
1	专项施工方案	搭设前应编制专项施工方案，进行架体结构布置和计算，专项施工方案应经审核、批准				
2	构配件	进场的主要构配件应有产品质量合格证、产品性能检验报告，构配件观感质量、规格尺寸应按规定的抽检数量进行抽检				

序号	检查项目	检查内容及要求	实际情况	符合性
3	地基基础	地基处理和承载力应符合方案设计要求，地基应坚实、平整；垫板的尺寸及铺设方式应符合方案设计要求；立杆与基础应接触紧密；地基排水设施应完善，并符合方案设计要求，排水应畅通；施工记录和实验资料应完整		
4	架体搭设	立杆纵、横间距及水平杆步距应符合方案设计要求；架体水平度和垂直度应符合规范要求；水平杆应纵、横向贯通，不得缺失		
5	杆件连接	碗扣节点组装时，应通过限位销确保上碗扣锁紧水平杆；双排脚手架相邻立杆接头不应在同一步距内		
6	架体构造	扫地杆离地间距、立杆伸出顶层水平杆长度（模板支撑架）、斜撑杆和剪刀撑设置位置和间距、连墙件（双排脚手架）或架体与既有建筑结构连接点（模板支撑架）的竖向和水平间距应符合方案设计和规范要求		
7	可调托撑与底座	螺杆垂直度、插入立杆长度应符合规范要求		
8	安全防护设施	应按方案设计和规范要求设置作业层脚手板、挡脚板、安全网、防护栏杆和专用梯道或坡道；门洞设置应符合方案设计和规范要求		
施工单位检查结论		结论： 检查人员：　　项目技术负责人：　　项目经理：	检查日期：　年　月　日	
监理单位验收结论		结论： 专业监理工程师：　　　　总监理工程师：	验收：　年　月　日	

3.5 安全管理

3.5.1 脚手架验收合格投入使用后，在使用过程中应定期检查，检查项目应符合下列规定：

1. 基础应无积水，基础周边应有序排水，底座和可调拖撑应无松动，立杆应无悬空。

2. 基础应无明显沉降，架体应无明显变形。

3. 立杆、水平杆、斜撑杆、剪刀撑和连墙件应无缺失、松动。

4. 架体应无超载。

5. 模板支撑架检测点应完好。

6. 安全防护设施应齐全有效，无损坏缺失。

3.5.2　当脚手架遇有下列情况之一时，应进行全面检查，确认安全后方可继续使用：

1. 遇有六级及以上的强风后。

2. 冻结的地基解冻后。

3. 停用超过一个月后。

4. 架体遭受外力撞击作用后。

5. 架体部分拆除后。

6. 遇有其他特殊情况后。

7. 其他可能影响架体结构稳定性的特殊情况发生后。

3.5.3　当在双排脚手架上同时有两个及以上操作层作业时，在同一跨距内各操作层的施工均布荷载标准值总和不得超过 $5kN/m^2$。防护脚手架应有限载标志。

3.5.4　当脚手架在使用过程中出现安全隐患时，应及时排除；当出现可能危及人身安全的重大隐患时，应停止架上作业，撤离作业人员，并应组织检查处置。

3.5.5　模板支撑架在使用过程中，模板下严禁人员停留。

3.5.6　模板支撑架的使用应符合下列规定：

1. 浇筑混凝土应在签署混凝土浇筑令后。

2. 混凝土支撑架的使用应符合下列规定。

（1）框架结构中连续浇筑立柱和梁板时，应按先浇筑立柱、后浇筑梁板的顺序进行。

（2）浇筑梁板或悬臂结构，应按从沉降变形大的部位向沉降变形小的部位顺序进行。

3.5.7　双排脚手架在使用过程中，应对整个架体相对主体结构的变形、基础沉降、架体垂直度进行观测。

3.5.8　在影响脚手架地基安全的范围内，严禁进行挖掘作业。

3.5.9　其他要求同扣件式脚手架。

4 承插型盘扣式支架

4.1 构配件

4.1.1 钢管

1. 钢管材质应符合 GB/T 1591《低合金高强度结构钢》。

2. 标准型支架的立杆钢管的外径应为 48.3mm，重型支架的立杆钢管的外径应为 60.3mm，水平杆和水平斜杆钢管的外径应为 48.3mm，竖向斜杆钢管的外径可为 33.7mm、38mm、42.4mm 和 48.3mm，可调底座和可调托撑丝杆的外径应为 38mm。

3. 钢管应平直光滑，不得有裂纹、锈蚀、分层、结疤或毛刺等缺陷。

4. 立杆连接套管可采用铸钢套管或无缝钢管套管。采用铸钢套管形式的立杆连接套长度不应小于 90mm，可插入长度不应小于 75mm；采用无缝钢管套管形式的立杆连接套长度不应小于 160mm，可插入长度不应小于 110mm。套管内径与立杆钢管外径间隙不应大于 2mm。

4.1.2 盘扣节点

1. 连接盘、扣接头、插销的调节手柄采用碳素铸钢制造时，其材料机械性能不得低于 GB/T 11352《一般工程用铸造碳钢件》中牌号为 ZG 230-450 的屈服强度、抗拉强度、延伸率的要求。

2. 杆件焊接制作应在专用工艺装备上进行，各焊接部位应牢固可靠。焊丝宜采用符合现行国家标准中，气体保护电弧焊用碳钢、低合金钢焊丝的要求，有效焊缝高度不应小于 3.5mm。

3. 铸钢或钢板热锻制作的连接盘的厚度不应小于 8mm，允许尺寸偏差应为 ±0.5mm；钢板冲压制作的连接盘厚度不应小于 10mm，允许尺寸偏差应为 ±0.5mm。

4. 铸钢制作的杆端扣接头应与立杆钢管外表面形成良好的弧面接触，并应有不小于 $500mm^2$ 的接触面积。

5. 楔形插销的斜度应确保楔形插销楔入连接盘后能自锁。铸钢、钢板热锻或钢板冲压制作的插销厚度不应小于 8mm，允许尺寸偏差应为 ±0.1mm。

6. 立杆与立杆连接套管应设置固定立杆连接件的防拔出销孔，销孔孔径不应大于 14mm，允许尺寸偏差应为 ±0.1mm；立杆连接件直径宜为 12mm，允许尺寸偏差应为 ±0.1mm。

7. 连接盘与立杆焊接固定时，连接盘盘心与立杆轴心的不同轴度不应大于 0.3mm；以单侧边连接盘外边缘处为测点，盘面与立杆纵轴线正交的垂直度偏差不应大于 0.3mm。

8. 插销外表面应与水平杆和斜杆杆端扣接头内表面吻合，插销连接应保证锤击自锁后不拔脱，抗拔力不得小于 3kN。

9. 插销应具有可靠防拔脱构造措施，且应设置便于目视检查楔入深度的刻痕或颜色标记。

10. 立杆盘扣节点间距宜按 0.5m 模数设置；横杆长度宜按 0.3m 模数设置。

4.1.3 可调底座和可调托座

1. 可调底座的底板和可调托座托板宜采用 Q235 钢板制作，厚度不应小于 5mm，允许尺寸偏差应为 ±0.2mm，承力面钢板长度和宽度均不应小于 150mm；承力面钢板与丝杆应采用环焊，并应设置加劲片或加劲拱度；可调托座托板应设置开口挡板，挡板高度不应小于 40mm。

2. 可调底座及可调托座丝杆与螺母旋合长度不得小于 5 扣，螺母厚度不得小于 30mm，可调托座和可调底座插入立杆内的长度应符合规范规定。

3. 可调托座、可调底座承载力，应符合规范规定。

4.1.4 构配件外观质量应符合要求：

1. 钢管应无裂纹、凹陷、锈蚀，不得采用对接焊接钢管。

2. 钢管应平直，直线度允许偏差应为管长的 1/500，两端面应平整，不得有斜口、毛刺。

3. 铸件表面应光滑，不得有砂眼、缩孔、裂纹、浇冒口残余等缺陷，表面粘砂应清除干净。

4. 冲压件不得有毛刺、裂纹、氧化皮等缺陷。

5. 各焊缝有效高度应符合规定，焊缝应饱满，焊药应清除干净，不得有未焊透、夹渣、咬肉、裂纹等缺陷。

6. 可调底座和可调托座表面宜浸漆或冷镀锌，涂层应均匀、牢固；架体杆件及其他构配件表面应热镀锌，表面应光滑，在连接处不得有毛刺、滴瘤和多余结块。

7. 主要构配件上的生产厂标识应清晰。

4.2 构造技术要求

4.2.1 模板支架

1. 模板支架搭设高度不宜超过 24m；当超过 24m 时，应另行专门设计。

2. 模板支架应根据施工方案计算得出的立杆排架尺寸选用定长的水平杆，并应根据支撑高度组合套插的立杆段、可调托座和可调底座。

3. 模板支架的斜杆或剪刀撑设置应符合下列要求：

(1) 当搭设高度不超过 8m 的满堂模板支架时，步距不宜超过 1.5m，支架架体四周外立面向内的第一跨每层均应设置竖向斜杆，架体整体底层以及顶层均应设置竖向斜杆，并应在架体内部区域每隔 5 跨由底至顶纵、横向均设置竖向斜杆或采用扣件钢管搭设的剪刀撑。当满堂模板支架的架体高度不超过 4 个步距时，可不设置顶层水平斜杆；当架体高度超过 4 个步距时，应设置顶层水平斜杆或扣件钢管水平剪刀撑（见图 5-30 和图 5-31）。

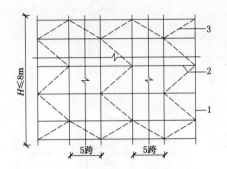 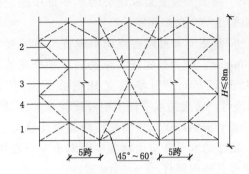

图 5-30 满堂架高度不大于 8m
斜杆设置立面图

图 5-31 满堂架高度不大于 8m
剪刀撑设置立面图

1—立杆；2—水平杆；3—斜杆；4—扣件钢管剪刀撑

（2）当搭设高度超过 8m 的模板支架时，竖向斜杆应满布设置，水平杆的步距不得大于 1.5m，沿高度每隔 4～6 个标准步距应设置水平层斜杆或扣件钢管剪刀撑。周边有结构物时，最好与周边结构形成可靠拉结（见图 5-32）。

4. 当模板支架搭设成无侧向拉结的独立塔状支架时，架体每个侧面每步距均应设竖向斜杆。当有防扭转要求时，在顶层及每隔 3～4 个步距应增设水平层斜杆或钢管水平剪刀撑（见图 5-33）。

5. 对长条状的独立高支模架，架体总高度与架体的宽度之比 H/B 不宜大于 3。

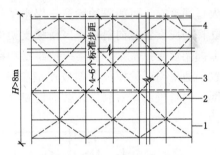

图 5-32 满堂架高度大于 8m 水平
斜杆设置立面图

1—立杆；2—水平杆；3—斜杆；
4—水平层斜杆或扣件钢管剪刀撑

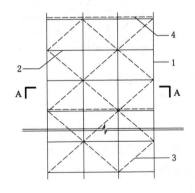 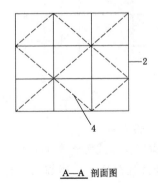

A—A 剖面图

图 5-33 无侧向拉结塔状支模架
1—立杆；2—水平杆；3—斜杆；4—水平层斜杆

6. 模板支架可调托座伸出顶层水平杆或双槽钢托梁的悬臂长度严禁超过 650mm，且丝杆外露长度严禁超过 400mm，可调托座插入立杆或双槽钢托梁长度不得小于 150mm（见图 5-34）。

7. 高大模板支架最顶层的水平杆步距应比标准步距缩小一个盘扣间距。

8. 模板支架可调底座调节丝杆外露长度不应大于 300mm，作为扫地杆的最底层水平杆离地高度不应大于 550mm。当单肢立杆荷载设计值不大于 40kN 时，底层的水平杆步距可按标准步距设置，且应设置竖向斜杆；当单肢立杆荷载设计值大于 40kN 时，底层的水平杆应比标准步距缩小一个盘扣间距，且应设置竖向斜杆。

9. 模板支架宜与周围已建成的结构进行可靠连接。

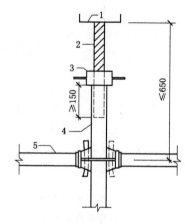

图 5-34 模板支架可调托座示意图

10. 当模板支架体内设置与单肢水平杆同宽的人行通道时，可间隔抽除第一层水平杆和斜杆形成施工人员进出通道，与通道正交的两侧立杆间应设置竖向斜杆；当模板支架体内设置与单肢水平杆不同宽人行通道时，应在通道上部架设支撑横梁，横梁应按跨度和荷载确定。通道两侧支撑梁的立杆间距应根据计算设置，通道周围的模板支架应连成整体。洞口顶部应铺设封闭的防护板，两侧应设置安全网。通行机动车的洞口，必须设置安全警示和防撞设施（见图 5-35）。

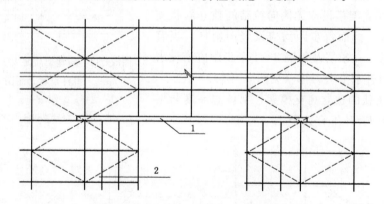

图 5-35 模板支架人行通道设置图
1—支撑横梁；2—立杆加密

4.2.2 双排外脚手架

1. 用承插型盘扣式钢管支架搭设双排脚手架时，搭设高度不宜大于 24m。可根据使用要求选择架体几何尺寸，相邻水平杆步距宜选用 2m，立杆纵距宜选用 1.5m 或 1.8m，且不宜大于 2.1m，立杆横距宜选用 0.9m 或 1.2m。

2. 脚手架首层立杆宜采用不同长度的立杆交错布置，错开立杆竖向距离不应小于 500mm，当需设置人行通道时，立杆底部应配置可调底座。

3. 双排脚手架的斜杆或剪刀撑设置应符合下列要求：

沿架体外侧纵向每 5 跨每层应设置一根竖向斜杆或每 5 跨间应设置扣件钢管剪刀撑，端跨的横向每层应设置竖向斜杆（见图 5-36）。

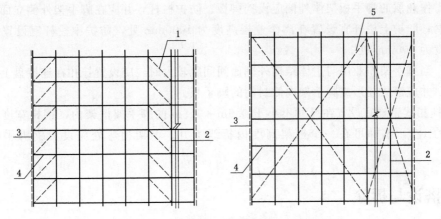

图 5-36 每 5 跨斜杆、剪刀撑设置示意图
1—斜杆；2—立杆；3—两端竖向斜杆；4—水平杆；5—扣件钢管剪刀撑

4. 承插型盘扣式钢管支架应由塔式单元扩大组合而成，拐角为直角的部位应设置立杆间的竖向斜杆。当作为外脚手架使用时，单跨立杆间可不设置斜杆。

5. 当设置双排脚手架人行通道时，应在通道上部架设支撑横梁，横梁截面大小应按跨度以及承受的荷载计算确定，通道两侧脚手架应加设斜杆；洞口顶部应铺设封闭的防护板，两侧应设置安全网；通行机动车的洞口，必须设置安全警示和防撞设施。

6. 对双排脚手架的每步水平杆层，当无挂扣钢脚手架板加强水平层刚度时，应每 5 跨设置水平斜杆（见图 5-37）。

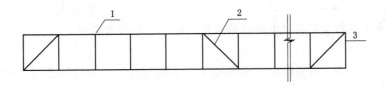

图 5-37 双排脚手架水平斜杆设置示意图
1—立杆；2—水平斜杆；3—水平杆

7. 连墙件设置应符合下列规定：

（1）连墙件必须采用可承受拉压荷载的刚性杆件，连墙件与脚手架立面及墙体应保持垂直，同一层连墙件宜在同一平面，水平间距不应大于 3 跨，与主体结构外侧面距离不宜大于 300mm。

（2）连墙件应设置在有水平杆的盘扣节点旁，连接点至盘扣节点距离不应大于 300mm；采用钢管扣件作连墙杆时，连墙杆应采用直角扣件与立杆连接。

（3）当脚手架下部暂不能搭设连墙件时，宜外扩搭设多排脚手架并设置斜杆形成外侧斜面状附加梯形架，待上部连墙件搭设后方可拆除附加梯形架。

8. 作业层设置应符合下列规定：

（1）钢脚手板的挂钩必须完全扣在水平杆上，挂钩必须处于锁住状态，作业层脚手板应满铺。

（2）作业层的脚手板架体外侧应设挡脚板、防护栏杆，并应在脚手架外侧立面满挂密目安全网；防护上栏杆宜设置在离作业层高度为 1000mm 处，防护中栏杆宜设置在离作业层高度为 500mm 处。

（3）当脚手架作业层与主体结构外侧面间间隙较大时，应设置挂扣在连接盘上的悬挑三脚架，并应铺放能形成脚手架内侧封闭的脚手板。

9. 挂扣式钢梯宜设置在尺寸不小于 0.9m×1.8m 的脚手架框架内，钢梯宽度应为廊道宽度的 1/2，钢梯可在一个框架高度内折线上升；钢架拐弯处应设置钢脚手板及扶手杆。

4.3 搭设与拆除

4.3.1 施工准备

1. 模板支架及脚手架施工前应根据施工对象情况、地基承载力、搭设高度，按基本要求编制专项施工方案，并应经审核批准后实施。

2. 搭设操作人员必须经过专业技术培训和专业考试合格后，持证上岗。模板支架及脚手架搭设前，施工管理人员应按专项施工方案的要求对操作人员进行技术和安全作业交底。

3. 进入施工现场的钢管支架及构配件质量应在使用前进行复检。

4. 经验收合格的构配件应按品种、规格分类码放，并应标挂数量规格铭牌备用。构配件堆放场地应排水畅通、无积水。

5. 当采用预埋方式设置脚手架连墙件时，应提前与相关部门协商，并应按设计要求预埋。

6. 模板支架及脚手架搭设场地必须平整、坚实、有排水措施。

4.3.2 地基与基础

1. 模板支架与脚手架基础应按专项施工方案进行施工，并应按基础承载力要求进行验收。

2. 土层地基上的立杆应采用可调底座和垫板，垫板的长度不宜少于 2 跨。

3. 当地基高差较大时，可利用立杆 0.5m 节点位差配合可调底座进行调整。

4. 模板支架及脚手架应在地基基础验收合格后搭设。

4.3.3 搭设

1. 模板支架搭设

（1）模板支架立杆搭设位置应按专项施工方案放线确定。

（2）模板支架搭设应根据立杆放置可调底座，应按先立杆后水平杆再斜杆的顺序搭设，形成基本的架体单元，应以此扩展搭设成整体支架体系。

（3）可调底座和土层基础上垫板应准确放置在定位线上，保持水平。垫板应平整、无翘曲，不得采用已开裂垫板。

（4）立杆应通过立杆连接套管连接，在同一水平高度内相邻立杆连接套管接头的位置宜错开，且错开高度不宜小于 75mm。模板支架高度大于 8m 时，错开高度不宜小于 500mm。

（5）水平杆扣接头与连接盘的插销应用铁锤击紧至规定插入深度的刻度线。

（6）每搭完一步支模架后，应及时校正水平杆步距，立杆的纵、横距，立杆的垂直偏差和水平杆的水平偏差。立杆的垂直偏差不应大于模板支架总高度的 1/500，且不得大于 50mm。

（7）在多层楼板上连续设置模板支架时，应保证上下层支撑立杆在同一轴线上。

（8）混凝土浇筑前施工管理人员应组织对搭设的支架进行验收，并应确认符合专项施工方案要求后浇筑混凝土。

2. 双排外脚手架搭设

（1）脚手架立杆应定位准确，并应配合施工进度搭设，一次搭设高度不应超过相邻连墙件以上两步。

（2）连墙件应随脚手架高度上升在规定位置处设置，不得任意拆除。

（3）作业层设置要求。

1）应满铺脚手板。

2）外侧应设挡脚板和防护栏杆，防护栏杆可在每层作业面立杆的 0.5m 和 1.0m 的盘扣节点处布置上、中两道水平杆，并应在外侧满挂密目安全网。

3）作业层与主体结构间的空隙应设置内侧防护网。

（4）加固件、斜杆应与脚手架同步搭设。采用扣件钢管做加固件、斜撑时应符合规范规定。

（5）当脚手架搭设至顶层时，外侧防护栏杆高出顶层作业层的高度不应小于 1500mm。

（6）当搭设悬挑外脚手架时，立杆的套管连接接长部位应采用螺栓作为立杆连接件固定。

（7）脚手架可分段搭设、分段使用，应由施工管理人员组织验收，并应确认符合方案要求后使用。

4.3.4　拆除

1. 脚手架应经单位工程负责人确认并签署拆除许可令后拆除。

2. 拆除作业应按先搭后拆、后搭先拆的原则，从顶层开始，逐层向下进行，严禁上下层同时拆除，严禁抛掷。

3. 分段、分立面拆除时，应确定分界处的技术处理方案，并应保证分段后架体稳定。

4. 脚手架拆除时应划出安全区，设置警戒标志，派专人看管。

5. 拆除前应清理脚手架上的器具、多余的材料和杂物。

6. 连墙件应随脚手架逐层拆除，分段拆除的高度差不应大于两步。如因作业条件限制，出现高度差大于两步时，应增设连墙件加固。

4.4　检查与验收

4.4.1　对进入现场的钢管支架构配件的检查与验收规定：

1. 应有钢管支架产品标识及产品质量合格证。

2. 应有钢管支架产品主要技术参数及产品使用说明书。

3. 当对支架质量有疑问时，应进行质量抽检和试验。

4.4.2 模板支架应根据情况按进度分阶段进行检查和验收：

1. 基础完工后及模板支架搭设前。

2. 超过 8m 的高支模架搭设至一半高度后。

3. 搭设高度达到设计高度后和混凝土浇筑前。

4.4.3 脚手架应根据情况按进度分阶段进行检查和验收：

1. 基础完工后及脚手架搭设前。

2. 首段高度达到 6m 时。

3. 架体随施工进度逐层升高时。

4. 搭设高度达到设计高度后。

4.4.4 对模板支架应重点检查和验收内容：

1. 基础应符合设计要求，并应平整坚实，立杆与基础间应无松动、悬空现象，底座、支垫应符合规定。

2. 搭设的架体三维尺寸应符合设计要求，搭设方法和斜杆、钢管剪刀撑等设置应符合本规程规定。

3. 可调托座和可调底座伸出水平杆的悬臂长度应符合设计限定要求。

4. 水平杆扣接头与立杆连接盘的插销应击紧至所需插入深度的标志刻度。

4.4.5 对脚手架应重点检查和验收的内容：

1. 搭设的架体三维尺寸应符合设计要求，斜杆和钢管剪刀撑设置应符合本规程规定。

2. 立杆基础不应有不均匀沉降，立杆可调底座与基础面的接触不应有松动和悬空现象。

3. 连墙件设置应符合设计要求，应与主体结构、架体可靠连接。

4. 外侧安全立网、内侧层间水平网的张挂及防护栏杆的设置应齐全、牢固。

5. 周转使用的支架构配件使用前应做外观检查，并应做记录。

6. 搭设的施工记录和质量检查记录应及时、齐全。

4.4.6 模板支架和双排外脚手架验收后应形成记录。

4.5　安全管理

4.5.1 模板支架和脚手架的搭设人员应持证上岗。

4.5.2 支架搭设作业人员应正确佩戴安全帽、安全带和防滑鞋。

4.5.3 模板支架混凝土浇筑作业层上的施工荷载不应超过设计值。

4.5.4 混凝土浇筑过程中，应派专人在安全区域内观测模板支架的工作状态，发生异常时观测人员应及时报告施工负责人，情况紧急时施工人员应迅速撤离，并应进行相应加固处理。

4.5.5 模板支架及脚手架使用期间，不得擅自拆除架体结构杆件。如需拆除时，必须报请工程项目技术负责人以及总监理工程师同意，确定防控措施后方可实施。

4.5.6 严禁在模板支架及脚手架基础开挖深度影响范围内进行挖掘作业。

4.5.7　拆除的支架构件应安全地传递至地面，严禁抛掷。

4.5.8　高支模区域内，应设置安全警戒线，不得上下交叉作业。

4.5.9　在脚手架或模板支架上进行电气焊作业时，必须有防火措施和专人监护。

4.5.10　模板支架及脚手架应与架空输电线路保持安全距离，工地临时用电线路架设及脚手架接地防雷击措施等应按有关规定执行。

5 门式钢管脚手架

门式钢管脚手架，以门架、交叉支撑、连接棒、挂扣式脚手板、锁臂、底座等组成基本结构，再以水平加固杆、剪刀撑、扫地杆加固，并采用连墙件与建筑物主体结构相连的一种定型化钢管脚手架。

5.1 构配件

5.1.1 门架与配件的钢管应采用 GB/T 3793《直缝电焊钢管》或 GB/T 3091《低压流体输送用焊接钢管》中规定的普通钢管，其材质应符合 GB/T 700《碳素结构钢》中 Q235 级钢的规定。门架与配件的性能、质量及型号的表述方法应符合 JG 13《门式钢管脚手架》的规定。

5.1.2 门架立杆加强杆的长度不应小于门高度的 70%；门架宽度不得小于 800mm，且不宜大于 1200mm。

5.1.3 加固杆钢管应符合 GB/T 3793《直缝电焊钢管》或 GB/T 3091《低压力流体轴送用焊接钢管》中规定的普通钢管，其材质应符合 GB/T 700《碳素结构钢》中 Q235 级钢的规定。宜采用直径 $\phi 42mm \times 2.5mm$ 的钢管，也可采用直径 $\phi 48mm \times 3.5mm$ 的钢管；相应的扣件规格也应分别为 $\phi 42mm$、$\phi 48mm$ 或 $\phi 42mm/\phi 48mm$。

5.1.4 门架钢管平直度允许偏差不应大于管长的 1/500、钢管不得接长使用，不应使用带有硬伤或严重锈蚀的钢管。门架立杆、横杆钢管壁厚的负偏差不应超过 0.2mm。钢管壁厚存在负偏差时，宜选用热镀锌钢管。

5.1.5 交叉支撑、锁臂、连接棒等配件与门架相连时，应有防止退出的止退机构，当连接棒与锁臂一起应用时，连接棒可不受此限。脚手板、钢梯与门架相连的挂扣，应有防止脱落的扣紧机构。

5.1.6 底座、托座及其可调螺母应采用可锻铸铁或铸钢制作，其材质应符合 GB/T 9440《可锻铸铁件》中 KTH—330—08 或 GB/T 11352《一般工程用铸造碳钢件》中 ZG230—450 的规定。

5.1.7 扣件应采用可锻铁或铸钢制作，其质量和性能应符合 GB 15831《钢管脚手架扣件》的要求。连接外径为 $\phi 42mm/\phi 48mm$ 钢管的扣件应有明显标记。

5.1.8 连墙件宜采用钢管或型钢制作，其材质应符合 GB/T 700《碳素结构钢》中 Q235 级钢或 GB/T 1591《低合金高强度结构钢》中 Q345 级钢的规定。

5.1.9 悬挑脚手架的悬挑梁或悬挑桁架宜采用型钢制作，其材质应符合 GB/T 700《碳素结构钢》中 Q235B 级钢或 GB/T 1591《低合金高强度结构》中 Q345 钢的规定。用于固定型钢悬挑梁或悬挑桁架的 U 形钢筋拉环或锚固螺栓材质应符合 GB/T 1499.1《钢筋混凝土用钢 第 1 部分：热轧光圆筋》中 HPB300 级钢筋的规定。

5.2　构造技术要求

5.2.1　门架

1. 配件应与门架配套，在不同架体结构组合工况下，均应使门架连接可靠、方便。
2. 不同型号的门架与配件严禁混合使用。
3. 上下榀门架立杆应在同一轴线位置上、门架立杆轴线的对接偏差不应大于2mm。
4. 门式脚手架的内侧立杆离墙面净距不宜大于150mm；当大于150mm时，应采取内设挑架板或其他隔离防护的安全措施。
5. 门式作业脚手架顶端防护栏杆宜高出女儿墙上端或檐口上端1.5m。

5.2.2　配件

1. 配件应与门架配套，并应与门架连接可靠。
2. 门架的两侧应设置交叉支撑，并应与门架立杆上的锁销锁牢。
3. 上下榀门架的组装必须设置连接棒，连接棒与门架立杆配合间隙不应大于2mm。
4. 门式脚手架或范本支架上下榀门架间应设置锁臂，当采用插销式或弹销式连接棒时，可不设锁。
5. 门式脚手架作业层应连续满铺与门架配套的挂扣式脚手板，并应有防止脚手板松动或脱落的措施。当脚手板上有孔洞时，孔洞的内切圆直径不应大于25mm。
6. 底部门架的立杆下端宜设置固定底座或可调底座。
7. 可调底座和可调托座的调节螺杆直径不应小于35mm，可调底座的调节螺杆伸出长度不应大于200mm。

5.2.3　加固杆

1. 门式脚手架剪刀撑的设置必须符合下列规定：
（1）当门式脚手架搭设高度在24m以下时，在脚手架的转角处、两端及中间间隔不超过15m的外侧立面必须各设置一道剪刀撑，并应由底至顶连续设置。
（2）当脚手架搭设高度超过24m时，在脚手架全外侧立面上必须设置连续剪刀撑。
（3）对于悬挑脚手架，在脚手架全外侧立面上必须设置连续剪刀撑。
2. 剪刀撑的构造应符合下列规定：
（1）剪刀撑斜杆与地面的倾角宜为45°～60°。
（2）剪刀撑应采用旋转扣件与门架立杆扣紧。
（3）剪刀撑斜杆应采用搭接接长，搭接长度不宜小于1000mm，搭接处应采用3个及以上旋转扣件扣紧。
（4）每道剪刀撑的宽度不应大于6个跨距，且不应大于10m；也不应小于4个跨距，且不应小于6m。设置连续剪刀撑的斜杆水平间距宜为6～8m。
3. 门式脚手架应在门架两侧的立杆上设置纵向水平加固杆，并应采用扣件与门架立杆扣紧。水平加固杆设置应符合下列要求：
（1）在顶层、连墙件设置层必须设置。
（2）当脚手架每步铺设挂扣式脚手板时，至少每4步应设置一道，并宜在有连墙件的水平设置。

（3）当脚手架搭设高度小于或等于 40m 时，至少每两步门架应设置一道；当脚手架搭设高度大于 40m 时，每步门架应设置一道。

（4）在脚手架的转角处、开口型脚手架端部的两个跨距内，每步门架应设置一道。

（5）悬挑脚手架每步门架应设置一道。

（6）在纵向水平加固杆设置层面上应连续设置。

4. 在脚手架的底层门架下端应设置纵、横向通长的扫地杆。纵向扫地杆宜固定在紧靠纵向扫地杆下方的距门架立杆上。

5.2.4 转角处门架连接

1. 在建筑物的转角处，门式脚手架内、外两侧立杆上应按步设置水平连接杆、斜撑杆，将转角处的两榀门架连成一体。

2. 连接杆、斜撑杆应采用钢管，其规格应与水平加固杆相同。

3. 连接杆、斜撑杆应采用扣件与门架立杆及水平加固杆扣紧。

5.2.5 连墙件

1. 连墙件设置的位置、数量应按专项施工方案确定，并应按确定的位置设置预埋件。

2. 在门式脚手架的转角处或开口型脚手架端部，必须增设连墙件。连墙件的垂直间距不应大于建筑物的层高，且不应大于 4.0m。

3. 连墙件应靠近门架的横杆设置，距门架横杆不宜大于 200mm。连墙件应固定在门架的立杆上。

4. 连墙件宜水平设置，当不能水平设置时，与脚手架连接的一端，应低于与建筑结构连接的一端，连墙杆的坡度宜小于 1：3。

5. 连墙件的设置除应满足计算要求外，还应满足（表 5-13）规定的要求。

表 5-13　　　　　　　　　连墙件最大间距或最大覆盖面积

序号	脚手架搭设方式	脚手架高度/m	连墙件间距/m		每根连墙件覆盖面积/m²
			竖向	水平向	
1	落地、密目式安全网全封闭	≤40	$3h$	$3l$	≤40
2		>40	$2h$	$3l$	≤27
3		≤40			
4	悬挑、密目式安全网封闭	≤40	$3h$	$3l$	≤40
5		40～60	$2h$	$3l$	≤27
6		>60	$3h$	$2l$	≤20

注　1. 序号 4～6 为架体位于地面上高度。

　　2. 按每根连墙件覆盖面积选择连墙件设置时，连墙件的竖向间距不应大于 6m。

　　3. h 为步距；l 为跨距。

5.2.6 通道口

1. 门式脚手架通道口高度不宜大于 2 个门架高度，宽度不宜大于 1 个门架跨距。

2. 门式脚手架通道口应采取加固措施，并应符合下列规定：

（1）当通道口宽度为一个门架跨距时，在通道口上方的内外侧应设置水平加固杆，水平加固杆应延伸至通道口两侧各一个门架跨距，并在两个上角内外侧应加设斜撑杆。

（2）当通道口宽为两个及以上跨距时，在通道口上方应设置经专门设计和制作的托架梁并应加强两侧的门架立杆。

5.2.7 斜梯

1. 作业人员上下脚手架的斜梯应采用挂扣式钢梯，并宜采用"之"字形设置，一个梯段宜跨越 2 步或 3 步门架再行转折。

2. 钢梯规格应与门架规格配套，并应与门架挂扣牢固。

3. 钢梯应设栏杆扶手、挡脚板。

5.2.8 地基

1. 门式脚手架与范本支架的搭设场地必须平整坚实，并应符合下列规定：

（1）回填土应分层回填，逐层夯实。

（2）场地排水应顺畅，不应有积水。

2. 搭设门式脚手架的地面标高宜高于自然地坪标高 50～100mm。

3. 当门式脚手架与范本支架搭设在楼面等建筑结构上时，门架立杆下宜铺设垫板。

5.2.9 悬挑脚手架

1. 悬挑脚手架的悬挑支承结构应根据施工方案布设，其位置应与门架立杆位置对应，每一跨距宜设置 1 根型钢悬挑梁，并应按确定的位置设置预埋件。

2. 型钢悬挑梁锚固段长度应不小于悬挑段长度的 1.25 倍，悬挑支承点应设置在建筑结构的梁板上，不得设置在外伸阳台或悬挑楼板上（有加固措施的除外）。

3. 型钢悬挑梁宜采用双轴对称截面的型钢。

4. 型钢悬挑梁的锚固段压点应采用不少于 2 个（对）的预埋 U 形钢筋拉环或螺栓固定；锚固位置的楼板厚度不应小于 100mm；锚固悬挑梁的主体结构混凝土实测强度不应低于 C20。

5. 用于锚固的 U 形钢筋拉环或螺栓应采用冷弯成型，钢筋直径不应小于 16mm。

6. 当型钢悬挑梁与建筑结构采用螺栓压板连接固定时，钢压板尺寸不应小于 100mm×100mm（宽×厚）；当采用螺栓角钢压板连接固定时，角钢的规格不应小于 63mm×63mm×6mm。

7. 型钢悬挑与 U 形钢筋拉环或螺径连接应紧固。当采用钢筋拉环连接时，应采用钢楔或硬木楔塞紧；当采用螺栓钢压板连接时，应采用双螺母拧紧。严禁型钢悬挑梁晃动。

8. 悬挑脚手架底层门架立杆与型钢悬挑梁应可靠连接，不得滑动或窜动。型钢梁上应设置固定连接棒与门架立杆连接，连接棒的直径不应小于 25mm，长度不应小于 100mm，应与型钢梁焊接牢固。

9. 悬挑脚手架的底层门架两侧立杆应设置纵向地杆，并应在脚手架的转角处、两端和中间间隔不超过 15m 的底层门架上各设置一道单跨距的水平剪刀撑，剪刀撑斜杆应与门架立杆底部扣紧。

10. 在建筑平面转角处，型钢悬挑梁应经单独计算设置；架体应按步设置水平连接杆，并应与门架立杆或水平加固杆扣紧。

11. 每个型钢悬挑梁外端宜设置钢丝绳或钢拉杆与上一层建筑结构斜拉结，钢丝绳、钢拉杆不得作为悬挑支撑结构的受力构件。

12. 悬挑脚手架在底层应满铺脚手板，并应将脚手板与型钢梁连接牢固。

5.2.10　满堂脚手架

1. 满堂脚手架的门架跨距和间距应根据实际荷载计算确定，门架净间距不宜超过 1.2m。

2. 满堂脚手架的高宽比不应大于 4，搭设高度不宜超过 30m。

3. 满堂脚手架的构造设计，在门架立杆上宜设置托座和托梁，使门架立杆直接传递荷载。门架立杆上设置的托梁应具有足够的抗弯强度和刚度。

4. 满堂脚手架在每步门架两侧立杆上应设置纵向、横向水平加固杆，并应采用扣件与架立杆扣紧。

5. 满堂脚手架的剪刀撑设置应符合下列要求：

（1）搭设高度 12m 及以下时，在脚手架的周边应设置连续竖向剪刀撑；在脚手架内部纵向、横向不超过 8m 设置一道竖向剪刀撑；在顶层应设置连续的水平剪刀撑。

（2）搭设高度超过 12m 时，在脚手架的周边和内部纵向、横向间隔不超过 8m 应设置连续竖向剪刀撑；在顶层和竖向每隔 4 步应设置连续的水平剪刀撑。

6. 在满堂脚手架的底层门架立杆上应分别设置纵向、横向地杆，并采用扣件与门架立杆扣紧。

7. 满堂脚手架顶部作业区应铺满脚手板，并应采用可靠的连接方式与门架横杆固定。操作平台上的孔洞应按规定防护。操作平台周边应设置栏杆和脚手板。

8. 对高宽比大于 2 的满堂脚手架，宜设置缆风绳或连墙件等有效措施防止架体倾覆，缆风绳或连墙件设置宜符合下列规定：

（1）在架体端部及外侧周边水平间距不宜超过 10m，设置宜与竖向剪刀撑位置对应设置。

（2）竖向间距不宜超过 4 步设置。

5.2.11　模板支架

1. 门架的跨与间距根据支架的高度、荷载计算和构造要求确定，门架的跨距不宜超过 1.5m，门架的净间距不宜超过 1.2m。

2. 模板支架的高宽比不应大于 4，搭设高度不宜超过 24m。

3. 模板支架宜按本节相关规定设置托座和托梁，宜采用调节架、可调托座调整高度，可调托调节螺杆的高度不宜超过 300mm。底座和托座与门架立杆轴线的偏差不应大于 2.0mm。

4. 用于支承梁模板的门架，可采用平行或垂直于梁轴线的布置方式。

5. 当梁的模板支架高度较高或荷载较大时，门架可采用复式（重叠）的布置方式。

6. 梁板类结构的模板支架，应分别设计。板支架跨距（或间距）宜是梁支架跨距（或间距）的倍数，梁下横向水平加固杆伸入板支架内不少于 2 根门架立杆，并应与板下门架立杆扣紧。

7. 当模板支架的高宽比大于 2 时，宜按有关要求设置缆风绳或连墙件。

8. 模板支架在支架的四周和内部横向应与建筑结构柱、墙进行刚性连接，连接点应设在水平剪刀撑或水平加固杆设置层，并应与水平杆连接。

9. 模板支架在每步门架两侧立杆上应设置纵向、横向水平加固杆，并应采用扣件与门架立杆扣紧。

10. 模板支架应设置剪刀撑对架体进行加固，剪刀撑的设置应符合下列要求：

（1）在支架的外侧周边及内部纵横向每隔 6～8m，应由底至顶设置连续竖向剪刀撑。

（2）搭设高度 8m 及以下时，在顶层应设置连续的水平剪刀撑；搭设高度超过 8m 时，在顶层和竖向每隔 4 步及以下应设置连续的水平剪刀撑。

（3）水平剪刀撑宜在竖向剪刀撑斜杆交叉层设置。

5.3 搭设与拆除

5.3.1 施工准备

1. 门式脚手架与模板支架搭设与拆除前，应向搭拆和使用人员进行安全技术交底。

2. 门架与配件、加固杆等在使用前应进行检查和验收。

3. 经检验合格的构配件及材料应按品种、规格分类堆放整齐、平稳。

4. 对搭设场地应进行清理、平整，并应做好排水。

5.3.2 地基与基础

1. 门式脚手架与模板支架的地基与基础施工，应符合专项施工方案的要求。

2. 在搭设前，应先在基础上弹出门架立杆位置线，垫板、底座安放位置应准确，标高应一致。

5.3.3 搭设

1. 门式脚手架与模板支架的搭设程序应符合下列规定：

（1）门式脚手架的搭设应与施工进度同步，一次搭设高度不宜超过最上层连墙件两步且自由高度不应大于 4m。

（2）满堂脚手架和模板支架应采用逐列、逐排和逐层的方法搭设。

（3）门架的组装应自一端向另一端延伸，应自下而上按步架设，并应逐层改变搭设方向，不应自两端相向搭设或自中间向两端搭设。

（4）每搭设完两步门架后，应校验门架的水平度及立杆的垂直度。

2. 搭设门架及配件应符合下列要求：

（1）交叉支撑、脚手板应与门架同时安装。

（2）连接门架的锁臂、挂钩必须处于锁住状态。

（3）应采用扣件扣紧在门架立杆上。

（4）在施工作业层外侧周边应设置 180mm 高的挡脚板和两道栏杆，上道栏杆高度应为 1.2m，下道栏杆应居中设置。挡脚板和栏杆均应设置在门架立杆的内侧。

3. 加固杆的搭设应符合下列要求：

（1）水平加固杆、剪刀撑等加固杆件必须与门架同步搭设。

（2）水平加固杆应设于门架立杆内侧，剪刀撑应设于门架立杆外侧。

4. 门式脚手架连墙件的安装必须符合下列规定：

（1）连墙件的安装必须随脚手架搭设同步进行，严禁滞后安装。

（2）当脚手架操作层高出相邻连墙件以上两步时，在连墙件安装完毕前必须采用确保脚手架稳定的临时拉结措施。

5. 加固杆、连墙件等杆件与门架采用扣件连接时，应符合下列规定：

（1）扣件规格应与所连接钢管的外径相匹配。

（2）扣件螺栓拧紧扭力矩值应为 40～65N·m。

（3）杆件端头伸出扣件盖板边缘长度不应小于 100mm。

6. 悬挑脚手架搭设前应检查预埋件和支承型钢悬挑梁的混凝土强度。

7. 满堂脚手架与模板支架的可调底座、可调托座宜采取防止砂浆、水泥浆等污物填塞螺纹的措施。

5.3.4 拆除

1. 架体的拆除应按拆除方案施工，并应在拆除前做好下列准备工作：

（1）应对将拆除的架体进行拆除前的检查。

（2）根据拆除前的检查结果补充完善拆除方案。

（3）清除架体上的材料、杂物及作业面的障碍物。

2. 拆除作业必须符合下列规定：

（1）架体的拆除应从上而下逐层进行。严禁上下同时作业。

（2）同一层的构配件和加固杆件必须按先上后下、先外后内的顺序进行拆除。

（3）连墙件必须随脚手架逐层拆除，严禁先将连墙件整层或数层拆除后再拆架体，拆除作业过程中，当架体的自由高度大于两步时，必须加设临时拉结。

（4）连接门架的剪刀撑等加固杆件必须在拆卸该门架时拆除。

3. 拆卸连接部件时，应先将止退装置旋转至开启位置、然后拆除，不得硬拉，严禁敲击。拆除作业中，严禁使用手锤等硬物击打、撬别。

4. 当门式脚手架需分段拆除时，架体不拆除部分的两端应采取加固措施后再拆除。

5. 架与配件应采用机械或人工运至地面，严禁抛投。

6. 拆卸的门架与配件、加固杆等不得集中堆放在未拆架体上，并应及时检查、整修与保养，并宜按品种、规格分别存放。

5.4 检查与验收

5.4.1 构配件检查与验收

1. 施工现场使用的门架与配件应具有产品质量合格证，应标志清晰，并应符合下列要求：

（1）门架与配件表面应平直光滑、焊缝应饱满，不应有裂缝、开焊、焊缝错位、硬弯、凹痕、毛刺、锁柱弯曲等缺陷。

（2）门架与配件表面应涂刷防锈漆或镀锌。

2. 在施工现场每使用一个安装拆除周期，应对门架、配件采用目测、尺量的方法检测一次。锈蚀深度检查时，锈蚀深度超过规定值时不得使用。

3. 加固杆、连接杆等所用钢管和扣件的质量，应满足下列要求：

（1）应具有产品质量合格证。

（2）严禁使用有裂缝、变形的扣件，出现滑丝的螺栓必须更换。

（3）钢管和扣件应涂有防锈漆。

4. 底座和托座必须有产品质量合格证，在使用前应对调节螺杆与门架立杆配合间隙进行检查。

5. 连墙件、型钢悬挑梁、U形钢筋拉环或锚固螺栓，应具有产品质量合格证或质量检验报告，在使用前应进行外观质量检查。

5.4.2 搭设检查与验收

1. 搭设前，应对门式脚手架或模板支架的地基与基础进行检查，经验收合格后方可搭设。

2. 门式脚手架搭设完毕或每搭设 2 个楼层高度，满堂脚手架、模板支架搭设完毕或每搭设 4 步高度，应对搭设质量及安全进行一次检查，经检验合格后方可交付使用或继续搭设。

3. 在门式脚手架或模板支架搭设质量验收时，应具备下列文件：

（1）专项施工方案。

（2）构配件与材料质量的检验记录。

（3）安全技术交底及搭设质量检验记录。

（4）门式脚手架或模板支架分项工程的施工验收报告。

4. 门式脚手架或模板支架分项工程的验收，除应检查验收文件外，还应对搭设质量进行现场核验，在对搭设质量进行全数检查的基础上，对下列项目应进行重点检验，并应记入施工验收报告：

（1）构配件和加固杆规格、品种应符合设计要求，应质量合格、设置齐全、连接和挂扣紧固可靠。

（2）基础应符合设计要求，应平整坚实，底座、支垫应符合规定。

（3）门架跨距、间距应符合设计要求，搭设方法应符合本章的规定。

（4）连墙件设置应符合设计要求，与建筑结构、架体应连接可靠。

（5）加固杆的设置应符合设计和本章的要求。

（6）门式脚手架的通道口、转角等部位搭设应符合构造要求。

（7）架体垂直度及水平度应检验合格。

（8）悬挑脚手架的悬挑支承结构及与建筑结构的连接固定应符合设计和本章的规定。

（9）安全网的张挂及防护栏杆的设置应齐全、牢固。

5. 门式脚手架与模板支架扣件拧紧力矩的检查与验收，应符合相关规定。

5.4.3 使用过程中检查

1. 门式脚手架与模板支架在使用过程中应进行日常检查，发现同题应及时处理。检查时，下列项目应进行检查：

（1）加固杆、连墙件应无松动，架体应无明显变形。

（2）地基应无积水，垫板及底座应无松动，门架立杆应无悬空。

（3）锁臂、挂扣件、扣件螺栓应无松动。

（4）安全防护设施应符合本章要求。

（5）应无超载使用。

2. 门式脚手架与模板支架在使用过程中遇有下列情况时，应进行检查，确认安全后方可继续使用：

（1）遇有 8 级以上大风或大雨过后。

（2）冻结的地基土解冻后。

（3）停用超过 1 个月。

（4）架体遭受外力撞击等作用。

（5）架体部分拆除。

3. 满堂脚手架与模板支架在施加荷载或浇筑混凝土时，应设专人看护检查，发现异常情况应及时处理。

5.4.4　拆除前检查

1. 门式脚手架在拆除前，应检查架体构造、连墙件设置、节点连接，当发现有连墙件剪刀撑等加固杆件缺少、架体倾斜失稳或门架立杆悬空情况时，对架体应先行加固后再拆除。

2. 模板支架在拆除前，应检查架体各部位的连接构造、加固件的设置，应明确拆除顺序和拆除方法。

3. 在拆除作业前，对拆除作业场地及周围环境应进行检查，拆除作业区内应无障碍物，作业场地临近的输电线路等设施应采取防护措施。

5.5　安全管理

5.5.1　搭拆门式脚手架或模板支架应由专业架子工担任，并应按住房和城乡建设部特种作业人员考核管理规定考核合格，持证上岗。上岗人员应定期进行体检，凡不适合登高作业者，不得上架操作。

5.5.2　搭拆架体时，施工作业层应铺设脚手板，操作人员应站在临时设置的脚手板上进行作业，并应按规定使用安全防护用品，穿防滑鞋。

5.5.3　门式脚手架与模板支架作业层上严禁超载。

5.5.4　严禁将模板支架、缆风绳、混凝土泵管、卸料平台等固定在门式脚手架上。

5.5.5　六级及以上大风天气应停止架上作业；雨、雪、雾天应停止脚手架的搭拆作业；雨、雪、霜后上架作业应采取有效的防滑措施，并应扫除积雪。

5.5.6　门式脚手架与模板支架在使用期间，当预见可能有强风天气所产生的风压值超出设计的基本风压值时，对架体应采取临时加固措施。

5.5.7　在门式脚手架使用期间，脚手架基础附近严禁进行挖掘作业。

5.5.8　满堂脚手架与模板支架的交叉支撑和加固杆，在施工期间不得拆除。

5.5.9　门式脚手架在使用期间，不应拆除加固杆、连墙件、转角处连接杆、通道口斜撑杆等加固杆件。

5.5.10 应避免装卸物料对门式脚手架或模板支架产生偏心、振动和冲击荷载。

5.5.11 门式脚手架外侧应设置密目式安全网，网间应严密，防止坠物伤人。

5.5.12 在门式脚手架或模板支架上进行电、气焊作业时，必须有防火措施和专人看护。

5.5.13 不得攀爬门式脚手架。

5.5.14 搭拆门式脚手架或模板支架作业时，必须设置警戒线、警戒标志，并应派专人看守，严禁非作业人员入内。

5.5.15 对门式脚手架与模板支架应进行日常性的检查和维护，架体上的建筑垃圾或杂物应及时清理。

第六篇

施工临时用电

1 施工临时用电术语

1.1 电力变压器

变压器是电力系统中数量极多且地位十分重要的电气设备，是将电力系统中的电能电压升高或降低，以利于电能的合理输送、分配和使用的一种电能转换器。电力变压器根据绝缘介质的不同，分为油浸式变压器（见图6-1）和干式变压器（见图6-2）。

图6-1 油浸式变压器　　　　　　　　图6-2 干式变压器

油浸式变压器适用于工矿企业、农业、民用建筑等室外场所。干式变压器适用于高层建筑、商业中心、机场、车站、地铁、医院、工厂等室内场所。项目临时用电选用油浸式变压器。

1.2 隔离开关

隔离开关为在分闸位置能够按照规定的要求提供电气隔离断口的机械开关装置（见图6-3）。隔离开关的作用是断开无负荷的电流的电路。使所检修的设备与电源有明显的断开点，以保证检修人员的安全。

图6-3 隔离开关

1.3 断路器

断路器是能够关合、承载和开断正常回路条件下的电流，并能关合在规定时间内承载和开断异常回路条件下的电流的开关装置（见图6-4）。它是一种既有手动开关作用，又能自动进行失压、欠压、过载、和短路保护的电器。

1.4　漏电保护器

漏电保护器，简称漏电开关，又叫漏电断路器（见图 6-5），主要是用来在设备发生漏电故障时以及对有致命危险的人身触电保护，具有过载和短路保护功能，可用来保护线路或电动机的过载和短路，亦可在正常情况下作为线路的不频繁转换启动之用。

图 6-4　断路器

图 6-5　漏电保护器

1.5　三相五线制

三相五线制中三相是指有配电系统中三条线是相线，包含 L1、L2、L3，一条线是指中性线（N 线），另外一条线是指保护零线（PE 线）。N 线是给配电系统提供一个参考点位，让电压稳定在一个固定值的作用。也起到故障电流返回电源的作用，PE 线作用是降低电气装置外露导电部分，在故障时的对地电压或接触电压。N 线和 PE 线的根本差别，在于一个构成工作回路，一个起保护作用，叫做保护接地，一个回电网，一个回大地。PE 线上，不得插接任何开关或熔断器。三相五线制用于安全要求较高，设备要求统一接地的场所（见图 6-6）。

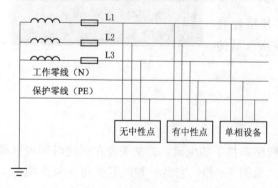

图 6-6　三相五线制（TN-S 系统）

1.6　三级配电

三级配电是指在总配电箱下设分配电箱，分配电箱下设开关箱，开关箱以下是用电设备。开关箱应符合一机、一箱、一闸、一漏规定（见图6-7）。

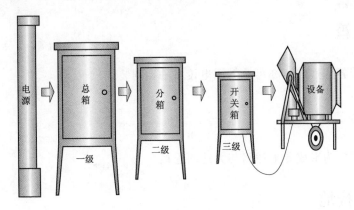

图6-7　三级配电

1.7　两级保护

两级保护是指除在末级开关箱内配置漏电保护器外（见图6-8），在上一级分配电箱或总配电箱中也必须设置漏电保护器（见图6-9），总体形成总配电箱或分配电箱和开关箱装设漏电保护器，做到两级保护。

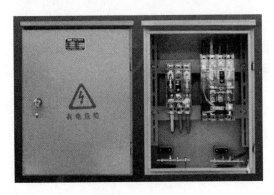

图6-8　开关箱

图6-9　分配电箱

1.8　安全电压

安全电压是指不戴任何防护设备，接触时对人体各部位不造成任何损害的电压。当电气设备采用了超过24V时，必须采取防直接接触带电体的保护措施。

1.9　配电箱

一种专门用作分配电力的配电装置，包括总配电箱和分配电箱，如无特指，总配电箱、分配电箱合称配电箱。

1.10　开关箱

末级配电装置的通称，亦可兼做用电设备的控制装置。

1.11　接地

设备的一部分为形成导电通路与大地的连接。

1.12　工作接地

为了电路或设备达到运行要求的接地，如变压器低压中性点和发电机中性点的接地。

1.13　重复接地

设备接地线上一处或多处通过接地装置与大地再次连接的接地。

1.14　接地装置

接地装置是接地体和接地线的总和。接地体是指埋入土壤中或混凝土中直接与大地接触的起散流作用的金属导体。接地线是连接设备金属结构和接地体的金属导体（包括连接螺栓）。

1.15　接地电阻

接地装置的对地电阻。它是接地线电阻、接地体电阻、接地体与土壤之间的接触电阻和土壤中的散流电阻之和。

接地电阻可以通过计算或测量得到它的近似值，其值等于接地装置对地电压与通过接地装置流入地中电流之比。

2 临时用电组织设计

项目应根据施工现场供电情况，根据 JGJ 46—2005《施工现场临时用电安全技术规范》的规定，按照工程规模、场地特点、负荷性质、用电容量、临时用电条件，合理确定设计方案，选择安全、经济、适用的供用电形式。

2.1 临时用电系统的确定

外部供电系统主要有 TT 方式供电系统和 TN 方式供电系统。按照 JGJ 46—2005《施工现场临时用电安全技术规范》的规定：在施工现场用电工程专用的电源中性点直接接地的 220/380 V 三相四线制低压电力系统中，必须采用 TN-S 接零保护系统。当施工现场与外电线路共用同一供电系统时，电气设备的接地、接零保护应与原系统保持一致。当采用 TN 系统做保护接零时，工作零线（N 线）必须通过总漏电保护器，保护零线（PE 线）必须由电源进线零线重复接地处或总漏电保护器电源侧零线处引出形成局部 TN-S 接零保护系统。

2.2 临时用电供电系统

TN 方式供电系统是将电气设备的金属外壳与工作零线相接的保护系统，称作接零保护系统，用 TN 表示。TN 方式供电系统中，根据其保护零线是否与工作零线分开而划分为 TN-C、TN-S 和 TN-C-S 方式供电系统。

1. TN-C 方式供电系统：是用工作零线兼作接零保护线，可以称作保护中性线，可用 NPE 表示（见图 6-10）。

TN-C 方式供电系统特点：

（1）由于三相负载不平衡，工作零线上有不平衡电流，对地有电压，所以与保护线所联接的电气设备金属外壳有一定的电压。

（2）如果工作零线断线，则保护接零的漏电设备外壳带电。

（3）如果电源的相线碰地，则设备的外壳电位升高，使中性线上的危险电位蔓延。

（4）TN-C 系统干线上使用漏电保护器时，工作零线后面的所有重复接地必须拆除，否则漏电开关合不上；而且，工作零线在任何情况下都不得断线。所以，实用中工作零线只能让漏电保护器的上侧有重复接地。

（5）TN-C 方式供电系统只适用于三相负载基本平衡情况。

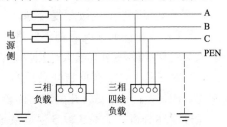

图 6-10 TN-C 方式供电系统

2. TN-S方式供电系统：它是把工作零线 N 和专用保护线 PE 严格分开的供电系统，称作 TN-S 供电系统（见图 6-11）。

TN-S供电系统的特点：

（1）系统正常运行时，专用保护线上不有电流，只是工作零线上有不平衡电流。PE 线对地没有电压，所以电气设备金属外壳接零保护是接在专用的保护线 PE 上，安全可靠。

（2）工作零线只用作单相照明负载回路。

（3）专用保护线 PE 不许断线，也不许进入漏电开关。

（4）干线上使用漏电保护器，工作零线不得有重复接地，而 PE 线有重复接地，但是不经过漏电保护器，所以 TN-S 系统供电干线上也可以安装漏电保护器。

（5）TN-S方式供电系统安全可靠，适用于工业与民用建筑等低压供电系统。在建筑工程施工前的"三通一平"（电通、水通、路通和地平——必须采用 TN-S 方式供电系统）。

3. TN-C-S方式供电系统：在建筑施工临时供电中，如果前部分是 TN-C 方式供电，而施工规范规定施工现场必须采用 TN-S 方式供电系统，则可以在系统后部分现场总配电箱分出 PE 线（见图 6-12）。

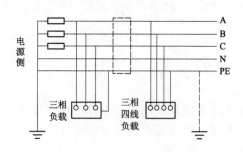

图 6-11　TN-S方式供电系统

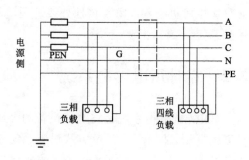

图 6-12　TN-C-S方式供电系统

TN-C-S方式供电系统的特点：

（1）工作零线 N 与专用保护线 PE 相连通，当这段线路不平衡电流比较大时，电气设备的接零保护受到零线电位的影响。D 点至后面 PE 线上没有电流，即该段导线上没有电压降，因此，TN-C-S 系统可以降低电动机外壳对地的电压，然而又不能完全消除这个电压，这个电压的大小取决于 ND 线的负载不平衡的情况及 ND 这段线路的长度。负载越不平衡，ND 线又很长时，设备外壳对地电压偏移就越大。所以要求负载不平衡电流不能太大，而且在 PE 线上应做重复接地。

（2）PE 线在任何情况下都不能进入漏电保护器，因为线路末端的漏电保护器动作会使前级漏电保护器跳闸造成大范围停电。

（3）对 PE 线除了在总箱处必须和 N 线相接以外，其他各分箱处均不得把 N 线和 PE 线相连，PE 线上不许安装开关和熔断器，也不得用大地兼作 PE 线。

通过上述分析，TN-C-S 供电系统是在 TN-C 系统上临时变通的做法。当三相电力变压器工作接地情况良好、三相负载比较平衡时，TN-C-S 系统在施工用电实践中效果还是可行的。但是，在三相负载不平衡、建筑施工工地有专用的电力变压器时，必须采用 TN－S 方式供电系统。

2.3 临时用电方案的编制及实施

　　施工现场临时用电按照 JGJ 46—2005《施工现场临时用电安全技术规范》标准要求，对临时用电进行设计，制定临时用电方案，临时用电方案由电气技术人员进行编制、项目技术负责人进行审核、有关部门批准后实施。

2.3.1　施工现场临时用电设计文件应包括下列内容：

　　1. 现场勘测。

　　2. 确定电源进线、变电所或配电室、配电装置、用电设备位置及线路走向。

　　3. 进行负荷计算。

　　4. 选择变压器。

　　5. 设计配电系统。

　　(1) 设计配电线路，选择导线或电缆。

　　(2) 设计配电装置，选择电器。

　　(3) 设计接地装置。

　　(4) 绘制临时用电工程图纸，主要包括用电工程总平面图、配电装置布置图、配电系统接线图、接地装置设计图。

　　(5) 设计防雷装置。

　　(6) 确定防护措施。

　　(7) 制定安全用电措施和电气防火措施。

2.3.2　临时用电方案的实施。临时用电方案实施前由项目技术负责人对作业人员进行安全技术交底，安全员在实施过程中进行安全监督检查，临时用电施工完毕后进行验收，项目经理组织项目技术负责人、电气技术人员、安全员进行联合验收并签字，验收合格后才能投入使用（见表 6-1）。

表 6-1　　　　　　　　　　　　　施工现场临时用电验收记录表

项目名称			
检查人及验收人员			
序　号	验 收 项 目	验 收 内 容	结果
1	临时用电施工组织设计	是否按临时施工用电组织设计要求实施总体布设	
2	工地临近高压线防护	工地临近高压线应有可靠的防护措施，防护要严密，达到安全要求	
3	支线架设	配电箱引入引出线应采用套管和横担； 进出电线应排列整齐，匹配合理； 严禁使用绝缘差、老化、破皮电线，防止漏电； 应采用绝缘子固定，并架空敷设； 线路过道应有可靠的保护；	

续表

序　号	验 收 项 目	验 收 内 容	结果
3	支线架设	线路直接埋地，敷设深度不小于 0.7m，引出地面从 2m 高度至地下 0.2m 处，必须架设防护套管	
4	现场照明	手持照明灯应使用 36V 以下安全电压； 危险场所用 36V 安全电压，特别危险场所采用 12V； 照明导线应固定在绝缘子上； 现场照明灯应用绝缘橡套电缆，生活照明采用护套绝缘导线； 照明线路及灯具距地面不得小于规定距离，严禁使用电炉； 防止电线绝缘差、老化、破皮、漏电，不得使用碘钨灯	
5	架设低压干线	不得采用竹质电杆，电杆应设横担和绝缘子； 电线不得架设在脚手架或树上等处； 架空线离地按规定应有足够的高度	
6	电箱配电箱	配电箱制作应统一，做到有色标、有编号； 电箱制作应内外涂刷油漆，有防雨措施，门锁安全； 金属电箱外壳应有接地保护，箱内电气装置齐全可靠； 线路、位置安装应合理，有地排、零排，电线进出配电箱应下进下出	
7	开关箱熔丝	开关箱应符合一机一闸一保险，箱内无杂物，不积灰； 配电箱与开关箱之间距离 30m 左右，用电设备与开关箱超过 3m 应加随机开关，配电箱的下沿离地面不小于 1.2m。箱内严禁动力、照明混用；严禁用其他金属丝代替熔丝，熔丝安装应合理	
8	接地或接零	严禁接地接零混接，接地体应符合要求，两根之间距离不小于 2.5m，电阻值为 4Ω，接地体不宜用螺纹钢，按规定设置防雷系统	
9	变配电装置	露天变压器设置符合规范要求，配电间安全防护措施和安全用具、警告标志齐全； 配电间门应朝外开，高处正中装 20cm×30cm 玻璃	

验收意见：

项目负责人：

日期：

2.3.3　临时用电的安全检查

1. 电工必须经过按国家现行标准考核合格后，持证上岗工作；其他用电人员必须通过相关安全教育培训和技术交底，考核合格后方可上岗工作。

2. 安装、巡检、维修或拆除临时用电设备和线路，必须有电工完成，并应有人监护。电工等级应同工程的难易程度和技术复杂性相适应。

3. 各类用电人员应掌握安全用电基本知识和所用设备的性能，使用电气设备前必须按规定穿戴和配备好相应的劳动防护用品，并应检查电气装置和保护设施，严禁设备"带病"运转（见表6-2）。

表6-2   施工现场临时用电检查表

工程名称			受检单位	
检查人			检查日期	
序号	项目	检查内容		检查记录
1	临时用电施工组织设计	是否按临时施工用电组织设计要求实施总体布设		
2	开关板配电箱	配电箱内设电源隔离开关及短路、过载、漏电保护器		
		配电箱内整洁；固定式配电箱、开关箱中心点与地面垂直距离为1.4～1.6m，移动式配电箱、开关箱中心点与地面垂直距离为0.8～1.6m，配电箱、开关箱周围不堆放杂物		
		配电箱内开关、其他电气元件无损坏，露天有防雨罩		
		配电箱应有门，有锁		
		按规定一机一闸一漏，严禁一闸多机		
		检修电气设备时，挂警示牌或专人监护		
		移动式配电箱、开关箱的进、出应采用橡皮护套绝缘电缆，不得有接头		
3	临时线路	绝缘良好，固定处应增加绝缘保护，不得破损，裸露，不得架设在脚手架和树上		
		临时电架空线路高度符合规范要求		
		埋地电缆应设有"走向标识"和"安全标志"，埋地深度不小于0.7m；跨马路段埋地电缆应穿管保护		
		不使用的临时线路应及时回收，线头包扎好		
		所有临时线路布置应规范，美观		
4	其他	定期对施工现场电气系统进行检查，对防雷、接地、接零保护进行检测		
		电气设备按规定接地接零，并设置防雷系统使户外机械设备、金属构件处于保护范围内		
		电焊机等电气设备应采取防浸、防雨、防砸措施，其裸露带电部分还应增设保护罩		
		手持式电动工具的外壳、手柄、插头、开关，负荷线等必须完好无损		
		严禁使用电压等级超过安全电压的临时灯当手持行灯，其行灯电压应小于36V，潮湿场所或金属容器内小于12V		
		电工持证上岗，作业时应佩戴绝缘防护用品		
存在主要问题：			整改措施：	

2.3.4 临时用电安全技术档案管理

1. 施工现场临时用电必须建立安全技术档案，主要包括以下内容：

(1) 用电组织设计的全部资料。

(2) 修改用电组织设计的资料。

(3) 用电技术交底资料。

(4) 用电工程检查验收表。

(5) 接地电阻、绝缘电阻测定记录表。

2. 临时用电安全技术档案由项目工程技术人员负责建立和管理，其中用电组织设计的全部资料、修改用电组织设计的资料、用电安全交底资料、用电工程检查验收表交由项目安全员一份。接地电阻、绝缘电阻测定记录表由项目专职电工定期进行测定并存档，安全员监督检查专职电工的测定情况。

临时用电安全技术档案在临时用电工程拆除后统一归档。

3 配电线路的设计、架设

3.1 配电线材的选择

3.1.1 架空线线材的选择。施工现场临时用电线路必须采用绝缘导线，架空线导线截面的选择应符合下列要求：

1. 导线中的计算负荷电流不大于其长期连续负荷允许载流量。

2. 线路末端电压偏移不大于其额定电压的5%。

3. 三相四线制线路的N线和PE线截面不小于相线截面的50%，单相线路的零线截面与相线截面相同。

4. 按机械强度要求，绝缘铜线截面不小于10mm²，绝缘铝线截面不小于16mm²。

5. 在跨越铁路、公路、河流、电力线路档距内，绝缘铜线截面不小于16mm²，绝缘铝线截面不小于25mm²。

3.1.2 电缆线路线材的选择。电缆中必须包含全部工作芯线和用作保护零线或保护线的芯线。需要三相四线制配电的电缆线路必须采用五芯电缆。五芯电缆必须包含淡蓝、绿/黄两种颜色绝缘芯线。淡蓝色芯线必须用作零线；绿/黄双色芯线必须用作保护线，严禁混用。

电缆截面的选择应符合下列要求：

1. 导线中的计算负荷电流不大于其长期连续负荷允许载流量。

2. 线路末端电压偏移不大于其额定电压的5%。

3. 三相四线制线路的N线和PE线截面不小于相线截面的50%，单相线路的零线截面与相线截面相同。

电缆线材应根据敷设方式、环境条件选择，埋地敷设宜选用铠装电缆；当选用无铠装电缆时，应能防水、防腐。架空敷设宜选用无铠装电缆。

3.2 配电线路附件的选择

3.2.1 架空线路附件的选择。低压架空线路由电杆、导线、横担、绝缘子、金具和拉线等组成（图6-13）。电杆主要作用是支持导线、绝缘子和横担。目前广泛应用钢筋混凝土电杆。导线传输电能，一般采用铝绞线。对于负荷较大、机械强度要求较高的线路，则采用钢芯铝绞线。绝缘子主要用于固定导线，并使导线与电杆绝缘，因此，绝缘子应有一定的电气强度，又要足够的机械强度。常用的绝缘子有针式、蝶式和拉紧绝缘子等（图6-14）。横担是绝缘子的安装架，也是保持导线间距的排列架，低压架空线路中常用木横担和角钢横担（图6-15）。金具用于连接导线，固定横担和绝缘子等金属附件。

金具包括半圆夹板、U 形抱箍、穿心螺栓、扁铁垫块、支撑和花篮螺钉等（见图 6－16）。拉线一般用 3.2～4.0mm 镀锌铁丝或铁线绞成，用于稳固电杆。当负载超过电杆的安全强度时，利用拉线可减小弯曲力矩，当电杆强度很好但基础较差，不能维持电杆的稳固时，也用拉线来补强。

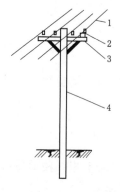

图 6－13　低压架空线路

1—低压导线；2—绝缘子；

3—横担；4—低压电杆

（a）针式绝缘子

（b）蝶式绝缘子

图 6－14　绝缘子

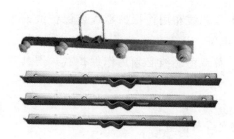

图 6－15　单横担

图 6－16　架空线路金具

1. 架空线路宜采用钢筋混凝土杆或木杆。钢筋混凝土杆不得有漏筋、宽度大于 0.4mm 的裂纹和扭曲；木杆不得腐蚀，其梢径不应小于 140mm。

2. 架空线路横担宜采用角钢或方木。

3. 低压铁横担角钢应按下表选用，方木横担截面应按 80mm/80mm 选用。横担长度两线一般的为：0.7m，三线、四线的为 1.5m，五线的为 1.8m（见表 6－3）。

表 6－3　　　　　　　　　　　　　低压铁横担角钢选用表

导线截面/mm²	直线杆	分支或转角杆	
		二线及三线	四线及以上
16 25 35 50	L50×5	2×L50×5	2×L63×5

续表

导线截面/mm²	直 线 杆	分 支 或 转 角 杆	
		二线及三线	四线及以上
70 95 120	L63×5	2× L63×5	2× L70×5

4. 直线杆和15°以下的转角杆,可以采用单横担单绝缘子,跨越机动车道时采用单横担双绝缘子;15°~45°的转角杆应采用双横担双绝缘子;45°以上的转角杆应采用十字横担。

5. 架空线路绝缘子的选择:直线杆采用针式绝缘子,耐张杆采用蝶式绝缘子。

6. 电杆的拉线应采用镀锌钢绞线,最小规格不应小于35mm²。

3.2.2 直埋线路附件选择。直埋线路附件主要包括铠装电缆、电缆走向标示桩、防护套管等。

1. 直埋线路宜采用有外护层的铠装电缆,当选用无铠装电缆时,应能防水、防腐。铠装电缆绝缘层的外面再加上一层金属或者其他物质,从而保护电缆不会被外界的机械力破坏、被化学气体腐蚀(见图6-17)。

图6-17　铠装电缆

2. 电缆走向标示桩。电缆走向标示桩的安放,直埋电缆在直线段每隔20m处、电缆接头处、转弯处、进入建筑物等处,应设置明显的方位标志或标桩(见图6-18)。

3. 电缆防护套管是以高膨松性玻璃纤维所制成,并覆以厚实的氧化铁红硅胶,能阻挡熔铁喷溅,且不受高温和火焰所损坏,套管内径不应小于电缆外径的1.5倍(见图6-19)。

图6-18　电缆走向标示桩

图6-19　电缆防护套管

3.3 架空线路

3.3.1 架空线应注意事项：

1. 架空线必须采用绝缘导线。

2. 架空线必须架设在专用电杆上，严禁架设在树木、脚手架及其他设施上。

3. 架空线在一个档距内，每层导线的接头数不得超过该导线条数的 50%，且一条导线应只有一个接头；在跨越铁路、公路、河流、电力线路档距内，架空线不得有接头。

3.3.2 架空线路相序排列：

1. 动力、照明在同一横担上架设时，相序排列是：面向负荷从左侧起依次为 L_1、N、L_2、L_3、PE。

2. 动力、照明在二层横担上架设时，相序排列是：上层横担面向负荷从左侧起依次为 L1、L2、L3；下层横担面向负荷从左侧起依次为 L1、(L2、L3)、N、PE。

3. 导线垂直排列时，中性导线（零线）应在下方，它不应高于同一回路的相线。

3.3.3 架空线路的档距、线间距、横担间距：

1. 架空线路的档距不得大于 35m。

2. 架空线路的线间距不得小于 0.3m，靠近电杆的两导线的间距不得小于 0.5m。

3. 架空线路横担间的最小垂直距离：直线杆高压与低压 1.2m、低压与低压 0.6m；分支或转角杆高压与低压 1.0m，低压与低压 0.3m。

3.3.4 电杆和拉线设置：

电杆埋设深度宜为杆长的 1/10 加 0.6m，拉线坑的深度不应小于 1.2m，拉线坑的拉线侧应有斜坡，拉线从导线间穿过时应在高于地面 2.5m 处设置绝缘子，不能设拉线时可采用撑杆代替拉线，撑杆埋设深度不得小于 0.8m，其底部应垫底盘和石块，撑杆与电杆的夹角宜为 30°。

3.3.5 架空线路必须有短路和过载保护。

3.4 直埋线路

3.4.1 直埋电缆应沿道路或建筑物边缘埋设，并宜沿直线敷设，直线段每隔 20m 处、转弯处和中间接头处等设电缆走向标示桩。

3.4.2 电缆直埋时，其表面距地面的距离不宜小于 0.7m，电缆上、下、左、右侧应铺以厚度及宽度不小于 50~100mm 的软土或沙土，上面应覆盖硬质保护层（见图 6-20）。

3.4.3 埋地电缆接头应设在地面上的接线盒内，接线盒应能防水、防尘、防机械损伤，或接头处采取防水措施，且绝缘良好，不得浸泡在水中。

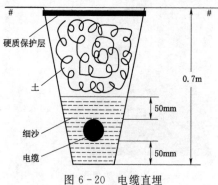

图 6-20 电缆直埋

3.4.4　埋地电缆在穿越建筑物、构建物、道路、易受机械损伤、介质腐蚀场所及引出地面，从 2m 高到地下 0.2m 处必须加设防护套管，防护套管内径不应小于电缆外径的 1.5 倍。

3.4.5　埋地电缆与其附近外电电缆和管沟的平行间距不得小于 2m，交叉间距不得小于 1m。

3.5　其他方式敷设线路

3.5.1　支架方式敷设：

1. 金属支架应可靠接地。

2. 固定点间距应保证电缆能承受自重及风雪等带来的负荷。

3. 电缆应固定牢固，绑扎线应使用绝缘材料。

4. 沿沟、建筑物水平敷设的电缆，距地面高度不宜小于 2.5m。

5. 垂直引上敷设的电缆线路，固定点每楼层不得少于 1 处。

3.5.2　沿墙面或地面敷设：

1. 宜敷设在人不易触及的地方。

2. 敷设路径应有醒目的警告标识。

3. 沿地面明敷的电缆线路应沿建筑物墙体根部敷设，穿越道路或其他易受机械损伤的区域，应采取防机械损伤措施，周围环境应保持干燥；沿墙壁敷设时最大弧垂距地不得小于 2 米。

4. 在电缆敷设路径附近，当有产生明火的作业时，应采取防止火花损伤电缆的措施。

3.5.3　电缆沟内敷设：

1. 电缆沟沟壁、盖板及其材质构成，应满足承受荷载和适合现场环境耐久的要求。

2. 电缆沟应有排水措施。

3.6　外电线路的防护

3.6.1　在建工程不得在外电架空线路正下方施工、搭设作业棚、建造生活设施或堆放构件、架具、材料及其他杂物等。

3.6.2　在建工程（含脚手架）的周边与外电架空线路的边线之间的最小安全操作距离应符合表 6-4 规定（见图 6-21）。上、下脚手架的斜道不宜设在有外电线路的一侧。

表 6-4　　　　　　　　　　外电架空线路的边线之间的最小安全操作距离

外电线路电压等级/kV	<1	1～10	35～110	220	330～500
最小安全操作距离/m	4.0	6.0	8.0	10	15

3.6.3　施工现场的机动车道与外电架空线路交叉时，架空线路的最低点与路面的最小垂直距离应符合表 6-5 规定（见图 6-22）。

表 6-5 　　　　　　　　　　　　机动车道与外电架空线路安全距离

外电线路电压等级/kV	<1	1~10	35
最小垂直距离/m	6.0	7.0	7.0

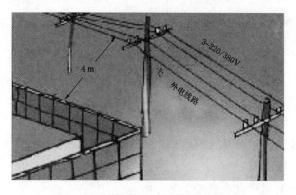

图 6-21　外电架空线路的边线之间的
最小安全操作距离

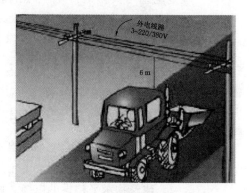

图 6-22　机动车道与外电架
空线路安全距离

3.6.4 起重机严禁越过无防护设施的外电架空线路作业。在外电架空线路附近吊装时，起重机的任何部位或被吊物边缘在最大偏斜时与架空线路边线的最小安全距离应符合表 6-6 规定（见图 6-23）。

表 6-6 　　　　　　　　　　　起重机与外电架空线路安全距离

最小安全距离/m	电压/kV						
	<1	10	35	110	220	330	500
沿垂直方向	1.5	3.0	4.0	5.0	6.0	7.0	8.5
沿水平方向	1.5	2.0	3.5	4.0	6.0	7.0	8.5

3.6.5 施工现场开挖沟槽边缘与外电埋地电缆沟槽边缘之间的距离不得小于 0.5m。

3.6.6 当达不到上述的规定时，必须采取绝缘隔离防护措施，并应悬挂醒目的警告标志。

　　架设防护设施时，必须经有关部门批准，采用线路暂时停电或其他可靠的安全技术措施，并应有电气工程技术人员和专职安全人员监护。防护设施与外电线路之间的安全距离不应小于表 6-7 规定（见图 6-24）。

表 6-7 　　　　　　　　　　防护设施与外电线路之间的安全距离

外电线路电压等级/kV	≤10	35	110	220	330	500
最小安全距离/m	1.7	2.0	2.5	4.0	5.0	6.0

3.6.7 当上一条规定的防护措施无法实现时，必须与有关部门协商，采取停电、迁移外电线路或改变工程位置等措施，未采取上述措施的严禁施工。

3.6.8 在外电架空线路附近开挖沟槽时，必须会同有关部门采取加固措施，防止外电架空线路电杆倾斜、悬倒。

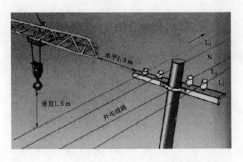

图 6-23　起重机与外电架空线路安全距离

图 6-24　防护设施与外电线路之间的安全距离

4 配电设施的设计

4.1 配电室的设置

低压配电室的设置要求：400kVA 以上容量的变压器的配电必须设置配电室，400kVA 以下容量的变压器的配电可以设置配电室或一级配电箱（见图 6 - 25）。

图 6 - 25 配电室

4.1.1 配电室应靠近电源，并应设在灰尘少、潮气少、振动小、无腐蚀介质、无易燃易爆物及道路畅通的地方，宜方便日常巡检和维护。

4.1.2 成列的配电柜和控制柜两端应与重复接地线及保护零线做电气连接。

4.1.3 能自然通风，并应采取防止雨雪侵入和动物进入措施配电箱的设置。

4.1.4 配电柜正面的操作通道宽度：单列布置或双列背对背布置不小于 1.5m、双列面对面布置不小于 2m。

4.1.5 配电柜后面维护通道宽度：单列布置或双列面对面布置不小于 0.8m、双列背对背布置不小于 1.5m。

4.1.6 侧面的维护通道宽度不小于 1m，顶棚与地面的距离不低于 3m，配电装置的上端距顶棚不小于 0.5m。

4.1.7 配电室内设置值班或检修室时，该室边缘距配电柜的水平距离大于 1m，并采取屏障隔离。

4.1.8 配电室内裸母线与地面垂直距离小于 2.5m 时，采用遮栏隔离，遮拦下面通道的高度不小于 1.9m，配电室围栏上端与其正上方带电部分的净距离不小于 0.075m。

4.1.9 配电室内的母线涂刷有色油漆，标志相序，以柜正面方向为基准其涂色符合表 6 - 8 的规定。

4.1.10 配电室的门向外开、并配锁，配电柜应装设电度表、电压表、电流表、电源隔离开关、漏电保护器等。电源隔离开关分断时应有明显可见分断点，配电柜应编号，并应有用途标记。

表 6 - 8　　　　　　　　　　母　线　涂　色

相　别	颜　色	垂 直 排 列	水 平 排 列	引 下 排 列
L_1（A）	黄	上	后	左
L_2（B）	绿	中	中	中
L_3（C）	红	下	前	右
N	淡蓝			

4.1.11　线路停电维修时，应挂接地线，并应悬挂"禁止合闸、有人工作"停电标志牌，停送电必须由专人负责。配电室内配置消防砂箱和干粉灭火器。

4.2　配电箱的设置

配电箱及开关箱安装使用应符合以下要求。

4.2.1　配电箱、开关箱及漏电保护开关的配置应实行"三级配电、两级保护"（见图6-26），配电箱内电器设置应按"一机一闸一漏"原则设置（见图6-27）。

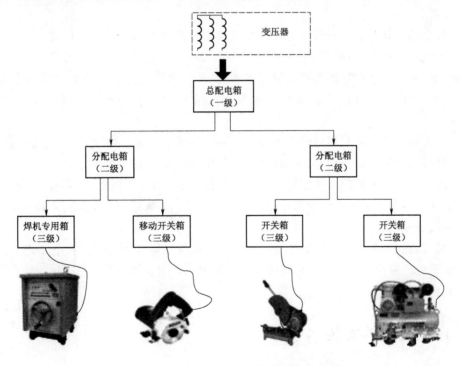

图 6 - 26　"三级配电、两级保护"示意图

4.2.2　配电箱与开关箱的距离不应超过30m，开关箱与其控制的固定式用电设备的水平距离不宜超过3m。

4.2.3　配电箱、开关箱应装设在干燥、通风及常温场所，不应装设在有严重损伤作用的瓦斯、烟气、蒸气、液体及其他有害介质环境中。不应装设在易受外来固体物撞击、强烈振动、液体浸溅及热源烘烤的场所。

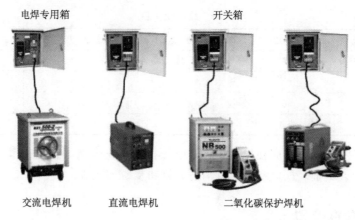

电焊专用箱　　　　　　开关箱

交流电焊机　　直流电焊机　　二氧化碳保护焊机

图 6 - 27　"一机一闸一漏"示意图

4.2.4　用配电箱、开关箱周围应有足够两人同时工作的空间和通道，不应堆放任何妨碍操作、维修的物品，不应有灌木杂草。

4.2.5　动力配电箱与照明配电箱宜分别设置，当合并设置为同一配电箱时，动力和照明应分路配电。

4.2.6　配电箱、开关箱应采用冷轧铁板或优质阻燃绝缘材料制作，铁板厚度应为 1.2～2.0mm，开关箱箱体铁板厚度不得小于 1.2mm，配电箱箱体铁板厚度不得小于1.5mm，箱体表面应做防腐处理。固定式配电箱、开关箱的下底与地面的垂直距离应大于 1.3m，小于 1.5m；移动式分配电箱、开关箱的下底与地面的垂直距离宜大于0.6m 小于 1.5m。

4.2.7　配电箱、开关箱必须分设 N 线端子板和 PE 线端子板，N 线端子板必须与金属电气安装板绝缘，PE 线端子板必须与金属电气安装板做电气连接。

4.2.8　配电箱和开关箱的金属箱体、金属电器安装板以及箱内电器的不应带电金属底座、外壳等应保护接零。保护零线应通过接线端子板连接，金属箱门与金属箱体必须通过采用编织软铜线做电气连接。

4.2.9　配电箱、开关箱中导线的进线口和出线口应设在箱体下底面，配电箱内连接线绝缘层的标识色应符合下列规定：相线应依次为黄绿红，中性线为淡蓝色，保护线为黄绿双色，标识色不应混用。

4.3　电器元件的安装

4.3.1　电压表。电压表是一种进行电压大小测量的仪表产品，具有性能稳定、测量精确度高、维护简便、可靠性高、使用灵活等优点。电压表有三个接线柱，一个负接线柱，两个正接线柱，电压表的正极与电路的正极连接，负极与电路的负极连接（见图 6-28）。

4.3.2　电流表。电流表是一种用来测量电路中电流大小的仪器，电流表必须串联在电路中，使电流从电流表的"＋"接线柱流入，从"－"接线柱流出。

使用电流表的时候，它的两个接线柱不能直接接到电源的两极上，否则由于电流过大而将电流表烧坏。被测电流不应超过电流表的量程（见图6-29）。

（a）指针电压表　　　　　　（b）数字电压表

图6-28　电压表

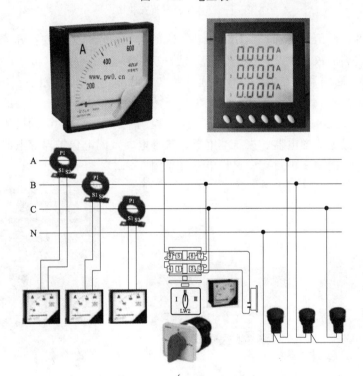

图6-29　电流表及安装图

4.3.3　电能表。电能表是用来测量电能的仪表，民间又称电度表、火表、千瓦小时表，指测量各种电学量的仪表。使用电能表时要注意，在低电压和小电流的情况下，电能表可直接接入电路进行测量。在高电压或大电流的情况下，电能表不能直接接入线路，需配合电压互感器或电流互感器使用（见图6-30）。

4.3.4　互感器。互感器是由闭合的铁芯和绕组组成，原理是依据电磁感应原理。它的作用是可以把数值较大的一次电流通过一定的变比转换为数值较小的二次电流，用来进行保护、测量等用途。如：变比为400/5的电流互感器，可以把实际为400A的电流转变为5A的电流。每个仪表不可能接在实际值很大的导线或母线上，所以要通过互感器将其转

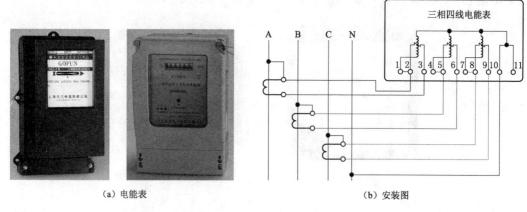

（a）电能表　　　　　　　　　　　　　（b）安装图

图 6 - 30　电能表及安装图

换为数值较小的二次值，再通过变比来反映一次的实际值。互感器安在开关柜内，是为电压表、电流表之类的仪表做继电保护作用（见图 6 - 31）。

4.3.5 断路器。断路器是在电路中作接通分断和承载额定工作电流的电器，并能在线路和电动机械发生过载、短路、欠压的情况下进行可靠的保护。它具有很高的分断能力和限流能力。可用来接通和分断负载电路，也可用来控制不频繁起动的电动机械。它的功能相当于闸刀开关、过电流继电器、失压继电器、热继电器及漏电保护器等电器部分或全部的功能，是低压配电网中一种重要的保护电器（见图 6 - 32）。

图 6 - 31　互感器　　　　　　　　　　　图 6 - 32　断路器

1. 断路器的选择原则

断路器的额定工作电压≥线路额定电压。断路器的额定短路通断能力≥线路计算负载电流。断路器的额定短路通断能力≥线路中可能出现的最大短路电流。线路末端单相对地短路电流≥1.25 倍断路器瞬时脱扣整定电流。断路器欠压脱扣器额定电压等于线路额定电压。断路器的分励脱扣器额定电压等于控制电源电压。

2. 总配电箱、分配电箱及开关箱进线端应设置总断路器、分断路器、开关箱断路器。

3. 如采用分断时具有可见分断点的断路器，可不另设隔离开关。

4. 总断路器的额定值与分断路器的额定值相匹配。

4.3.6 漏电保护器。漏电保护器是指电路中漏电电流超过预定值时能自动动作的开关。其特点是当人身触电时，由零序电流互感器检测出一个漏电电流，使继电器动作，电源开关断开（见图 6 - 33）。

（a）漏电保护器

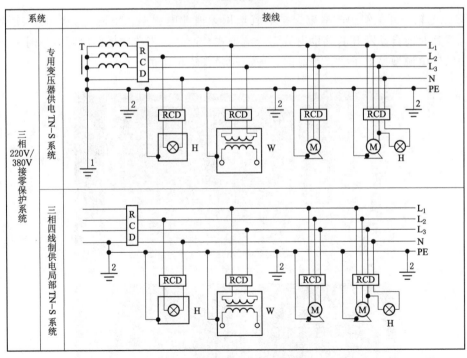

（b）漏电保护器安装示意图

图 6 - 33 漏电保护器及安装示意图

L_1、L_2、L_3—相线；N—工作零线；PE—保持零线、保护线；1—工作接地；

2—重复接地；T—变压器；RCD—漏电保护器；H—照明器；W—电焊机；M—电动机

漏电保护器仅有漏电跳闸的功能，用以对低压电网直接触电和间接触电进行有效保护，也可以作为三相电动机的缺相保护，它有单相的，也有三相的。漏电保护器一般的额定电流较小，可以直接保护电器。

1. 漏电保护器的选择应符合 GB 6829《剩余电流动作保护电器（RCD）的一般要求》和 GB 13955《漏电保护器安装和运行》的规定。

2. 漏电保护器应装设在总配电箱、开关箱靠近负荷的一侧，且不得用于启动电气设备的操作。

3. 总配电箱中漏电保护器的额定漏电动作电流应大于 30mA，额定漏电动作时间应大于 0.1s，但其额定漏电动作电流与额定漏电动作时间的乘积不应大于 30mA·s。

4. 开关箱中漏电保护器的额定漏电动作电流不应大于 30mA，额定漏电动作时间不应大于 0.1s。

5. 使用于潮湿或有腐蚀介质场所的漏电保护器应采用防溅型产品，其额定漏电动作电流不应大于 15mA，额定漏电动作时间不应大于 0.1s。

6. 总配电箱和开关箱中两级漏电保护器的额定漏电动作电流和额定漏电动作时间应作合理配合，使之具有分级分段保护的功能。

7. 总配电箱和开关箱中漏电保护器的极数和线数必须与其负荷侧负荷的相数和线数一致。

8. 配电箱、开关箱中的漏电保护器宜选用无辅助电源型（电磁式）产品，或选用辅助电源故障时能自动断开的辅助电源型（电子式）产品。当选用辅助电源故障时不能自动断开的辅助电源型（电子式）产品时，应同时设置缺相保护。

图 6-34　端子、连接线

9. 工作零线不得在漏电保护器负荷侧重复接地，否则漏电保护器不能正常工作。采用漏电保护器的支路，其工作零线只应作为本回路的零线，不得与其他回路工作零线相连，其他线路或设备也不能借用已采用漏电保护器后的线路或设备的工作零线。

10. 在使用中要按照使用说明书的要求使用漏电保护器，并按规定每月检查一次，即操作漏电保护器的试验按钮，检查其是否能正常断开电源。在检查时注意操作试验按钮的时间不应太长，宜采用点动，次数也不应太多，以免烧毁内部元件。

4.3.7　端子、连接线

1. 配电箱的电器安装板上必须分设 N 线端子板和 PE 线端子板。N 线端子板必须与金属电安装板绝缘；PE 线端子板必须与金属电器安装板做电气连接。

2. 进出线中的 N 线必须通过 N 线端子板连接；PE 线必须通过 PE 线端子板连接。

3. 配电箱、开关箱的金属箱体、金属电器安装板以及电器正常不带电的金属底座、外壳等必须通过 PE 线端子板与 PE 线做电气连接，金属箱门与金属箱必须通过采用编织软铜线做电气连接（见图 6 - 34）。

4.4　电器设备防护

4.4.1　电器设备现场周围不得存放易燃易爆物、污源和腐蚀介质，否则应予清除或做防护处置，其防护等级必须与环境条件相适应。

4.4.2　电器设备设置场所应能避免物体打击和机械损伤，否则应做防护处置。

4.4.3　各类配电箱、开关箱外观应完整、牢固、防雨、防尘，箱体外应涂安全色标，统一编号，箱内无杂物。

4.4.4　停止使用的配电箱应切断电源，箱门上锁。固定式配电箱应设围栏，并设防雨、防砸措施。

4.4.5　配电箱、开关箱中导线的进出口和出线口应设在箱体的下底面，严禁设在箱体的上顶面、侧面、后面或箱门处。进出线应加护套分路成束并做防水弯，导线束不得与箱体进出口直接接触。移动式配电箱和开关箱的进出线必须采用橡皮绝缘电缆。

4.4.6　所有配电箱、开关箱应由专人负责。且应每月定期检修一次。检查、维修人员必须是专业电工，检查、维修时必须按规定穿戴绝缘鞋、手套、必须使用电工绝缘工具。

5 接 地 系 统

　　接地是施工现场临时用电系统安全运行必须实施的基础性技术措施。在施工现场临时用电工程中主要有以下几种类型的接地：电力变压器二次侧中性点直接接地；保护接零线（PE线）做重复接地；电气设备外露可导电部分通过保护接零线（PE线）接地（保护性接地）；高大建筑机械和高架金属设施防雷接地；产生静电的设备防静电接地等。

　　接地装置是接地体和接地线的总和，而接地体又有人工接地体和自然接地体。人工接地体是由人工埋入地下的接地体，宜选用角钢、钢管或光面圆钢等材料，不得采用铝材和螺纹钢等（见图6-35）；自然接地体是指原已埋入地下并与大地作良好电气连接的金属结构体，例如埋入地下的钢筋混凝土中的钢筋结构体、金属井管、金属水管、其他金属管道（燃气管道除外）等。接地线是指连接设备金属结构和接地体的金属导体（包括连接螺栓），埋入地下的接地线宜选用镀锌扁钢等。为了保证施工现场用电安全，必须严格执行规范要求，确保供电系统和用电设备的接地保护可靠有效。

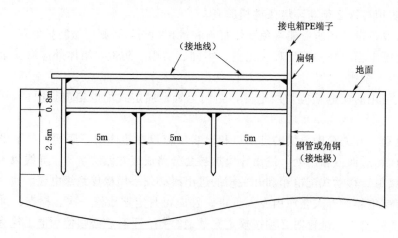

图6-35　人工接地系统

5.1　一般规定

5.1.1　在施工现场专用变压器的供电的TN-S接零保护系统中，电气设备的金属外壳必须与保护零线连接（见图6-36）。保护零线应由工作接地线、配电室（总配电箱）电源侧零线或总漏电保护器电源侧零线处引出。

5.1.2　当施工现场与外电线路共用同一供电系统时，电气设备的接地、接零保护应与原系统保护一致。不得一部分设备做保护接零，另一部分设备做保护接地。

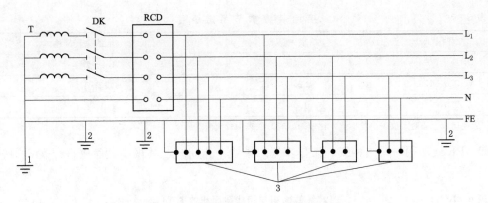

图 6-36 专用变压器供电 TN-S 接零保护系统示意

1—工作接地；2—PE 线重复接地；3—电气设备金属外壳（正常不带电的外露可导电部分）；T—变压器

5.1.3 采用 TN 系统做保护接零时，工作零线（N 线）必须通过总漏电保护器，保护零线（PE 线）必须由电源进线零线重复接地处或总漏电保护器电源侧零线处，引出形成局部 TN-S 接零保护系统（见图 6-37）。

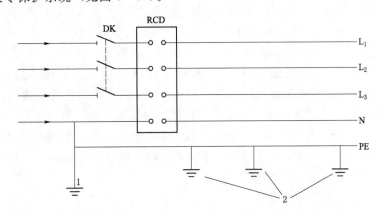

图 6-37 三相四线供电时局部 TN-S 接零保护系统保护零线引出示意图

1—NPE 线重复接地；2—PE 线重复接地；L₁、L₂、L₃—相线；N—工作零线；PE—保护零线；

DK—总电源隔离开关；RCD—总漏电保护器（兼有短路、过载、漏电保护功能的漏电断路器）

5.1.4 在 TN 接零保护系统中，通过总漏电保护器的工作零线与保护零线之间不得再做电气连接。

5.1.5 在 TN 接零保护系统中，PE 零线应单独敷设。重复接地线必须与 PE 线相连接，严禁与 N 线相连接。

5.1.6 使用一次侧由 50V 以上电压的接零保护系统供电，二次侧为 50V 及以下电压的安全隔离变压器时，二次侧不得接地，并应将二次线路用绝缘管保护或采用橡皮护套软线。

当采用普通隔离变压器时，其二次侧一端应接地，且变压器正常不带电的外露可导电部分应与一次回路保护零线相连接。

以上变压器尚应采取防直接接触带电体的保护措施。

5.1.7 施工现场的临时用电电力系统严禁利用大地做相线或零线。

5.1.8 接地装置的设置应考虑土壤干燥或冻结等季节变化的影响，并应符合表 6-9 的规定。

表 6 - 9 接 地 装 置 季 节 系 数 Φ 值

埋深/m	水 平 接 地 体	长 2~3m 的 垂 直 接 地 体
0.5	1.4~1.8	1.2~1.4
0.8~1.0	1.25~1.45	1.15~1.3
2.5~3.0	1.0~1.1	1.0~1.1

注：大地比较干燥时，取表中较小值；比较潮湿时，取表中较大值。

5.1.9 PE 线所用材质与相线、工作零线（N 线）相同时，其最小截面应符合表 6 - 10 的规定。

表 6 - 10 PE 线截面积与相线截面积的关系

相线芯线截面 S/mm^2	PE 线最小截面/mm^2	相线芯线截面 S/mm^2	PE 线最小截面/mm^2
$S \leq 16$	S	$S > 35$	$S/2$
$16 < S \leq 35$	16		

5.1.10 保护零线必须采用绝缘导线。

5.1.11 配电装置和电动机械相连接的 PE 线应为截面不小于 2.5mm^2 的绝缘多股铜线。手持式电动工具的 PE 线应为截面不小于 1.5mm^2 的绝缘多股铜线。

5.1.12 PE 线上严禁装设开关或熔断器，严禁通过工作电流，且严禁断线。

5.1.13 相线、N 线、PE 线的颜色标记必须符合以下规定：相线 L_1（A）、L_2（B）、L_3（C）相序的绝缘颜色依次为黄色、绿色、红色；N 线的绝缘颜色为淡蓝色；PE 线的绝缘颜色为绿/黄双色。任何情况下上述颜色标记严禁混用和互相代用。

5.1.14 保护接零。在 TN 系统中，下列电气设备不带电的外露可导电部分应做保护接零：

1. 电机、变压器、电器、照明器具、手持式电动工具的金属外壳。
2. 电气设备传动装置的金属部件。
3. 配电柜与控制柜的金属框架。
4. 配电装置的金属箱体、框架及靠近带电部分的金属围栏和金属门。
5. 电力线路的金属保护管、敷线的钢索、起重机的底座和轨道、滑升模板金属操作平台等。
6. 安装在电力线路杆（塔）上的开关、电容器等电气装置的金属外壳及支架。
7. 城防、人防、隧道等潮湿或条件特别恶劣施工现场的电气设备必须采用保护接零。

5.1.15 TN 系统中，下列电气设备不带电的外露可导电部分，可不做保护接零：

1. 在木质、沥青等不良导电地坪的干燥房间内，交流电压 380V 及以下的电气装置金属外壳（当维修人员可能同时触及电气设备金属外壳和接地金属的件的除外）。
2. 安装在配电柜、控制柜金属框架和配电箱的金属箱体上，且与其可靠电气连接的电气测量仪表、电流互感器、电器的金属外壳。

5.2 保护接地的敷设

5.2.1 接地装置的设置应考虑土壤受干燥、冻结等季节因素的影响，并应使接地电阻在各季节均能保证达到所要求的值。

5.2.2 保护导体（PE）上严禁装设开关或熔断器。

5.2.3 用电设备的保护导体（PE）不应串联连接，应采用焊接、压接、螺栓连接或其他可靠方法连接。

5.2.4 严禁利用输送可燃液体、可燃气体或爆炸性气体的金属管道作为电气设备的接地保护导体（PE）。

5.2.5 发电机中性点应接地，且接地电阻不应大于4Ω；发电机组的金属外壳及部件应可靠接地。

5.2.6 接地装置的敷设应符合下列要求（见图6-38）：

1. 人工接地体的顶面埋设深不宜小于0.6m。

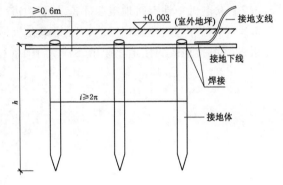

图6-38 接地装置示意图

2. 人工垂直接地体宜采用热浸镀锌圆钢、角钢、钢管，长度宜为2.5m；人工水平接地体宜采用热浸镀锌的扁钢或圆钢；圆钢直径不应小于12mm；扁钢、角钢等型钢截面不应小于90mm²，其厚度不应小于3mm；钢管壁厚不应小于2mm；人工接地体不得采用螺纹钢筋。

3. 人工垂直接地体的埋设间距不宜小于5mm。

4. 接地装置的焊接应采用搭接焊接，搭接长度等应符合下列要求：

（1）扁钢与扁钢搭接为其宽度的2倍，不应少于三面施焊。

（2）圆钢与圆钢搭接为其直径的6倍，应双面施焊。

（3）圆钢与扁钢搭接为圆钢直径的6倍，应双面施焊。

（4）扁钢与钢管，扁钢与角钢焊接，应紧贴3/4钢管表面或角钢外侧两面，上下两侧施焊。

5. 除埋设在混凝土中的焊接接头以外，焊接部位应做防腐处理。

当利用自然接地体接地时，应保证其有完好的电气通路。

6. 接地线应直接接至配电箱保护导体（PE）汇流排；接地线的截面应与水平接地体的截面相同。

5.3 接地电阻

5.3.1 单台容量超过100kVA或使用同一接地装置并联运行且总容量超过100kVA的电力变压器或发电机的工作接地电阻值不得大于4Ω。

5.3.2 单台容量不超过100kVA或使用同一接地装置并联运行且总容量不超过100kVA的电力变压器或发电机的工作接地电阻值不得大于10Ω。

5.3.3 在土壤电阻率大于1000Ω·m的地区，当达到上述接地电阻值有困难时，工作接地电阻值可提高到 30Ω。

5.3.4 在 TN 系统中，保护零线每一处重复接地装置的接地电阻值不应大于 10Ω。在工作接地电阻值允许达到 10Ω 的电力系统中，所有重复接地的等效电阻值不应大于 10Ω。

5.3.5 总配电箱、分配电箱及架空线路终端，其保护导体（PE）应做重复接地，接地电阻不宜大于 10Ω。

5.3.6 当高压设备的保护接地与变压器的中性点接地分开设置时，变压器中性点接地的接地电阻不应大于 4Ω；当受条件限制高压设备的保护接地与变压器的中性点接地无法分开设置时，变压器中性点的接地电阻不应大于 1Ω。

5.3.7 发电机中性点接地电阻不应大于 4Ω。

5.3.8 在有静电的施工现场内，对集聚在机械设备上的静电应采取接地泄漏措施。每组专设的静电接地体的接地电阻值不应大于 100Ω，高土壤电阻率地区不应大于 1000Ω。

6 防 雷

夏季是雷电天气的多发时节，雷电产生的高温、猛烈的冲击波以及强烈的电磁辐射等物理效应，使其能在瞬间产生巨大的破坏作用，常常会造成人员伤亡，建筑物损坏、供配电系统瘫痪。

6.1 一般规定

6.1.1 位于山区或多雷地区的变电所、箱式变电站、配电室应装设防雷装置；高压架空线路及变压器高座侧应装设避雷器；自室外引入有重要电气设备的办公室的低压线路宜装设电涌保护器。

6.1.2 施工现场和临时生活区的高度在 20m 及以上的钢脚手架、幕墙金属龙骨、正在施工的建筑物以及塔式起重机、井子架、施工升降机、机具、烟囱、水塔等设施，均应设有防雷保护措施。当以上设施在其他建筑物或设施的防雷保护范围之内时，可不再设置。

6.1.3 设有防雷保护措施的机械设备，其上的金属管路应与设备的金属结构体做电气连接，机械设备的防雷接地与电气设备的保护接地可共用同一接地体。

6.2 防雷设施的设置

6.2.1 在土壤电阻率低于 200Ω·m 区域的电杆可不另设防雷接地装置，但在配电室的架空进线或出线处应将绝缘子铁脚与配电室的接地装置相连接。

6.2.2 施工现场内的起重机、井字架、龙门架等机械设备，以及钢脚手架和正在施工的在建工程等的金属结构，当在相邻建筑物、构筑物等设施的防雷装置接闪器的保护范围以外时，应按表 6-11 规定装防雷装置。

表 6-11 施工现场内机械设备及高架设施需安装防雷装置规定

地区年平均雷暴日/d	机械设备高度/m	地区年平均雷暴日/d	机械设备高度/m
≤15	≥50	≥40，<90	≥20
>5，<40	≥32	≥90 及雷害特别严重地区	≥12

当最高机械设备上避雷针（接闪器）的保护范围能覆盖其他设备，且又最后退出于现场，则其他设备可不设防雷装置。

6.2.3 机械设备或设施的防雷引下线可利用该设备或设施的金属结构体，但应保证电气连接。

6.2.4 机械设备上的避雷针（接闪器）长度应为 1~2m。塔式起重机可不另设避雷针（接闪器）。

6.2.5　安装避雷针（接闪器）的机械设备，所有固定的动力、控制、照明、信号及通信线路，宜采用钢管敷设。钢管与该机械设备的金属结构体应做电气连接。

6.2.6　施工现场内所有防雷装置的冲击接地电阻值不得大于 30Ω。

6.2.7　做防雷接地机械上的电气设备，所连接的 PE 线必须同时做重复接地，同一台机械电气设备的重复接地和机械的防雷接地可共用同一接地体，但接地电阻应符合重复接地电阻值的要求。

7 安 全 电 压

安全电压是指不戴任何防护设备，接触时对人体各部位不造成任何损害的电压。

7.1 安全电压特性

安全电压特性是为防止触电事故而采用的由特定电源供电的电压系列，此电压系列的上限值，在正常和故障的情况下，任何两导体间或任一导体与地之间均不得的超过交流有效值50V。当电气设备采用了超过24V时，必须采取防直接接触带电体的保护措施。

7.2 使用安全电压要求

7.2.1 在地下室内或潮湿场所施工或施工现场照明灯具安装高度低于2.5m，必须使用36V以下安全电压的照明变压器和照明灯具。

7.2.2 在潮湿和易触及带电体场所的照明电源电压不得大于24V。

7.2.3 在特别潮湿的场所，导电良好的地面、金属容器内工作的照明电源电压不得大于12V。

7.2.4 照明变压器必须采用双绕组型（严禁使用自耦变压器），一次、二次侧均应装熔断器，其金属外壳做好保护接零；安全电压照明灯具，采用有良好绝缘且防热、防潮手柄的行灯，有保护罩，行灯的电源线采用三芯橡套软电缆。

8 一般电动机械及手持
电动工具的安全要求

8.1 一般规定

施工现场电动机械和手持式电动工具的选购、使用、检查和维修应符合以下规定：

8.1.1 选购的电动建筑机械、手持式电动工具及其用电安全装置符合相应的国家现行有关强制性标准的规定，且具有产品合格证和使用说明书。

8.1.2 建立和执行专人专机负责制，并定期检查和维修保养。

8.1.3 接地符合要求，运行时产生振动的设备的金属基座、外壳与 PE 线的连接点不少于 2 处。

8.1.4 漏电保护符合要求。

8.1.5 按使用说明书使用、检查、维修。

8.1.6 塔式起重机、外用电梯、滑升模板的金属操作平台及需要设置避雷装置的物料提升机，除应连接 PE 线外，还应做重复接地。设备的金属结构构件之间应保证电气连接。

8.1.7 手持式电动工具中的塑料外壳Ⅱ类工具和一般场所手持式电动工具中的Ⅲ类工具可不连接凹线。

8.1.8 电动建筑机械和手持式电动工具的负荷线应按其计算负荷选用无接头的橡皮护套铜芯软电缆，其性能应符合现行国家标准。电缆芯线数应根据负荷及其控制电器的相数和线数确定：三相四线时，应选用五芯电缆；三相二线时，应选用四芯电缆；当三相用电设备中配置有单相用电器具时，应选用五芯电缆；单相二线时，应选用三芯电缆。电缆芯线应符合规定，其中 PE 线应采用绿/黄双色绝缘导线。

8.1.9 每一台电动建筑机械或手持式电动工具的开关箱内，除应装设过载、短路、漏电保护电器外，还应按要求装设隔离开关或具有可见分断点的断路器，以及按照要求装设控制装置。正、反向运转控制装置中的控制电器应采用接触器、继电器等自动控制电器，不得采用手动双向转换开关作为控制电器。

8.1.10 交流电焊机械应配装防二次侧触电保护器。

电焊机是利用正负两极在瞬间短路时产生的高温电弧来熔化电焊条上的焊料和被焊材料，使被接触物相结合的目的。其结构十分简单，就是一个大功率的变压器。电焊机一般按输出电源种类可分为两种：一种是交流电源；另一种是直流电。它们利用电感的原理，电感量在接通和断开时会产生巨大的电压变化，利用正负两极在瞬间短路时产生的高压电弧来熔化电焊条上的焊料，来使它们达到原子结合的目的。

交流电焊机实质上是一种特殊的降压变压器。将 220V 和 380V 交流电变为低压的交流电，交流电焊机既是输出电源种类为交流电源的电焊机。由于交流电焊机的空载电压可达到 50～90V，是不安全的，发生伤人事故也相当严重。为防止此类事故发生，所以按

GB 10235—2016《弧焊变压器防触电装置》规定了除在一次侧加装漏电保护器外，还应有二次侧也加装二次空载降压触电保护器。此装置可以把空载电压降到 35～24V 以下，因此完全能防止触电事故的发生（见图 6-39）。

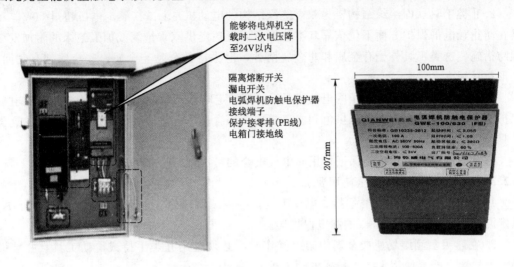

图 6-39　电焊机二次降压触电保护器

8.2　手持电动机具安全使用常识

8.2.1　手持电动机具在使用中需要经常移动，其振动较大，比较容易发生触电事故。而这类设备往往是在工作人员紧握之下运行的，因此，手持电动机具比固定设备更具有较大的危险性。

8.2.2　手持电动机具的分类。手持电动机具按触电保护分为Ⅰ类工具、Ⅱ类工具和Ⅲ类工具（见图 6-40）。

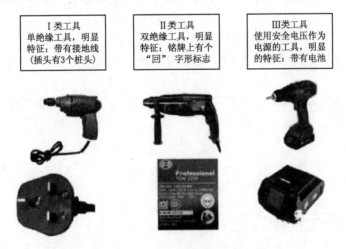

图 6-40　Ⅰ类、Ⅱ类和Ⅲ类工具

1. Ⅰ类工具（即普通型电动机具）。其额定电压超过 50V。工具在防止触电的保护方面不仅依靠其本身的绝缘，而且必须将不带电的金属外壳与电源线路中的保护零线作可靠连接，这样才能保证工具基本绝缘损坏时不成为导电体。这类工具外壳一般都是全金属。

2. Ⅱ类工具（即绝缘结构皆为双重绝缘结构的电动机具）。其额定电压超过 50V。工具在防止触电的保护方面不仅依靠基本绝缘，而且还提供双重绝缘或加强绝缘的附加安全预防措施。这类工具外壳有金属和非金属两种，但手持部分是非金属，非金属处有"回"字形符号标志。

3. Ⅲ类工具（即特低电压的电动机具）。其额定电压不超过 50V。工具在防止触电的保护方面依靠由安全特低电压供电和在工具内部不含产生比安全特低电压高的电压。这类工具外壳均为全塑料。

4. Ⅱ类、Ⅲ类工具都能保证使用时电气安全的可靠性，不必接地或接零。

8.2.3　手持电动机具的安全使用要求：

1. 一般场所应选用Ⅰ类手持式电动工具，并应装设额定漏电动作电流不大于 15mA，额定漏电动作时间小于 0.1s 的漏电保护器。

2. 在露天、潮湿场所或金属构架上操作时，必须选用Ⅱ类手持式电动工具，并装设漏电保护器，严禁使用Ⅰ类手持式电动工具。

3. 负荷线必须采用耐用的橡皮护套铜芯软电缆。

单相用三芯（其中一芯为保护零线）电缆；三相用四芯（其中一芯为保护零线）电缆；电缆不得有破损或老化现象，中间不得有接头。

4. 手持电动工具应配备装有专用的电源开关和漏电保护器的开关箱，严禁 1 台开关接 2 台以上设备，其电源开关应采用双刀控制。

5. 手持电动工具开关箱内应采用插座连接，其插头、插座应无损坏，无裂纹，且绝缘良好。

6. 使用手持电动工具前，必须检查外壳、手柄、负荷线、插头等是否完好无损，接线是否正确（防止相线与零线错接）；发现工具外壳、手柄破裂，应立即停止使用并进行更换。

7. 非专职人员不得擅自拆卸和修理工具。

8. 作业人员使用手持电动工具时，应穿绝缘鞋，戴绝缘手套，操作时握其手柄，不得利用电缆提拉。

9. 长期搁置不用或受潮的工具在使用前应由电工测量绝缘阻值是否符合要求。

第七篇

围堰工程

1 围堰的结构型式

对于水利工程来说，围堰施工是一项非常重要的工程。而在桥梁的基础施工过程中，当需要在水面以下进行桥梁的桥墩、台基础的建设时，需要使用土壤与石块等组成各种形式的土坝，其中，在水深较深其流速较大的河流中可以采用木板桩或是钢板桩进行围堰，以及很多双层壁钢围堰。围堰既可以防水、围水，还可以支撑基坑的坑壁。

1.1 围堰的类型

1.1.1 按使用材料分类，可分为土石围堰、混凝土围堰、草土围堰、木笼围堰、竹笼围堰、钢板桩格形围堰等。

1.1.2 按围堰与水流方向的相对位置分类，可分为横向围堰和纵向围堰。

1.1.3 按围堰和坝轴线的相对位置分类，可分为上游围堰和下游围堰。

1.1.4 按导流期间基坑过水与否分类，可分为过水围堰和不过水围堰。过水围堰除需要满足一般围堰的基本要求外，还要满足堰顶过水的要求。

1.1.5 按围堰挡水时段分类，可分为全年挡水围堰和枯水期挡水围堰。

1.2 围堰的基本形式及构造

1.2.1 土石围堰。土石围堰可与截流戗堤结合，可利用开挖弃渣，并可直接利用主体工程开挖装运设备进行机械化快速施工，是我国应用最广泛的围堰形式。土石围堰的防渗结构形式有斜墙式、斜墙带水平铺盖式、垂直防渗墙式及灌浆帷幕式等。

1.2.2 混凝土围堰。混凝土围堰是用常态混凝土或碾压混凝土建筑而成。混凝土围堰宜建在岩石地基上。混凝土围堰的特点是挡水水头高，底宽小，抗冲能力大，堰顶可溢流。尤其是在分段围堰法导流施工中，用混凝土浇筑的纵向围堰可以两面挡水，而且可与永久建筑物相结合作为坝体或闸室体的一部分。

1.2.3 草土围堰。草土围堰是一种草土混合结构。草土围堰能就地取材，结构简单，施工方便，造价低，防渗性能好，适应能力强，便于拆除，施工速度快。但草土围堰不能承受较大的水头，一般适用于水深不大于 6~8m，流速小于 3~5m/s 的中、小型水利工程。

1.2.4 木笼围堰。木笼围堰是由圆木或方木叠成的多层框架、填充石料组成的挡水建筑物。它施工简便，适应性广，与土石围堰相比具有断面小，抗水流冲刷能力强等优点，可用作分期导流的横向围堰或纵向围堰，可在 10~15m 的深水中修建。但木笼围堰消耗木材量较大，目前很少采用。

1.2.5　竹笼围堰。竹笼围堰是用内填块石的竹笼堆叠而成的挡水建筑物，在迎水面一般用木板、混凝土面板或填黏土阻水。采用木面板或混凝土面板阻水时，迎水面直立；用黏土防渗时，迎水面为斜墙。竹笼围堰的使用年限一般为 1～2 年，最大高度约为 15m。

1.2.6　钢板桩格形围堰。钢板桩格形围堰是由一系列彼此相连的格体形成外壳，然后在内填以土料构成。格体是一种土和钢板桩组合结构，由横向拉力强的钢板桩连锁围成一定几何形状的封闭系统。钢板桩格形围堰按挡水高度不同，其平面形式有圆筒形格体、扇形格体、花瓣形格体，应用较多的是圆筒形格体，圆筒形格体钢板桩围堰，一般适用的挡水高度小于 15～18m，可以建在岩基或非岩基上，也可作过水围堰用。

比较常见的几种围堰如图 7-1～图 7-3 所示。

图 7-1　土石围堰

图 7-2（一）　混凝土围堰

图 7 - 2（二） 混凝土围堰

图 7 - 3 钢围堰

2 围堰的设计选型

2.1 围堰设计的一般规定

2.1.1 围堰设计应遵循安全可靠、经理合理、结构简单、施工方便、就地取材、易于拆除、利于环保的原则。

2.1.2 围堰布置应综合考虑地形、地质条件、泄流、防冲、通航、施工总布置等要求。

2.1.3 围堰型式应根据导流施工方案、地形、地址条件、建筑材料来源、施工进度要求及施工资源配置等在土石围堰及其他型式围堰中选择。

2.1.4 围堰型式应通过比较选定。当地材料丰富时，宜优先选用土石围堰。

2.2 围堰型式选择应遵守的原则

2.2.1 安全可靠，能满足稳定、防渗、防冲要求。

2.2.2 结构简单，施工方便，易于拆除，并优先利用当地材料及开挖渣料。

2.2.3 围堰防渗体便于与基础、岸坡或已有建筑物连接。

2.2.4 堰基易于处理，并应与堰基地形、地质条件相适应。

2.2.5 在预定施工期内修筑到需要的断面及高程，能满足施工进度要求。

2.2.6 围堰堰体与永久建筑物相结合时，其型式应与永久性建筑物相适应。

2.2.7 具有良好的技术经济指标。

2.3 不同围堰型式的要求

2.3.1 土石围堰能充分利用当地材料，对地基适应性强，施工工艺简单，应优先采用。土石围堰一般用在浅水基础施工中。

2.3.2 混凝土围堰应优先选用重力式碾压混凝土结构。河谷狭窄且地质条件良好的堰址可采用混凝土拱形围堰。

2.3.3 根据地质条件的适应性，在充分利用天然料和开挖石渣时，可采用胶凝砂砾石围堰、堆石混凝土围堰。

2.3.4 装配式钢板桩格型围堰适用于在岩石地基或混凝土基座上建造，其最大挡水水头不宜大于30m；打入式钢板桩围堰适用于细砂砾石层地基，其最大挡水水头不宜大于20m。钢板桩围堰一般用在较深、较大流速的水中基础及较深的基坑施工中。

2.3.5 结合当地材料分布、地区环境好施工特点，低水头围堰可采用浆砌石、钢筋石笼等围堰型式。

2.3.6 对于进出水口或闸室前缘可采用混凝土叠梁、其他特殊钢围堰，以及起围堰作用的预留岩坎（岩塞）等特殊型式。

3 土 石 围 堰

3.1 土石围堰的布置

3.1.1 围堰布置的一般规定：

1. 满足围护建筑物布置及施工要求。

2. 满足堰体与岸坡或其他建筑物的连接要求。

3. 围堰背水侧坡脚与围护建筑物基础开挖边坡开口线的距离，应满足堰基和基础开挖边坡的稳定要求。

4. 满足水力条件及防冲要求。

5. 宜利用有利地形、地质条件，减少围堰及堰基处理工程量。

6. 宜避开两岸溪沟水流汇入基坑，避免溪沟水流对围堰造成危害性冲刷；无法避开时，应采取相应措施。

3.1.2 围堰的布置原则：

1. 围堰的布置和填筑一方面要保证稳定、安全，同时又要尽可能节省工程量。围堰填筑质量不好，在施工过程中出现渗漏、溃决等事故，不仅会给工程带来损失，也会危及附近农田和设施。

2. 布置围堰时，如有条件，应充分利用高岗、土埂、老堤等地形地貌，这样可以减少围堰填筑的土方量，节省工程投资、降低成本。

3. 围堰基础和围堰土质是影响围堰工程质量的主要因素，黏性土透水性小，有利堰体的稳定，所以在有条件的地方尽量选用黏性土。

4. 围堰为临时工程，宜采用就地取材填筑，但是为了防止围堰坍塌，故填筑时应从最低开始，分层压实。堰顶要求平整，控制其高程误差小于15cm，不会因局部围堰高度较低而减少了整个排泥区的容积。

5. 考虑施工和稳定的要求，围堰断面形式宜采用梯形断面。当工程分期施工时，为了合理的组织劳力，围堰也要分期填筑。当围堰分期填筑时，为了保证其搭接质量和足够的断面，所以第二期堰体的外坡脚应落在第一期围堰体的内坡面上。为了保证堰体的安全不宜边吹填边加高围堰，因为一旦配合不好，很容易造成围堰坍塌或冲开缺口，造成不应有的损失。

3.1.3 围堰的堰体结构要求：

1. 围堰顶面的高程应高出施工期间可能出现的最高水位（包括浪高）0.5～0.7m。围堰顶面高程＝上游最高水位＋波浪爬高＋安全系数高程。

2. 围堰堰体防渗体与堰基及岸坡应形成封闭防渗体系。围堰的外形和尺寸应考虑河流断面被压缩后流速增大导致水流对围堰本身和河床的集中冲刷，以及对河道泄洪、通航和导流的影响等不利因素。堰内的平面尺寸应满足基础施工作业的需要。

3. 堰顶的宽度宜根据施工需要确定；边坡的坡度应按围堰位置的不同、高度及基坑开挖深度等条件确定。

4. 水深 1.5m 以内，流速 0.5m/s 以内，河床土质渗水性较小且满足泄洪要求时，可筑土围堰。围堰堰体采用土料防渗时，堰体防渗土料与堰基之间设置反滤层，必要时设置过渡层。涂料防渗体与两岸堰基的连接可采用扩大防渗断面或截水槽的方式。

5. 土石围堰与泄水道接头处，宜适当加长导水墙或设丁坝将主流挑离围堰，防止水流冲刷堰基。土石围堰迎水面堰坡保护范围可自最低水位以下 2m 起至堰顶。防护材料在水下部分可用沉排、柳枕、竹笼或混凝土柔性排等；水上部分可用砌石或钢筋石笼，根据材料获得条件、水流流速、施工难度及经济等因素综合比较选定。

3.2　土石围堰的填筑及施工期度汛

3.2.1　土石围堰的填筑：

1. 筑堰材料宜采用黏性土或砂夹黏土，以增加渗径，减少渗透坡降，3 级土石围堰碾压部位堰体压实指标可按 SL 274《碾压式土石坝设计规范》的有关规定选取，4 级和 5 级土石围堰可适当降低。

2. 在筑堰之前，彻底清理围堰地基上的杂质和腐殖土层，使堰体与围堰地基很好地结合，是保证堰体稳定的重要措施。

3. 填筑应自上游开始至下游合拢，超出水面以后应夯实，堰外坡面有受水流冲刷的危险时，应采用合适的材料对其进行防护。

4. 土石围堰迎水面应进行坡面和坡脚防冲保护设计，围堰防冲保护设计中应针对工程具体情况，因地制宜地采取有效的防冲措施，选用适当的材料，力求安全可靠、经济合理。钢筋铅丝石笼、合金网石兜具有施工方便、整体性好、抗冲能力强等优点，在大块石缺乏时可选用。

3.2.2　围堰施工期度汛：

1. 建立、完善防洪应急预案措施，配齐防洪度汛所需的生产、生活设施、物资和通信工具。组建专门的防汛领导班子及防汛突击队，密切关注洪水险情，配备一定数量的铅丝石笼和黏土编织袋并运输到围堰施工现场，保证防汛道路畅通无阻，根据需要及时做好设备，人员撤退及围堰加固加高工作。

2. 加强汛期围堰的稳定监控，出现紧急情况，及时采取措施进行处理。

3. 洪水过后，进行围堰堰体的全面检查，对因洪水破坏的堰体及时进行修复加固处理。

3.3　围堰排水

因现行规范中未找到围堰排水的具体要求，本节参照 SL 274《碾压式土石坝设计规范》小型土石坝排水的相关要求进行编制，供施工参考。

3.3.1　堰体排水：

1. 堰体排水必须满足以下要求：

（1）能自由地向堰外排出全部渗透水。

（2）应按反滤要求设计。

（3）便于观测和检修。

2. 堰体排水可在以下几种型式中选择：

（1）棱体排水。

（2）贴坡式排水。

（3）堰体内水平排水。

（4）综合型排水。

3. 排水型式的选择，根据下列情况，经技术经济比较确定：

（1）堰体填土和地基土的性质，以及工程地质和水文地质条件。

（2）下游有水、无水、下游水位高低和持续时间，以及泥沙淤积影响。

（3）施工情况及排水设备的材料。

（4）当地的气候条件。

4. 棱体排水设计应遵守下列规定：

（1）顶部高程应超出下游最高水位 0.5～1.0m，并应超过波浪沿坡面的爬高。

（2）顶部宽度应根据施工条件及检查观测需要确定，但不小于 1.0m。

（3）应避免在棱体上游坡脚处出现锐角。

5. 贴坡排水设计应遵守下列规定：

（1）顶部高程应高于堰体浸润线出逸点，超出的高度应使堰体浸润线在该地区的冻结深度以下，不应小于 1.5m，并应超过波浪沿坡面的爬高。

（2）底脚应设置排水沟或排水体。

（3）材料应满足防浪护坡的要求。

6. 堰体内水平排水设计应遵守下列规定：

（1）当渗流量很大，增大排水带尺寸不合理时，可采用排水管，管周围应设反滤层。

（2）堰体水平排水伸进堰体的极限尺寸，对于黏性土围堰为堰底宽的 1/2；砂性土围堰为堰底宽的 1/3。

3.3.2 围堰内基坑排水：

1. 基坑排水分初期排水和经常性排水。

（1）基坑初期排水应在围堰水下防渗设施完成后进行。围堰成型加固完成后，即着手进行堰内抽水。围堰内抽水必须严格控制降水速度，水位下降速度限制在每昼夜 0.5～0.7m，以防止围堰及两侧边坡因排水速度过快而产生坍坡。抽水过程中对围堰进行沉降位移监测，同时根据围堰及两侧边坡坡面渗水、稳定情况，及时调整抽排能力，发现问题及时采取减慢抽水速度等措施，做好维护工作，确保安全。

（2）初期排水总量计算应包括围堰闭气后的基坑积水量、抽水过程中围堰及基础渗水量、堰身及基坑覆盖层中的含水量，以及可能的降水量。

（3）经常性排水主要包括围堰渗水、雨水、地下渗水及混凝土养护等施工废水。通过在场地四周建排水明沟进行排水，然后汇入沉淀池，所有废水排放必须先行排入沉淀池，经充分沉淀后方可以将水排出。

（4）经常性排水最大抽水强度应根据围堰和基础在设计水头的渗流量、覆盖层中的含水量、排水时降水量及施工弃水量确定。其中，计算经常性排水强度的降水量应按抽水时段最大日降水量在24h内抽干计算，施工弃水量与降水量不应叠加。基坑渗水量可根据围堰型式、防渗方式、堰基情况、地质资料可靠程度、渗流水头等因素分析确定。

（5）排水设备数量应根据不同排水阶段排水强度确定，宜使各个排水时期所选的泵型一致，排水设备容量组合协调。排水设备应有一定备用和可靠电源。

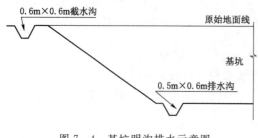

图7-4　基坑明沟排水示意图

2. 基坑排水，分别在每个开挖好的基坑原地面、基坑坡脚设置排水明沟（见图7-4）。基坑坡脚明沟排除基坑渗水、雨水和施工废水。地面排水沟主要汇集基坑外地表水、雨水。坡脚排水沟根据不同高程分别设置抽水基塘，架设水泵抽水至沉淀池。

3. 根据地质资料以及以往的施工经验在施工过程中，排水沟和基坑要经常保养维护，并有一定的备用水泵，防止意外发生。基坑维护安排专人负责，对雨淋沟、排水沟堵塞等意外情况，及时处理。

4. 为防止陡降暴雨，确保基坑表面积水排除，配备柴油机泵和泥浆泵，布置在基坑最低处，并安排专人负责基坑排水，做好排水记录。

5. 过水基坑过水后恢复基坑时的排水总量可参考初期排水计算，其中渗水量可按经常性排水时渗流量确定。排水强度可有基坑内允许水位下降速度控制。

6. 对于采用斜墙防渗的土石过水围堰或混凝土过水围堰，基坑过水后应控制基坑内外水位差，必要时设置退水设施。

4 钢 围 堰

钢围堰是指在水利工程建设中，为建造永久性水利设施，修建的临时性围护钢结构。其作用是防止水和土进入建筑物的修建位置，以便在围堰内排水，开挖基坑，修筑建筑物。钢围堰一般用在较深、较大流速的水中基础及较深的基坑施工中。

4.1 钢板桩围堰施工规定

4.1.1 钢板桩围堰适用于各类土（包括强风化岩）的水中基坑。有大漂石及坚硬若石的河床不宜使用钢板桩围堰。

4.1.2 围堰设计时，应对施工过程中单块、组拼及整体围堰在各工况下的强度、刚度进行验算。围堰内支撑设置应考虑对后续承台及墩身施工的干扰。

4.1.3 钢板桩的机械性能和尺寸应符合规定要求。经过整修或焊接后的钢板桩，应用同类型的钢板桩进行锁口试验、检查。

4.1.4 钢板桩堆存、搬运、起吊时，应防止因此而引起的变形及锁口损坏。

4.1.5 当起吊能力许可时，宜在打桩之前，将2~3块钢板桩拼为一组并夹牢。

4.1.6 施打钢板桩时，应注意下列事项：

1. 在施打钢板桩前，应在围堰上下游一定距离及两岸陆地设置经纬仪观测点，用以控制围堰长、短边方向钢板桩的施打定位。

2. 施打前，钢板桩的锁口应用止水材料捻缝，以防漏水。

3. 施打钢板桩必须有导向设备，以保证钢板桩的正确位置。

4. 施打顺序按施工组织设计进行，宜由上游分两头向下游合龙。施打时宜先将钢板桩逐根或逐组施打到稳定深度，然后依次施打至设计深度。在垂直度有保证的条件下，也可一次打到设计深度。

5. 钢板桩可用锤击、振动、射水等方法，但在黏土中不宜使用射水下沉办法。

6. 经过整修或焊接后的钢板桩应用同类型的钢板桩进行锁口试验、检查。接长的钢板桩，其相邻两钢板桩的接头位置应上下错开。

7. 同一围堰内使用不同类型的钢板桩时，宜将两种不同类型的钢板桩的各半根拼焊成一根异形钢板桩以便连接。

8. 施打时，应随时检查其位置是否正确，桩身是否垂直，不符合要求时应立即纠正或拔起重新施打。

4.2 钢板桩围堰施工的安全保证措施

4.2.1 钢板桩围堰施工安全方面重点包括围堰安全、水上施工和设备安全三个方面。

4.2.2 对操作人员进行安全思想教育，提高操作人员安全意识，实行培训上岗制度，不经培训或无证者，不得进行上岗操作。

4.2.3 建立好钢板桩安全管理制度，完善好安全管理体制，编制好钢板桩安全施工应急方案。

4.2.4 施工前对围堰结构进行外围检算，包括过程中各工况下的结构刚度、强度和稳定性检算，以及抗隆起检算；同时，进行专家论证和优化工作，确保结构安全。

4.2.5 施工时加强钢板桩变形监测工作，发现异常及时撤离人员和设备。

4.2.6 严格按照围堰工况要求进行施工，及时设置内支撑，工况如有变更要重新进行检算。控制施工焊缝质量，确保支撑截面尺寸和数量要求。

4.2.7 在围堰外设置防撞设施，设置警示灯、警示标志，加强水上施工防护，确保通航和施工安全。

4.2.8 钢板桩和钢护筒上用水冲洗干净，以保证封底混凝土和桩身及钢板桩粘着力，加强封底混凝土的抗折抗浮作用。

4.2.9 承台施工完成后，在承台与钢板桩之间注砂、土混合物并注水使其密实。然后拆除承台上第一道支撑，也可采取在钢板桩与承台四周顶面以下预留 50cm 高度的空间，采用混凝土填充的方法增加对钢板桩的支撑力。

4.2.10 针对参加水上作业的所有人员都必须佩戴安全物件如安全帽、救生衣、防滑鞋、安全带等。否则严禁进入围堰工作面。

4.2.11 施工现场各项操作规程、安全标志必须醒目，有关负责人、具体操作人应明确，严禁非专业人员操作。起吊设备和水上设备应经常进行保养和检查，滑轮和钢丝绳经常检查和更换，使其有良好的工作状态，保证起吊安全。在钢板桩插打过程中，应设专人指挥。

4.2.12 六级以上大风、暴雨、暴雪天气条件下应停止一切起吊作业。同时夜间施工时必须有良好的照明。

4.2.13 对于施工作业面上的电缆、配电箱等应经常进行检查。电缆无破损且布置合理；配电箱有电工负责开关，不得随意打开。

4.2.14 钢板桩围堰施工易发事故及应对措施，见表 7-1。

表 7-1 钢板桩围堰施工易发事故及应对措施

序号	易发事故	应 对 措 施
1	钢板桩围堰尺寸不能满足承台施工	严格按照钢板桩设计尺寸进行施工，测量队做好钢板桩施工放样工作，并进行现场过程控制监控，保证钢板桩施工平面位置、尺寸及竖直度符合要求
2	钢板桩发生大的变形	根据施工水位、开挖深度计算出钢板桩最大的侧压力，合理制定出钢板桩支撑方案；在开挖过程中及时将内支撑分层安装到位；安排专人进行钢板桩变形观测，并做好人员逃生通道，发现钢板桩变形严重时及时进行加固并组织人员撤离
3	钢板桩渗水	钢板桩内开挖完成，抽水后发现有渗水现象，可在漏水锁扣处的围堰外侧利用导管投撒锯末、细煤渣，煤渣沉至漏水高度处即可堵塞漏水。或用麻袋盛装细煤渣沉入水中，用活扣反倒在漏水部位，亦可堵漏

续表

序号	易发事故	应 对 措 施
4	现场凌乱造成环境污染	对现场进行合理布置、规划整齐；及时装运挖基土，减少现场污染；合理设置排水设施，减少现场泥污
5	电力障碍	现场备用发电机，保证电力供应
6	施工人员坠落坑内	基坑周围设置栏杆、醒目的警示绳或标志牌，防止人员掉入坑内
7	施工水位暴涨	和水文站保持联系，做好水位预报工作；安排专人24小时观测水位变化，发现险情立即汇报
8	通航船只碰撞钢板桩	在主航道中设置指示航标，为过往船只指明通行安全航道；在钢板桩周围设置防撞钢管桩，防止船只失控碰撞钢板桩

5 围堰监测

围堰施工作为分隔水体作用的堤防结构，其受力和影响具有很强的不可预知性和复杂性，对围堰进行全方位监测很有必要，即对围堰施工的施工过程跟踪监测和围堰完成后实时监测，确保围堰施工安全。围堰安全监测设计应能较全面反应围堰的工作状况，围堰安全监测可采用巡视检查和仪器设备观测。

5.1 巡视检查

5.1.1 日常巡视检查。应根据围堰的具体情况和特点，制订切实可行的巡视检查制度，具体规定巡视检查的时间、部位、内容和要求，并确定日常的巡回检查路线的检查顺序，由有经验的技术人员负责进行。

5.1.2 特别巡视检查。当土石围堰遇到严重影响安全运行的情况（如发生暴雨、大洪水、有感地震、强热带风暴，以及库水位骤升骤降或持续高水位等）、发生比较严重的破坏现象或出现其他危险迹象时，应由主管单位负责组织特别检查，必要时应组织专人对可能出现险情的部位进行持续监视。

5.1.3 检查内容。包括围堰有无有裂缝、渗水、涌土、失稳、坍塌、冲刷等现象；近水面有无冒泡或旋涡等异常情况；有无兽洞、蚁穴等隐患；排水设施是否完好。

5.1.4 记录和整理工作要求：

1. 每次巡视检查均应做好记录。如发现异常情况，除应详细记述时间、部位、险情和绘出草图外，必要时应测图、摄影或录像。

2. 现场记录必须及时整理，还应将本次巡视结果与以往巡视结果进行比较分析，如有问题或异常现象，应立即进行复查，以保证记录的准确性。

5.1.5 报告和存档工作要求：

1. 日常巡视检查中如发现异常现象；应立即采取应急措施，并上报主管部门。

2. 特别巡视检查结束后，应出具简要报告，并对发现的问题及时采取应急措施，然后根据设计、施工、运行资料进行综合分析比较，写出详细的报告，并立即报告主管部门。

3. 各种巡视检查的记录、图件和报告等均应整理归档。

5.2 变形监测

5.2.1 土石围堰变形监测。围堰变形监测包括：水平位移和垂直位移，在堰体顶部及坡面设置固定标点，监测其竖直方向及垂直围堰轴线的水平方向的位移变化。垂直位移（主要指沉降观测）多采用精密水准测量、微水准测量的方法进行观测；水平位移的观测多采用极坐标法或导线测量法、前方交会法的方法进行。垂直位移监测可与水平位移监测配合进行。土石围堰一般选择 2～4 个监测断面，布设沉降仪、位移计、土压力计、空隙水压力计等以监测堰体内部变形、应力和渗透水压力等，监测断面要选择在最大堰高、合龙地段、堰基地形地质条件变化较大处及堰体施工质量存在问题的地段。

1. 控制网的布设。变形监测的基准点、工作基点选用现有四等控制网中靠近观测区的三角点和水准点，基准点必须建立在变形区以外稳定的基岩或坚实土基上，且有较好的通视条件。平面控制基准点、工作基点应具有强制归心标盘的混凝土标墩，垂直位移的基准点至少要布设一组，每组不少于 3 个固定点，应埋设不锈钢或铜质水准标心。

2. 位移监测的要求与方法：

（1）监测点的选点与埋设。

1）土石围堰监测点的埋设应选择变形幅度大、变形速率快的部位，以能正确反应土石围堰的变形为原则进行布设，根据设计要求，监测点纵向间距不大于 30m。

2）土石围堰的监测点横向应呈断面布设，每个断面不少于 4 个监测点，如图 7-5 所示。

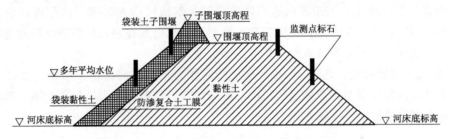

图 7-5 土石围堰结构变形监测点横断面布置图

3）监测点标石应与变形体牢固结合，安装埋设时标石应保持铅直，埋入土层的深度不小于 0.5m，标石结构按照 DL/T 5178《混凝土坝安全监测技术规范》进行施工。

（2）水平位移量。水平监测点采用测边交会法进行观测，监测点棱镜安装采用强制归心装置，以利提高精度。变形点相对于工作点的点位误差控制在≤2.0mm，各监测点的水平位移量以两次测量的数据差计算并得出，水平位移量计算至毫米，将测量数据做好记录。

（3）垂直位移监测（沉降测量）。选用电子精密水准仪，变形点的垂直中误差控制在≤0.5mm。为保证监测精度，各监测点的高程值由各工作水准基点组成一个闭合水准路线环，各监测点的沉降量是以两次测得各监测点的高程差计算得出，沉降量计算精确至毫米，将测量数据做好记录。

（4）围堰施工监测分析。整理土围堰位移变化值，分析成果是否正常变化，对于异常点，应认真分析原因，辨别真伪，绘制好土围堰位移量与时间的关系曲线，若整体围堰变形超过 30mm，采取切实有效的防护措施。

5.2.2 钢围堰变形监测。钢板桩围堰结构变形监测包括围堰内土方沉降量测、两侧钢板桩桩顶沉降量测、围堰区域钢板桩插入深度一倍距离内地面隆起量测，变形监测所得的位移量是两期观测值（坐标、高程）的变化量，因此只要控制点是稳定的，控制点的误差对监测点位移量的大小的影响很小，因此，四等网的精度满足施工变形监测基准点、工作基点的精度要求。钢板桩围堰在各施工阶段将在外部水压力、土压力的共同作用下，产生一定的变形。变形与应力是相互对应的，施工过程中应密切关心结构的变形。按照理论计算的钢板桩的应力与实测应力进行对比，可有效地起到结构安全预警的作用。

1. 监测点的选点与埋设，根据钢板桩围堰总长度和设计要求的监测点的要求来布设。

（1）围堰内土方沉降监测点，可直接将预制好的标石埋入围堰内土体，深度不小于0.5m，并保证标石铅直，然后回填夯实，露出观测标，并做出显要寻找标记。

（2）钢板桩桩顶沉降量监测点每隔一定距离在同一高程处迎水面两排钢板桩和背水面两排钢板桩做记号的方式进行，记号从监测点向下划线，划线长 50cm，宽 1cm，并标写同一体系编号。

2. 围堰内土方沉降量测，使用围堰内土体埋设好的监测点来进行土方沉降量的测量，使用电子精密水准仪，并做好数据的记录。

3. 钢板桩桩顶沉降量测，利用钢板桩桩顶做记号处监测点来进行钢板桩沉降量的测量，并做好数据记录。

4. 钢板桩插入深度一倍距离内地面隆起量测，钢板桩插入深度一倍距离内地面隆起量可以看出钢板桩底部受力是否稳定正常，地面隆起量可选在钢板桩桩顶沉降量监测点竖直对应的水底面，采用水准仪观测，记录实测数据。

5.2.3 混凝土围堰监测。选择 2～3 个典型断面作为重点监测部位，布设应变计、测压管、测缝计、测斜仪等监测堰体及堰基内部应力应变、基础扬压力及位移变形，碾压混凝土围堰可根据监测层面的渗透水压力等。

5.3　渗流量监测

通常将堰体背水坡脚排水沟的渗水集中引入基坑内的集水坑，可在各排水沟分段设置量水堰（是指在渠道、水槽中用以量测水流流量的溢流堰）进行监测，也可用基坑排水站的排水量推算围堰渗流量。对属于 3 级及重要的 4 级围堰（重要的 4 级围堰指挡水水头较高，失事后果比较严重的围堰）和采用新型式、新结构、新材料、新工艺的围堰，可设置内部水平位移、应力应变和渗流等安全监测项目。

6 围 堰 拆 除

6.1 一般规定

6.1.1 围堰拆除宜选择在枯水季节或枯水时段进行。特殊情况下，需在洪水季节或洪水时段进行时，应进行充分的论证只有论证可行，并经合同指定单位批准后方可进行拆除。

6.1.2 围堰拆除前，施工单位应向有关方面获取以下资料：

    1. 待拆除围堰的有关图纸和资料。

    2. 待拆除围堰涉及区域的地上、地下建筑及设施分布情况资料。

    3. 当拆除围堰建筑附近有架空线路或电缆线路时，应与有关部门取得联系，采取防护措施，确认安全后方可施工。

6.1.3 施工单位应依据拆除围堰的图纸和资料，进行实地勘察，并应编制施工组织设计或方案和安全技术措施。

6.1.4 围堰拆除应制定应急预案，成立组织机构，并应配备抢险救援器材。

6.1.5 当围堰拆除对周围建筑安全可能产生危险时，应采取相应保护措施，并应对建筑内的人员进行撤离安置。

6.1.6 在拆除围堰的作业中，应密切注意雨情、水情，如发现情况异常，应停止施工，并应采取相应的应急措施。

6.2 机械拆除的规定

6.2.1 拆除土石围堰时，应从上至下、逐层、逐段进行。

6.2.2 施工中应由专人负责监测被拆除围堰的状态，并应做好记录。当发现有不稳定状态的趋势时，应立即停止作业，并采取有效措施，消除隐患。

6.2.3 机械拆除时，严禁超载作业或任意扩大使用范围作业。

6.2.4 拆除混凝土围堰、岩坎围堰、混凝土心墙围堰时，应先按爆破法破碎混凝土（或岩坎、混凝土心墙）后，再采用机械拆除的顺序进行施工。

6.2.5 拆除混凝土过水围堰时，宜先按爆破法破碎混凝土护面后，再采用机械进行拆除。

6.2.6 拆除钢板（管）桩围堰时，宜先采用振动拔桩机拔出钢板（管）桩后，再采用机械进行拆除。振动拔桩机作业时，应垂直向上，边振边拔；拔出的钢板（管）桩应码放整齐、稳固；应严格遵守起重机和振动拔桩机的安全技术规程。

6.2.7 围堰拆除施工采用的安全防护设施，应由专业人员搭设。应由施工单位安全主管部门按类别逐项查验，并应有验收记录。验收合格后，方可使用。

6.3　爆破法拆除的规定

6.3.1　一级、二级、三级水利水电枢纽工程的围堰、堤坝和挡水岩坎的拆除爆破，设计文件除按正常设计之外还应经过以下论证：

　　1. 爆破区域与周围建（构）筑物的详细平面图；爆破对周围被保护建（构）筑物和岩基影响的详细论证。

　　2. 爆破后需要过流的工程，应有确保过流的技术措施，以及流速与爆渣关系的论证。

6.3.2　一级、二级、三级水电枢纽工程的围堰、堤坝和挡水岩坎需要爆破拆除时，宜在修建时就提出爆破拆除的方案或设想，收集必要的基础资料和采取必要的措施。

6.3.3　从事围堰爆破拆除工程的施工单位，应持有爆破资质证书。爆破拆除设计人员应具有承担爆破拆除作业范围和相应级别的爆破工程技术人员作业证。从事爆破拆除施工的作业人员应持证上岗。

6.3.4　围堰爆破拆除工程应根据周围环境条件、拆除对象类别、爆破规模，并应按照 GB 6722《爆破安全规程》分级。围堰爆破拆除工程施工组织设计应由施工单位编制并上报合同指定单位和有关部门审核，做出安全评估，批准后方可实施。

6.3.5　一级、二级水利水电枢纽工程的围堰、堤坝和挡水岩坎的爆破拆除工程，应进行爆破振动与水中冲击波效应观测和重点被保护建（构）筑物的监测。

6.3.6　采用水下钻孔爆破方案时，侧面应采用预裂爆破，并严格控制单响药量以保护附近建（构）筑物的安全。

6.3.7　用水平钻孔爆破时，装药前应认真清孔并进行模拟装药试验，填塞物应用木楔楔紧。

6.3.8　围堰爆破拆除工程起爆，宜采用导爆管起爆法或导爆管与导爆索混合起爆法，严禁采用火花起爆方法，应采用复式网路起爆。

6.3.9　为保护临近建筑和设施的安全，应限制单段起爆的用药量。

6.3.10　装药前，应对爆破器材进行性能检测。爆破参数试验和起爆网路模拟试验应选择安全部位和场所进行。

6.3.11　在水深流急的环境应有防止起爆网路被水流破坏的安全措施。

6.3.12　围堰爆破拆除的预拆除施工应确保围堰的安全和稳定。

6.3.13　在紧急状态下，需要尽快炸开围堰、堤坝分洪时，可由防汛指挥部直接指挥爆破工程的设计和施工，不必履行正常情况下的报批手续。

6.3.14　爆破器材的购买、运输、使用和保管应遵守 SL 398《水利水电工程施工通用安全技术规程》第 8 章的有关规定。

6.3.15　围堰爆破拆除工程的实施应成立爆破指挥机构，并应按设计确定的安全距离设置警戒。

6.3.16　围堰爆破拆除工程的实施除应符合本节的要求外，应按照 GB 6722《爆破安全规程》的规定执行。

第八篇

地下工程

1 概　　述

1.1　地下工程的定义

　　地下工程是指深入地面以下为开发利用地下空间资源所建造的地下土木工程。它包括地下房屋和地下构筑物、地下铁道、公路隧道、水下隧道、地下共同沟和过街地下通道等。地下工程在人们的生产生活中发挥着重要的作用。地下工程施工采用的方主要有逆作法、盾构法、新奥法、沉管隧道、顶管工程和大型沉井。

1.2　地下工程的辅助设备

1.2.1　供风系统。地下洞室开挖和支护机械所使用的动力为压缩空气，压缩空气供应量不足或压力偏小都直接影响工作效率，所以配置空压机站的容量时要考虑总需风量，并有30％的备用。还要考虑地域条件，例如高寒缺氧地区，气压低，空气密度小，空压机生产能力低，应适当增加空压机的容量。

　　1. 供风系统应根据工程规模设置，空压机站的容量应按下列要求确定：

　　（1）与明挖工程使用统一的供风系统时，应按总体规划确定。

　　（2）空压机站应设有备用容量，并按总容量的30％配置，但不宜小于其中最大一台空压机的容量。

　　（3）高寒缺氧地区应适当增加空压机站的容量。

　　（4）使用单独的空压机站时，应按同时作业的最大用风量确定，并计入风量损失。

　　2. 空压机站宜设置在洞口附近，并配备有防火、降温和保温设施。当有多个洞口需要集中供风时，可选在适中位置，但应靠近风量较大的洞口。

　　3. 工作面的风压应满足风动机具的工作要求，不应低于0.5MPa。隧洞较长时，应根据需要在洞内设置带有安全装置的储气罐。

　　4. 高压风管的直径应根据最大送风量、风管长度、闸阀等计算确定。

　　5. 高压风管在安装前应进行检查，当有裂纹、创伤、凹陷等现象时不得使用。管内不得保留有残余物和其他脏物。

　　6. 供风管线铺设应平顺、密封良好，并经常检查维护。

1.2.2　供水与排水系统。对于生活用水来说，应符合国家规定的卫生标准，并应对水质定期进行检测；对施工用水的水量和压力要满足施工需要，水量不足或压力不稳定将影响工程质量，施工用水也应定期监测。很多工程地下水丰富，要做好排水设计和施工，其目的不仅是为了改善工作环境，而且还为了保证施工进度和施工安全。

　　1. 施工用水的供水量应根据施工、消防和生活用水的要求确定。

　　2. 根据施工总体布置，合理选择水池位置、高程和结构型式。水池容积应满足日调节的要求。

3. 工作面的水压应满足施工机械的需要,不宜小于 0.3MPa。若水压不够时,可增设加压装置。

4. 供水水源应稳定,水质应符合施工用水和生活用水标准,且应对水质定期进行检测。

5. 当供水泵站设在河流岸边时,应考虑洪水影响。寒冷地区的供水系统,冬季应做好防冻设施。

6. 洞口应根据地形和水文条件,做好排水设计,选择经济合理的排水设施,不应使地表水倒灌入洞内、冲刷洞口和施工道路。

7. 洞内排水应符合下列要求:

(1) 工作面及运输道路的路面不应有积水。

(2) 逆坡施工时,应设置排水沟自流排水,并经常清理,必要时可设置盖板。

(3) 顺坡或平坡施工时,应在适当地点设置集水坑并用水泵排水。

(4) 排水泵的容量应比最大涌水量大 30%~50%。使用一台水泵排水时,应有与排水泵相同容量的备用水泵;使用两台水泵排水时,应有 50% 的备用量。重要部位应设有备用电源。

(5) 寒冷地区的冬季,应防止洞口段排水沟或排水管受冻堵塞。

1.2.3　供电与照明系统

地下洞室施工期间用电量是很大的,一般工程都将高压供电线路引至洞口或负荷中心,经过变压后向各工作面和交通沿线送电。变压器容量、位置及送电线路要根据工程需要和满足安全送电两个要求确定。

1. 洞外高压供电线路应符合施工供电总体布置的要求。变压器的容量应根据施工总用电量确定。

2. 为洞内供电的变压器站,宜布置在用电负荷中心,并参照下列要求确定:

(1) 设在洞口外不受爆破影响和施工干扰处。

(2) 当隧洞较短、洞口外场地允许时,可与空压机的变压器一处布置。

(3) 当隧洞较长、需要变压器进洞时,应选用矿山专用变压器或按电器规程设置变压器室。变压器的高压电源应用电缆引入洞内。电缆应定期进行外观检查和耐压试验。

(4) 洞内供电电压应符合下列规定:

1) 宜采用 380V/220V 三相五线制。

2) 动力设备应采用三相 380V。

3) 隧洞开挖、支护工作面可使用电压为 220V 的投光灯照明,但应经常检查灯具和电缆的绝缘性能。

(5) 掘进机和其他高压设备的供电电压,应按设备要求确定。

(6) 高寒缺氧地区施工变电站的电器设备,应选用提高一个电压等级的设备,并选用高原型产品。

(7) 线路末端的电压降不应超过 5%。

(8) 洞内供电线路的布设应符合下列规定:

1）位置固定的动力线与照明线路必须采用绝缘良好的导线整齐排列，并固定在1.8m以上高度的洞壁上。严禁使用裸导线，同时还应满足线路架设的有关规定。

2）工作面附近的临时动力线及照明线，应使用防水与绝缘性能良好的优质电缆。

3）电力起爆主线应与照明及动力线分两侧架设。

（9）洞内与洞外的配电盘应采用专用产品，并封闭使用，必要时应配锁。

（10）洞内照明灯应采用防水灯头，淋水地段应采用防水灯罩。

（11）地下洞室的施工作业区，运输通道应有足够的照明度，可按表8-1的规定布置照明设施。

表8-1   各施工作业区照明度参照表

序号	名　　称	照明度/lx
1	施工区、开挖和弃渣区、场内交通道路、堆料场、运输装载平台、临时生活区道路	30
2	地下工程作业面	110
3	地下作业区和地弄	50
4	混凝土浇筑区、加油站、现场保养站	50
5	特殊的地下作业面及维修车间	200
6	竖井及斜井工作面	50
7	存在交叉运输或其他危险条件的运输道路	50
8	施工工厂	110
9	室内、仓库、走廊、门厅、出口过道	50

1.3　地质情况

水工建筑物地下开挖工程与地质条件关系十分密切，有了详尽的地质资料，才能因地制宜地制定符合地质条件的施工方案，以保证施工过程中的安全。在地下开挖工程施工过程中，工程建设的参建单位都应把地质工作放在重要位置，重视和支持地下开挖工程的地质工作。

1.3.1　地质资料。地下开挖工程施工前，建设单位或监理单位应向施工单位提供下列工程地质与水文地质资料：

1. 工程区域内的地形、地貌条件，过沟地段、浅埋与傍山洞室、地下洞室进、出口边坡和高水头压力管道地段山体的稳定条件。

2. 地层岩性及其产状，特别是松散、软弱、崩解、膨胀和易溶岩层的分布和其物理力学性质。

3. 主要断层、破碎带和节理裂隙密集带的位置、产状、规模、性状及其组合关系。

4. 地下水类型、含水层分布、水位、水质、水温、涌水量、补给来源、动态规律及其对地下建筑物和开挖施工的影响。

5. 可溶岩区岩溶洞穴的发育层位、规模、充填情况。

6. 岩体初始地应力及低温地温资料。

7. 有害气体和放射性元素的性质、含量及其分布范围。

8. 特大断面洞室还应提供岩体初始应力的大小、主应力方向及与地下洞室轴线的相互关系，并评价施工方法对围岩稳定性的影响。高地应力地区，还应提供可能发生岩爆的资料。

9. 地下开挖工程的施工方法、支护措施与围岩类别关系很大。围岩类别划分根据岩石强度、岩体完整程度、结构面性状、地下水及主要结构面产状等五项因素之和的总评分为基本依据，以围岩强度应力比为参考依据，按表 8 - 2 的规定进行工程地质分类。

表 8 - 2   围岩工程地质分类表

围岩类别	围岩稳定性	围岩总评分 T	围岩强度应力比 S	支护类型
I	稳定。围岩可长期稳定，一般无不稳定块体	$T>85$	>4	不支护或局部锚杆或喷薄层混凝土。大跨度时，喷混凝土、系统锚杆加钢筋网
II	基本稳定。围岩整体稳定，不会产生塑性变形，局部可能产生掉块	$85\geqslant T>65$	>4	
III	稳定性差。围岩强度不足，局部会产生塑性变形，不支护可能产生塌方或变形破坏。较完整的软岩，可能暂时稳定	$65\geqslant T>45$	>2	喷混凝土、系统锚杆加钢筋网。跨度为 $20\sim25$m 时，浇筑混凝土衬砌
IV	不稳定。围岩自稳时间很短，规模较大的各种变形和破坏都可能发生	$45\geqslant T>25$	>2	喷混凝土、系统锚杆加钢筋网，并浇筑混凝土衬砌。V 类围岩还应布置拱架支撑
V	极不稳定。围岩不能自稳，变形破坏严重	$T\leqslant25$	—	

注   II、III、IV 类围岩，当其强度应力比小于本表规定时，围岩类别宜相应降低一级。

围岩强度应力比可根据下式求得

$$S=K_v R_b/\sigma_m \qquad\qquad (8-1)$$

式中 R_b——岩石饱和单轴抗压强度，MPa；

      K_v——岩体完整性系数；

      σ_m——围岩的最大主应力，MPa。

1.3.2 超前地质预报：

1. 超前地质预报的定义。通过掌子面的超前钻探、超前导坑或各种类型的地球物理探测等手段来查明隧道岩体状态、特征以及可能发生地质灾害的不良地质体的位置、规模和性质，预测前方未施工段地质情况的方法，见图 8 - 1。

2.超前地质预报的目的。通过利用各种已有的地质资料，综合采用各种超前预报手段和各种超前预报仪器和技术，对地下工程施工不良地质体的位置、产状、含水情况及围岩结构的完整性，包括断层、软弱破碎岩体及地下水等进行预报预测，及时发现异常情况，从而为优化施工方案提供依据，为预防突泥、涌水等可能形成的灾害性事故及时提供信息，提前做好准备，及早做好预案，采取相应的技术和安全措施，保证施工的安全进行。

图 8-1　洞内地质超前预报

3.超前地质预报的主要内容：

（1）地层岩性预测预报，特别是对软弱夹层、破碎地层、煤层及特殊岩土的预测预报。

（2）地质构造预测预报，特别是对断层、节理密集带、褶皱轴等影响岩体完整性的构造发育情况的预测预报。

（3）不良地质预测预报，特别是对岩溶、瓦斯等发育情况的预测预报。

（4）地下水预测预报，特别是对岩溶管道水及富水断层、富水褶皱轴、富水地层中的裂隙水等发育情况的预测预报。

4.超前地质预报的预报方式：

（1）物探法：根据不同地质情况，结合不同风险等级采取不同的物探方法组合措施。

（2）钻探法：根据不同的地质条件及其不同的要求对钻探法分类。

1.3.3　施工过程中的施工地质工作：

1.地质编录和测绘工作，检验前期的勘察资料。

2.预测和预报可能出现的工程地质问题。

3.对不良工程地质与复杂水文地质问题开展专项研究，并提出处理措施。

4.开展安全监测工作，及时分析监测资料，进行围岩稳定性预报。

1.3.4　防范措施：

1.时刻关注地质条件的变化，共同研究适应变化的地质条件的具体措施，根据变化的条件修改施工方案。

2.地下开挖工程施工期间，若围岩条件与原勘察结果有较大变化，建设单位应委托勘察单位进行补充勘探，必要时还应进行专门的试验研究工作，复核原定的地质参数。施工单位应根据新的复核结果，调整施工方案，并报监理单位核准。施工单位应根据地质条件和设计要求制定开挖和支护方案，经监理单位审批后实施。

3.施工单位应根据实际施工情况，进行地质预报，并根据预报制定安全施工预案。必要时，监理单位可组织相关单位对安全施工预案进行审查。

4.当地下开挖工程施工过程中，如发生塌方、围岩变形大、涌水、岩爆等异常地质变化时，施工单位应及时通知监理单位，并对发生原因、发生时间、处理经过等做详细的记录，施工地质人员应进行详尽的地质测绘与编录，监理单位应及时组织设计、施工等单位共同商定处理措施。

5. 在开挖施工中由于围岩失稳造成塌方的主要原因之一是对不良地质条件重视不够。为此施工单位应及时开展施工期安全监测工作，认真分析研究地质资料，对地质条件进行描述与测绘，根据地质条件和监理资料，做出正确的施工对策，制定切实可行的、有效的工程措施，并报监理工程师审定，以避免围岩失稳。

1.4　地下工程的防灾

1.4.1　卫生标准：

1. 地下洞室开挖施工过程中，洞内氧气体积不应少于 20%，有害气体和粉尘含量应符合表 8-3 的规定标准。

表 8-3　　　　　　　　　　　空气中有害物质的允许含量

名　称	允 许 浓 度		附　注
	按体积/%	按重量/(mg/m³)	
二氧化碳（CO_2）	0.5	—	一氧化碳的容许含量与作业时间：容许含量为 50mg/m³ 时，作业时间不宜超过 1h；容许含量为 100mg/m³ 时，作业时间不宜超过 0.5h；容许含量为 200mg/m³ 时作业时间不宜超过 20min；反复作业的间隔时间应在 2h 以上
甲烷（CH_4）	1	—	
一氧化碳（CO）	0.00240	30	
氮氧化合物换算成二氧化氮（NO_2）	0.00025	5	
二氧化硫（SO_2）	0.00050	15	
硫化氢（H_2S）	0.00066	10	
醛类（丙烯醛）	—	0.3	
含有 10% 以上游离 SiO_2 的粉尘	—	2	
含有 10% 以下游离 SiO_2 水泥粉尘	—	6	含有 80% 以上游离 SiO_2 的生产粉尘不宜超过 1mg/m³
含有 10% 以下游离 SiO_2 的其他粉尘	—	10	

2. 开挖施工时，地下洞室内平均温度不应高于 28℃，洞内风速可根据不同的洞内温度按表 8-4 进行调节。

表 8-4　　　　　　　　　　　洞内温度与风速的关系

洞内温度/℃	<15	15~20	20~22	22~24	24~28
风速/(m/s)	<0.5	<1.0	>1.0	>1.5	>2.0

3. 当洞内作业区噪声值大于 90dB（A）时，应采取消音或其他防护措施。采取措施后的噪声值仍在 90dB（A）或 90dB（A）以上时，在相应噪声条件下的工作时间，不应超过表 8-5 的规定。

表 8 - 5　　　　　　　　　　　　**噪声及允许与其接触时间**

噪声值 dB（A）	90	93	96	99
每个工作日允许与噪声接触的时间/h	8	4	2	1

1.4.2　通风。为保证地下工程施工中有良好的工作环境，最主要的是应有足够的新鲜空气，以保证空气中氧气含量。地下洞室通风方式、通风设备的确定与洞室布置、洞室规模、施工程序、施工方法、工作面有害气体和粉尘含量及其危害程度等因素有关，进行通风设计时应综合考虑这些因素。

通风方式主要有自然通风和机械通风两种，当自然通风不能满足施工要求时，应考虑采用机械通风方式，机械通风型式主要有管式、巷道式和分道式，管式又有压入式、抽出式和混合式。

1. 地下洞室开挖与一次支护所需的总风量，应考虑工作人员用风量，各种施工机械耗风量及冲淡有害气体浓度所需的风量。

地下洞室开挖时需要的风量，可根据下列要求计算确定，并取其最大值。

（1）按洞内同时工作的最多人数计算，每人每分钟应供应 $3.0m^3$ 的新鲜空气。

（2）按爆破 20min 内将工作面的有害气体排出或冲淡至容许浓度（每千克 2 号岩石硝铵炸药爆炸后可产生 40L 一氧化碳气体）。

（3）洞内使用柴油机械时，可按每千瓦分钟消耗 $4m^3$ 风量计算，并与工作人员所需风量相叠加。

（4）计算通风量时，洞室通风系统漏风系数可按 1.20～1.45 选取；对于较长洞室可视洞室长度专门研究确定。

（5）当洞室位于海拔 1000m 以上时，计算出的通风量应按以下规定进行修正：

1）施工人员所需通风量乘以高程修正系数 1.3～1.5（高程低者取小值，高程高者取大值）。

2）排尘通风量不做高程修正。

3）爆破散烟所需风量可除以相应的高程修正系数，见表 8 - 6。

表 8 - 6　　　　　　　　　　　　**高 程 修 正 系 数 表**

海拔/m	0	1000	1500	2000	2500	3000	3500	4000	4500	5000
高程修正系数	1.00	0.90	0.85	0.81	0.76	0.72	0.69	0.65	0.62	0.58

注　高程修正系数可根据海拔内插取值。

4）洞内使用柴油机械时，所需风量可乘以高程修正系数 1.2～3.9（高程低者取小值，高程高者取大值）。

（6）计算的通风量，应按最大、最小容许风速与洞内温度所需的相应风速进行校核。

2. 工作面附近的最小风速不应小于 0.15m/s，最大风速应不大于下列规定值：

（1）隧洞、竖井、斜井为 4m/s。

（2）运输与通风洞为 6m/s。

（3）运送人员与施工器材的井筒为 8m/s。

3. 风管与风机布置应遵守下列规定：

（1）风管直径应根据管内风速确定，风管材料应根据通风方式选择。

（2）风管应按设计要求布设，保证通风效果最佳。

（3）吊挂风管应做到平、直、紧、稳、顺。

（4）尽可能减少风管接头数量。

（5）一台风机不能满足风量要求时，可数台风机串联运行。

4. 通风系统应设有专人负责运行、维护和管理。

5. 对存在有害气体、高温等作业区，必须做专项通风设计，并设置监测装置，发现问题立即整改。

1.4.3 防尘：

1. 地下洞室开挖时，造孔是粉尘的主要来源，约占 85% 以上，过量的粉尘对人体健康损害极大，为此减少造孔过程产生的粉尘是主要的防尘措施。地下洞室开挖时，应采用下列综合防尘措施：

（1）宜采用湿式凿岩机造孔；特大断面洞室采用潜孔钻造孔时，应配备符合国家工业卫生标准的除尘装置。

（2）地质条件允许时，应利用压力水冲洗洞壁。

（3）爆破后应利用喷雾器喷雾，降低悬浮在空气中的粉尘含量。

（4）出渣前宜用水淋湿石渣。

（5）应加强通风。

（6）应配备防尘器材，做好个人防护。

2. 喷射混凝土的粉尘主要是水泥粉尘，水泥粉尘中含有大量的 SiO_2，对人体健康也有很大的损害。喷射混凝土作业时，宜采用湿喷机作业；采用干喷法施工时，应采用下列防尘措施：

（1）应采用水泥裹砂法施工。

（2）在保证顺利喷射施工条件下，应适当增加骨料含水率。

（3）在距喷头 3~4m 处增加一个水环，采用双水环加水。

（4）在喷射机或混合料拌和处，应设置集尘器或除尘器。

（5）在粉尘浓度较高地段，应设置除尘水幕。

（6）喷射混凝土的混合料中宜掺入增黏剂等掺合料。

（7）应加强作业区的局部通风。

1.4.4 防有害气体。

地下工程施工中，应充分认识到各种有害气体的潜在危险性，应做好地下工程施工中有害气体的检测与防治工作。地下工程有害气体包括：氨气（NH_3）、一氧化碳（CO）、二氧化氮（NO_2）、瓦斯、硫化氢（H_2S）、二氧化硫（SO_2）等。有害气体最高允许浓度值，见表 8-7。

表 8-7   有害气体最高允许浓度

名　称	最高允许浓度/%	名　称	最高允许浓度/%
一氧化碳（CO）	0.0024	硫化氢（H_2S）	0.00066
二氧化氮（NO_2）	0.00025	氨气（NH_3）	0.004
二氧化硫（SO_2）	0.0005		

　　瓦斯是指从煤（岩）层内逸出的以甲烷（CH_4）为主要成分的有害气体。瓦斯是一种无色、无味、无臭的气体，比重轻，极易扩散。所以瓦斯的防治尤为重要，施工地段含有瓦斯气体时应参照《煤矿安全规程》（2016 年）第二节瓦斯防治。

　　1. 当瓦斯浓度达到 5%～10% 时，遇到较高温度或火源还会产生爆炸，直接威胁着施工作业人员的生命安全，因此在含有瓦斯气体的岩体中开挖洞室时，应结合实际制定预防瓦斯的安全措施，并应遵守下列规定：

　　（1）定期测定空气中瓦斯的含量。当工作面瓦斯浓度超过 1.0%，或二氧化碳浓度超过 1.5% 时，必须停止作业，撤出施工人员，采取措施，进行处理。

　　（2）施工单位人员应通过防瓦斯学习，掌握预防瓦斯的方法。

　　（3）机电设备及照明灯具均应采用防爆式。

　　（4）应配备专职瓦斯检测人员，检测设备应定期校检，报警装置应定期检查。

　　2. 洞内施工应采用低污染柴油机械，并配备废气净化设备，不应采用汽油机械。柴油机燃料中宜掺入添加剂，以减少有害气体排放量。

　　3. 施工单位的安全检查机构中，应有专门负责防尘、防有害气体、防噪声的检查监测人员，并应配备相应的检测仪器，定期检测，公示检测结果。检测结果达不到卫生标准时，应限期解决，必要时应停工整改。

2 地 下 工 程 开 挖

2.1 一般规定

2.1.1 地下工程开挖前，施工单位应编制地下开挖工程施工组织设计，报监理单位审查批准，监理单位发布开工令后方可开始开挖施工。开挖前应对掌子面及其临近的拱顶、拱腰围岩进行排险处理。

2.1.2 地下开挖工程施工组织设计应包括：工程概况、施工总布置、施工方法、施工进度计划、施工资源配置、安全和质量保证措施、施工期安全监测方案及其布置、环境保护和水土保持措施。

2.1.3 地下工程规模可根据洞室断面积 A 或跨度 B 的大小划分为：

    1. 特小断面：$A \leqslant 10\text{m}^2$ 或 $B \leqslant 3\text{m}$。

    2. 小断面：$10\text{m}^2 < A \leqslant 25\text{m}^2$ 或 $3\text{m} < B \leqslant 5\text{m}$。

    3. 中断面：$25\text{m}^2 < A \leqslant 100\text{m}^2$ 或 $5\text{m} < B \leqslant 10\text{m}$。

    4. 大断面：$100\text{m}^2 < A \leqslant 225\text{m}^2$ 或 $10\text{m} < B \leqslant 15\text{m}$。

    5. 特大断面：$A > 225\text{m}^2$ 或 $B > 15\text{m}$。

2.1.4 地下洞室按照倾角（洞轴线与水平面的夹角）可划分为平洞、斜井、竖井等三种类型，其划分原则为：

    1. 倾角小于等于6°为平洞。

    2. 倾角6°～75°为斜井。

    3. 倾角大于75°为竖井。

2.1.5 地下洞室开挖方法应根据地质条件、工程规模，支护方式、工期要求、施工机械化程度、施工条件和施工技术水平等因素选定。

2.1.6 地下洞室不宜欠挖，且宜减少超挖。其开挖半径的平均径向超挖值，平洞不应大于200mm；斜井、竖井不应大于250mm。

    不良地质地段超挖值的控制标准，可由监理工程师组织相关人员商定后，报建设单位确定。

2.1.7 地下洞室开挖过程中，应根据需要适时采取有效的支护措施，保证施工过程中的安全。

2.1.8 施工单位应根据围岩的稳定状况和工期要求，研究开挖方式并选定采用开挖、支护与衬砌交叉或平行作业。

2.1.9 缺氧地区及负温条件下的地下洞室开挖，应慎重选择施工方法和施工机械。缺氧地区地下洞室开挖时，应以机械施工为主，加强通风并采取合适的补氧措施。负温条件下地下洞室开挖时，应采取防寒措施。

2.1.10 在下列情况开挖地下洞室时，宜采用预先贯通导洞法施工：

1. 地质条件复杂，需进一步查清时。

2. 为解决通风、排水和运输时。

2.1.11　地下洞室开挖过程中，应根据地下洞室的工程规模、地质条件、施工方法开展安全监测工作，以指导开挖施工和确定加固方案及支护参数。

2.2　洞口开挖

2.2.1　洞口开挖注意事项：

1. 地下开挖工程施工前，应对地下洞室洞口岩体稳定性进行分析，确定开挖方法、支护措施和洞口边坡加固方案等。

2. 地下洞室洞口削坡应自上而下分层进行，严禁上下垂直作业。进洞前，应做好开挖及其影响范围内的危石清理和坡顶排水，按设计要求进行边坡加固。

3. 地下洞室洞口可设置防护棚。必要时，应在洞脸上部加设挡石栅栏。洞口开挖时对周围岩体应尽量减少扰动。当洞口处岩体软弱、破碎，成洞条件差时，应首先进行超前加固和支护，再进行洞口开挖。

4. 应根据设计断面锁好洞口，锁口方法根据洞口围岩类别，可采用锚、喷，预灌浆，格栅拱架或工字钢拱架加锚、喷。

5. 地下洞室洞口施工宜避开降水期和融雪期，进洞前，应完成洞口排水系统、并对洞脸岩体进行鉴定，确认稳定后，方可开挖洞口。

6. 位于河水位以下的隧洞口，应按施工期防洪标准设置围堰或预留岩坎，在围堰或岩坎保护下进行开挖。

7. 洞口上方为高陡边坡区时，宜在洞口外一定范围内浇筑明洞。洞口开挖宜在雨季前完成。在交通要道开洞口时，应做好安全防护专项设计。

8. 隧洞进、出口应满足防洪度汛要求，并按相应的防洪标准采取工程措施。

2.2.2　洞口开挖选择依据。地下洞室洞口段开挖，可根据地下洞室的工程规模、地形、地质条件进行选择。

2.2.3　洞口段开挖可采用下列方法：

1. 洞口段宜采用先导洞后扩挖的方法施工，应采取潜孔弱爆破。断面较小时也可采用全断面开挖、及时支护的方法。

2. 当洞口明挖量大或岩体稳定性差、工期紧张时，可利用施工支洞或导洞自内向外开挖，并及时做好支护。明挖与洞挖实行平行作业时，应对安全进行评估，并采取相应措施。

2.3　平洞开挖

平洞开挖方法应根据围岩类别、工程规模、工期要求、支护参数、施工条件、除渣方式等确定。

2.3.1　在Ⅰ～Ⅲ类围岩中，当开挖洞径小于 10m 时，宜采用全段面开挖方法；当开挖洞径在 10m 及以上时，可采用台阶法开挖，如图 8-2 所示。

图 8-2 台阶法开挖

2.3.2 在Ⅳ类围岩中，当开挖断面为中断面以上时，宜采用分层、分区开挖，开挖后应根据地质情况进行适时支护。

2.3.3 在Ⅴ类围岩中开挖平洞时，应按软岩洞段开挖、不良地质条件洞段开挖、软岩洞段的临时支护及不良地质条件洞段的临时支护的规定执行。

2.3.4 平洞开挖的循环进尺可根据围岩类别和施工机械等条件选用下列数值：

1. Ⅰ～Ⅲ类围岩，采用手风钻造孔时，循环进尺宜为 2.0～4.0m；采用液压单臂或多臂钻造孔时，循环进尺宜为 3.0～5.0m。

2. Ⅳ类围岩，循环进尺宜为 1.0～2.0m。

3. Ⅴ类围岩，循环进尺宜为 0.5～1.0m。

4. 循环进尺应根据监测结果进行调整。

5. 下列情况可采用预先贯通导洞法施工：

(1) 地质条件复杂，需进一步查清。

(2) 为解决排水和降低地下水位。

(3) 改善通风和优化交通。

2.4　竖井与斜井开挖

竖井与斜井开挖方法可根据其断面尺寸、深度、倾角、围岩特性、工期要求、施工设备、地形条件、交通条件和施工技术水平等因素选择。

2.4.1 倾角小于 30°的斜井，可采用自上而下全断面开挖；倾角为 30°～45°的斜井，可采用自上而下全断面开挖或自下而上开挖，若采用自下而上开挖时，应有扒渣和溜渣措施；倾角大于 45°的斜井和竖井，可采用自下而上先挖导井、再自上而下扩挖或自下而上全断面开挖。

2.4.2 竖井与斜井采用自上而下全断面开挖时，应遵守下列规定：

1. 必须锁好井口，确保井口稳定，并采取措施防止杂物坠入井内；对于露天竖井与斜井，应设置不小于 3m 宽的井台；边坡与井台交接处应设置排水沟。

2. 当竖井深度等于或大于 30m 时，应设置专门运送施工人员的提升设备，提升设备应专门设计；深度小于 30m 的竖井和倾角大于 45°的斜井，应设置带防护栏的人行楼梯或爬梯。人员上下时竖井深超过 15m，易采用"之"字形楼梯。井深超过 30m 时，宜加设提升设备。

3. 斜（竖）井相向开挖距贯通尚有 5m 长地段，应采取自上端向下打通的方法。

4. 涌水和淋水地段，应有防水、排水措施。

5. 当井壁存在不利的节理裂隙组合时，应增加随机支护。

6. Ⅳ类、Ⅴ类围岩地段，应及时支护。开挖一段，支护或衬砌一段，必要时应在采用预灌浆的方法对围岩进行加固后再开挖。

7. 应随开挖深度的下降而跟进支护。支护参数根据不同围岩确定。

2.4.3 当采用贯通导井后再自上而下进行扩大开挖时，还应满足下列条件：

(1) 直径不小于10m时，宜采用机械扒渣。若人工扒渣时、由井壁到导井口，应有适当的坡度，便于扒渣。

(2) 应采取有效措施，防止石渣堵塞导井和发生人员坠落事故。

(3) 在竖井、斜井与平洞连接处，应将连接段加固后再开挖。

2.4.4 导井可选用下列方法开挖：

1. 人工开挖法

(1) 正井法：即自上而下开挖，适用于深度在50m以内的导井开挖。

(2) 反井法：即自下而上开挖，只适用于Ⅰ类、Ⅱ类围岩且深度在50m以内的竖井。

(3) 正、反井相结合开挖。

2. 深孔爆破法：即一次钻孔，分段爆破法，适应于深度小于50m的导井开挖。

3. 吊罐法：要求中心孔的偏斜率不大于1‰，适用于围岩稳定性好且深度为30～100m的竖井。

4. 爬罐法：适用于Ⅰ类、Ⅱ类、Ⅲ类围岩且深度在50～250m斜导井。

5. 反孔钻机法：应用于斜井时不宜超过250m，应用于竖井时不宜超过400m。大断面斜井、竖井使用该方法时，可在反井钻机挖掘成反导井后，再扩挖一次导井，以利于大断面竖井、斜井的扩挖。

2.5 特大断面洞室开挖

2.5.1 特大断面洞室的开挖方法，根据断面尺寸、工程地质条件、施工技术条件、工程安全、进度要求等因素，通过技术经济比较后选定。

2.5.2 根据地下洞室的不同结构型式，开挖施工遵循"平面多工序、立体多层次、分层开挖、逐层支护"的原则，宜采用自上而下分层分区开挖方法，分层高度、分区方法可结合设计断面、围岩条件、支护参数、施工机械性能及运输通道条件综合考虑。

1. 分层高度宜为4～8m。对高地应力区，应减小分层高度。

2. 顶层开挖宜采用先导洞、后扩挖的方法进行，前后开挖面可错开30～50m。开挖后应及时支护。

3. 中、下部开挖宜优先采用直立边墙预裂、分层开挖、随层支护的方法。也可采用预留保护层，中间采用台阶爆破、两侧采用光面爆破的方法。

4. 地下厂房岩壁吊车梁应制定专项开挖措施。

2.5.3 Ⅳ类、Ⅴ类围岩可采用先墙后拱法开挖和衬砌，边导洞的布置根据工程条件和围岩稳定情况确定。

2.5.4 洞室断面设有拱座，采用先拱后墙法施工时，应注意保护和加固拱座岩体。拱座下部岩体开挖时，应遵守下列规定：

1. 拱脚下部开挖面至拱脚线的最低点距离，不宜小于 1.5m。

2. 拱脚及相邻处的边墙开挖，应有专项措施。

3. 顶拱混凝土强度应达到设计强度的 75% 以上，方可开挖拱座以下岩体。

2.5.5　与特大断面洞室交叉的洞口，宜采用先洞后墙法，并进行加强支护。如采用先墙后洞法施工，应先做好洞脸支护和锁口，并按洞口开挖原则进行。

2.5.6　相邻两洞室之间的岩墙或岩柱，应根据地质情况确定支护措施。相邻洞室的开挖程序，宜采取间隔开挖，及时支护。相邻洞室开挖时，前后开挖作业面应错开 30m 以上，并在先开挖的洞室完成初期支护后再开挖相邻洞室。

3 钻 孔 爆 破

目前我国地下洞室的开挖方法仍然是以钻孔爆破法为主，钻孔爆破开挖方法仍然是最普通和最常用的施工方法，其施工过程中的安全问题贯穿于全部开挖过程，包括火工材料选择、运输保管、使用以及火工材料的销毁等，因此采用钻孔爆破法开挖时必须遵守 GB 6722—2014《爆破安全规程》的有关规定，以确保施工安全。

3.1 钻孔爆破设计

3.1.1 施工单位应根据设计图纸、地质情况、爆破器材性能及钻孔机械等条件和爆破试验结果进行钻孔爆破设计。钻孔爆破设计应包括下列内容：

1. 掏槽方式：应根据开挖断面大小、围岩类别、钻孔机具等因素确定。若采用中空直眼掏槽时，应尽量加大空眼直径和数目。

2. 炮孔布置、深度及角度：炮孔应均匀布置；孔深应根据断面大小、钻孔机具性能和循环进尺要求等因素确定；钻孔角度应按炮孔类型进行设计，同类钻孔角度应一致，钻孔方向可按平行或收放等形式确定。

3. 装药量：应根据围岩类别确定。任一炮孔装药量所引起的爆破裂隙伸入到岩体的影响带不应超过周边孔爆破产生的影响带。应选用合适的炸药，特别是周边孔应选用低爆速炸药或采用间隔装药、专用小直径药卷连续装药。

4. 确定堵塞方式。

5. 起爆方式及顺序：宜采用塑料导爆管、非电毫秒雷管，根据孔位布置分段爆破，其分段爆破时差，应使每段爆破独立作用；周边孔应同时起爆。

6. 当施工现场附近存在相邻建筑物、浅埋隧洞或附近有重点保护文物时，应按其抗振要求进行专项设计，并进行爆破振动控制计算。

7. 绘制炮孔布置图。如图 8-3 所示。

3.1.2 地下洞室设计轮廓线的开挖，应采用光面爆破或预裂爆破技术。光面爆破和预裂爆破是广泛应用的控制性爆破技术，其最主要的目的是控制开挖轮廓线，满足规范和设计要求。这两种爆破技术可最大限度地减少爆破对围岩的扰动，保护围岩的固有强度，减少超挖，同时也是具有经济效益的施工技术。

光面爆破是指沿开挖边界布置密集炮孔，采取不耦合装药或装填低威力炸药，在主爆区之后起爆，以形成平整的轮廓面的爆破作业。

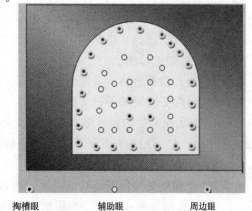

掏槽眼　　　　辅助眼　　　　周边眼

图 8-3　炮孔布置示意图

　　预裂爆破是沿开挖边界布置密集炮孔，采取不耦合装药或装填低威力炸药，在主爆区之前起爆，从而在爆区与保留区之间形成预裂缝，以减弱主爆孔爆破对保留岩体的破坏并形成平整轮廓面的爆破作业。

3.1.3 光面爆破和预裂爆破主要参数，应通过试验确定。开挖施工前，应进行爆破参数的试验。

3.1.4 地下洞室开挖施工过程中，应根据地质条件和实际爆破效果对爆破参数进行调整。

3.1.5 普通钻孔爆破，钻孔直径不宜大于 50mm，深孔梯段爆破，钻孔直径不宜大于 100mm。

3.1.6 特殊工程部位的爆破开挖，应按设计要求进行专项钻孔爆破设计。

3.1.7 特大断面洞室中、下部开挖，宜采用深孔台阶钻孔爆破法施工，其钻孔爆破设计应满足的要求：

　　1. 周边轮廓应先行预裂或预留保护层。

　　2. 采用非电毫秒雷管分段起爆。

　　3. 按围岩和建筑物的抗震要求，控制最大一段的起爆药量。

　　4. 按分层高度造孔，其单孔药量不应超过允许值，并采用孔间微差顺序起爆技术。

　　5. 爆破石渣的块径大小和爆堆，应适合装渣机械作业。

3.2　钻孔爆破作业

3.2.1 钻孔爆破作业，应按照批准的爆破设计图进行。

3.2.2 爆破孔深度应满足开挖循环的进尺要求。

3.2.3 钻孔质量应符合下列要求：

　　1. 钻孔孔位应根据测量定出的中线、腰线及孔位轮廓线确定。

　　2. 周边孔沿轮廓线调整的范围和掏槽孔的孔位允许偏差宜为±50mm，其他炮孔的孔位允许偏差宜为±100mm。

　　3. 炮孔的孔底应落在爆破图所规定的平面上。

　　4. 炮孔方向应符合设计要求，钻孔过程中，应经常进行检查，对周边孔和预裂爆破孔应控制好钻孔角度。

　　5. 爆孔孔径、孔深、孔斜应满足爆破设计要求。

3.2.4 炮孔的装药、堵塞和引爆线路的连接，应由取得爆破员资质的作业人员持证上岗，按爆破设计图进行施工。

3.2.5 炮孔检查合格后进行装药，炮孔堵塞应密实。

3.2.6 引爆方法可按下列情况确定：

　　1. 宜优先采用塑料导爆管、非电毫秒雷管引爆；在杂散电流较大或用吊罐法、爬罐法施工时，应采用塑料导爆管、非电毫秒雷管引爆。

　　2. 预裂或光面爆破宜采用导爆索引爆。

3.2.7 光面爆破和预裂爆破的效果，可按下列标准检验：

　　1. 残留炮孔痕迹应在开挖轮廓面上均匀分布，炮孔痕迹保存率：完整岩石等于或大于 80%，较完整和完整性差的岩石不小于 60%，较破碎和破碎岩石不小于 20%。

2. 相邻两孔间的岩面应平整，孔壁不应有明显的爆震裂隙。

3. 相邻两茬炮之间的台阶或预裂爆破的最大外斜值应小于 200mm。

4. 预裂爆破后应形成贯穿性连续裂缝。

3.3 爆破开挖的安全规定

3.3.1 使用的爆破材料应符合国家规定的技术标准，每批爆破材料使用前应进行有关的性能检验。

3.3.2 爆破材料的运输、储存、加工、现场装药、起爆及哑炮处理，应遵守 GB 6722—2014《爆破安全规程》的规定。

3.3.3 爆破时，施工人员应撤至飞石、有害气体和冲击波的影响范围之外。单向开挖时，安全地点至爆破作业面的距离应不小于 200m。

3.3.4 几个工作面同时爆破时，应有专人统一指挥，确保起爆人员的安全和相邻炮区的安全。

3.3.5 工作面爆破散烟后，应先进行爆破面的安全检查，撬、挖、敲除松动石块，采用大型机械施工的，也可用挖掘机斗齿清挖，上一工序完成并确认松动岩块全部清除后，下一工序的施工人员才能进入工作面从事出渣或其他作业。

3.3.6 当相向开挖的两个工作面相距小于 30m 或 5 倍洞径距离爆破时，双方人员均应撤离工作面；相距 15m 时，应停止一方工作，单向开挖贯通。

3.3.7 竖井或斜井单向自下而上开挖，与贯通面距离为 1.5 倍洞径时，应自上而下钻爆贯通，可采用一次钻孔，分段起爆法。

3.3.8 爆破前，应将施工机具撤离至距爆破工作面不小于 100m 的安全地点，对难以撤离的施工机具、设备应妥善防护。

3.3.9 开挖面与衬砌面平行作业时的距离，应根据围岩特性、混凝土龄期强度的允许质点的振动速度及开挖作业需要的工作空间确定。因地质原因需要混凝土衬砌紧跟开挖面时，按混凝土龄期强度的允许质点振动速度确定最大单段装药量。

3.3.10 采用电力起爆方法，装炮时距工作面 30m 以内应断开电源，可在 30m 以外用投光灯或矿灯照明。

3.3.11 爆破完成后，待有害气体浓度降低至规定标准时，方可进入现场处理哑炮并对爆破面进行检查，清理危石。清理危石应由有施工经验的专职人员负责实施。

3.4 爆破试验与监测

3.4.1 施工前应进行爆破试验。爆破试验可根据工程规模、地质条件，选择以下项目和内容：火工材料性能试验；爆破参数及爆破方法试验；光面爆破、预裂爆破参数试验；测定地震波的衰减规律；测定爆破影响深度；爆破震动试验。对于小型工程，爆破试验可以结合开挖施工进行。

3.4.2 爆破试验应由具有爆破资质的单位进行。爆破试验所使用的仪器，应经计量部门检定。

3.4.3 特大断面洞室和地下洞室群，在施工过程中应开展爆破效果的监测。爆破监测可采用宏观调查与仪器监测相结合的方法进行，爆破监测的主要内容应根据工程规模和安全要求确定，其主要内容为：检测岩体松动范围；监测爆破对邻洞、高边墙、岩壁吊车梁的振动影响；爆破区附近的岩体变化情况。

3.4.4 爆破监测可采用地震波法、声波法或压水试验法。爆破监测以监测质点振动速度为主。

3.4.5 应做好爆破试验和爆破监测资料的记录、整理和分析，及时提出试验研究报告和监测报告。监测结果应作为工程竣工验收的备查资料。

4 掘进机开挖作业

随着国民经济的发展，兴建各种用途的长隧洞越来越多，采用常规钻孔爆破法开挖隧洞难以满足快速、安全、文明施工的需要。掘进机开挖技术经过近半个世纪的发展，应用已相当成熟，如图8-4所示。

图8-4 掘进机开挖现场作业图

4.1 一般规定

4.1.1 开始掘进之前，施工单位应根据建设单位提供的地质资料和设计文件编制施工组织计划，并应根据可能遇到的不良地质条件制定可靠的技术保障措施。

4.1.2 采购掘进机时，应向掘进机制造厂商提供详细的地质资料，选用的掘进机应适应工程可能遇到的地质条件和地层岩性。

4.1.3 参与掘进机操作和相应管理的人员，其专业组成应配套齐全，并经专门培训合格后持证上岗。

4.1.4 地下洞室宜采用全断面岩石掘进机开挖应符合的条件为：

1. 洞室断面为圆形、开挖直径为3～12m、掘进长度不小于10km。

2. 岩体物理力学指标及构造较均匀、岩石单轴饱和抗压强度小于200MPa、岩溶不发育、地下涌水量较小。

3. 无开挖施工支洞及竖井条件。

4.2 掘进机的选择

4.2.1 在较为完整的坚硬或中等坚硬岩体中开挖隧洞时，宜采用开敞式掘进机开挖，在完整性较差、中等坚硬或软弱的岩体中开挖隧洞时，宜采用双护盾式掘进机开挖；在砂层或饱和土层中开挖隧洞时，宜采用盾构式掘进机开挖。

4.2.2　全断面岩石掘进机的性能应满足下列要求：

1. 应具备精确的导向功能和调整方向的能力，并能及时纠正运行的偏差，以保证隧洞轴向和坡度在设计允许的范围内。

2. 应具有数据采集系统，能够存储信息，记录掘进机工作状态和参数等功能。

3. 应具有超前钻探功能，超前钻探深度不宜小于20m。

4. 应具有超前加固围岩和超前灌浆功能，以保证掘进机能够顺利通过不良地质洞段。

5. 应具有调节开挖直径的功能，遇到刀头磨损严重、隧洞开挖后变形较大等情况时，开挖洞径仍能控制在设计允许误差之内。

6. 掘进机的最大推力、最大扭矩、刀盘转速、掘进速度等参数的选择应留有余地，刀盘应具有反转功能。

7. 直径较大的刀盘应适当分块并设置进入口，便于运输和进入工作面检修。

8. 应具有粉尘和环境保护的控制设施，并应配备清除洞壁岩粉、清洗洞壁的设备。

9. 应配备满足地质编录和超前地质预报需要的仪器和设备。

10. 开敞式掘进机应配备喷射混凝土泵、锚杆钻机、钢拱架及钢筋安装机等设备。

11. 当选择预制钢筋混凝土管片衬砌方案时，应配备便于管片快速、准确、平整安装的设备，同时还应配备充填5～10mm专用骨料和灌浆的设备。

12. 应配备相应的检测设备，以满足掘进、支护、衬砌和回填灌浆等施工质量检测的需要。

4.2.3　在施工现场，掘进机使用的刀具及易损件应有充足的储备，便于及时更换和维修。

4.2.4　在开始掘进之前，应将有关掘进机的安装使用说明、掘进机的性能、技术指标、机械、电气、液压系统的维护、保养等资料报送监理单位。

4.3　掘进机开挖作业规定

4.3.1　掘进机开始作业之前，应进行整体试运转，运转正常后方可进洞掘进。操作人员应严格按操作规程作业。每天开始掘进前，应对所有设备和部件进行例行检查和维护；每周还应对主要部件和系统进行全面检查和维护。

4.3.2　掘进机起步洞室、检修洞室、拆卸洞室或超过一定长度的岩体软弱洞段，宜按常规钻孔爆破法开挖和进行支护，并应满足掘进机安装及安全通过要求。

4.3.3　采用掘进机开挖的隧洞，洞轴线的水平允许偏差为±100mm，洞底高程允许偏差为±60mm，隧洞开挖轮廓线的允许偏差应满足设计要求。

4.3.4　施工单位应对开挖后的实际断面尺寸进行跟踪测量，对掘进后的洞段应及时进行地质编录。

4.3.5　施工单位每天应填写反映掘进机工作情况的日报表，日报表中应有下列主要内容：每天掘进机开挖的起止桩号；所掘进的洞段开挖轮廓线、高程和洞轴线偏差的检查结果；掘进机的实际运行参数；机械故障及维修的详细情况；替换刀具的位置及清单；安装管片衬砌的长度及其安装质量；洞内各类人员和设备投入数量；开挖洞段的地质条件，所遇到的特殊地质问题，并出具相应的检测数据和处理措施。

4.3.6 掘进机开挖的石渣，应通过与掘进机配套的出渣系统送至洞外，出渣设备的输送能力应满足掘进机最大生产能力的要求。可选用连续胶带机或有轨矿车等出渣方案。

4.3.7 通风系统应进行专门设计，工作面附近的风速应不低于 0.25m/s。

4.3.8 使用掘进机开挖，应保证有足够、稳定的电力供应。

5 支 护

地下工程开挖过程中，为防止围岩坍塌和石块下落采取了支撑、防护等安全技术措施。安全支护是地下工程施工的一个重要环节，只有在围岩经确认是十分稳定的情况下，方可不加支护。需要支护的地段，应根据地质条件、洞室结构、断面尺寸、开挖方法、围岩暴露时间等因素，做出支护设计。支护有构架支撑及锚喷支护两种型式，支护型式要适应围岩的变形要求，除特殊地段外，宜优先采用锚喷支护。

5.1 喷锚支护

喷锚支护指的是采用锚杆、喷射混凝土加固岩（土）体的技术措施。喷锚支护已成为地下工程建设中普遍存在的一种围岩加固技术，不仅应用广泛，而且工程量很大，特别对解决复杂地质条件的地下工程建设和施工具有重要意义。锚杆、喷射混凝土支护是一种经济、快速的岩体加固技术。实施这种加固措施的目的是提高围岩的整体性，保证围岩和支护共同工作，进而充分发挥和最大可能提高围岩承载能力，如图 8-5 所示。

图 8-5 喷锚支护施工现场图

5.1.1 一般规定：

1. 为了确保施工期岩体稳定和安全施工，开挖过程中需进行初期支护。初期支护是永久支护的有机组成部分，初期支护包含锚、喷和钢结构支撑，支护后不再拆除。初期支护包括预支护。

2. 围岩类别、支护类型、爆破参数等因素确定。应在围岩出现有害松弛变形前支护完成。稳定性差的围岩（软岩）应做预支护，开挖后初期支护应紧跟工作面。

3. 应进行现场监测，掌握围岩变形动态，指导设计和施工。

4. 开挖后需要支护的地段，应根据围岩条件、洞室断面型式、断面尺寸、开挖方法、围岩自稳时间等因素，确定以锚杆、喷射混凝土为主的支护方案。

5. 同一地段支护与开挖作业间隔时间、施工顺序及支护跟进方式，应根据围岩条件、爆破参数、支护类型等因素确定。支护应根据批准的施工方法进行施工。稳定性差的围岩、支护应紧跟开挖作业面实施，必要时还应采用超前支护的措施。

6. 喷头和注浆管的操作人员，喷射机和注浆器的司机，应经培训和考核合格后方能执行正式施工任务。

7. 施工单位应搞好现场管理和场地安排，实现与洞内其他施工项目的平行交叉作业，并使主要操作人员相对稳定，保证锚喷支护施工作业的正常进行，不断提高施工质量。

8. 施工单位应建立健全锚喷支护的质量检查制度，配备专职人员，采用自检和专职检查相结合的方法，将质量检查工作贯穿于锚喷支护施工的始终，切实把好质量关。

9. 若临时支护工程作为永久支护的组成部分，其原材料和支护参数的选择应满足设计要求。

10. 锚喷支护施工，设计、地质、施工三方面必须密切配合，根据围岩条件的变化情况，因地制宜地调整支护方案和施工措施，做到安全可靠、经济合理。

11. 抗震设防烈度为 9 度的地下结构或抗震设防烈度为 8 度的地下结构，当围岩有断层破碎带时，应验算锚喷支护和围岩的抗震强度及稳定性。抗震设防烈度大于 7 度的地下结构进出口部位，其所处岩体破碎或节理裂隙发育时，应验算其抗震稳定性。

5.1.2 喷锚支护设计：

1. 局部地质或工程条件复杂区段的锚喷支护设计，应符合下列规定：

（1）洞口段、洞室交叉口洞段、断面变化处、洞室轴线变化洞段等特殊部位，均应加强支护结构。

（2）围岩较差地段的支护，应向围岩较好地段适当延伸。

（3）断层、破碎带或不稳定块体，应进行局部加固。

（4）当遇岩溶时，应进行处理或局部加固。

（5）对可能发生大体积围岩失稳或需对围岩提供较大支护力时，宜采用预应力锚杆加固。

2. 对下列特殊地质条件的锚喷支护设计，应通过试验或专门研究后确定：

（1）未胶结的松散岩体。

（2）有严重湿陷性的黄土层。

（3）大面积淋水地带。

（4）能引起严重腐蚀的地段。

（5）严寒地区的冻胀岩体。

5.1.3 支护体材质选择：

1. 用作锚杆或锚索的钢筋或钢丝，必须符合下列规定：

（1）材料性能指标满足设计要求。

（2）牌号不明或混合存放的材料，经试验证明其性能指标满足要求后方可使用。

（3）使用前经过调直、除锈、去污等处理。

2. 喷射混凝土原材料的选择：

（1）应优先选用新鲜的普通硅酸盐水泥，其标号不宜低于 32.5MPa。也可采用新鲜的、标号不低于 42.5MPa 矿渣水泥。必要时，经过试验论证也可选用特种水泥。

（2）应优先选用天然砂，也可采用人工砂。砂的细度模数宜为 2.5～3.0，含水率宜为 5％～7％。砂的质量应符合 SL 677《水工混凝土施工规范》的规定。

（3）应优先采用坚硬、耐久，磨圆度好的卵石，也可采用机械碎石。卵石或人工碎石质量应符合 SL‐677《水工混凝土施工规范》的规定。卵石或人工碎石的粒径不宜大于15mm，其级配应符合表 8‐8 的规定。回弹料不宜重新使用。采用碱性速凝剂时，不得使用碱活性骨料。

表 8‐8　　　　　　　　　　　　喷射混凝土用骨料级配表

骨料粒径 /mm	通过各种筛径的累计重量百分数/%							
	0.15	0.30	0.60	1.20	2.50	5.00	10.00	15.00
优	5～7	10～15	17～22	23～31	34～43	50～60	73～82	100
良	4～8	5～22	13～31	18～41	26～54	40～70	62～90	100

（4）施工中可使用速凝、早强、减水、增黏、放水等性能的外加剂。掺入各种外加剂后，喷射混凝土性能应满足设计要求。使用各种类型的外加剂应进行与水泥及拌和用水的相容性试验及水泥净浆试验。掺入速凝剂的喷射混凝土初凝时间不应大于 5min，终凝时间不应大于 10min。

（5）喷射用水的质量必须满足 SL 677《水工混凝土施工规范》有关条款的规定，且不影响速凝效果。

3. 混合料的配合比及质量允许偏差值：

（1）水泥与砂石的质量比：干喷法宜为 1.0：4.0～1.0：4.5；湿喷法宜为 1.0：3.5～1.0：4.0。

（2）砂率：干喷法宜为 45％～55％；湿喷法宜为 50％～60％。

（3）水灰比：干喷法宜为 0.40～0.45；湿喷法宜为 0.42～0.50。

（4）速凝剂或其他外加剂的掺量应通过净浆试验确定。

（5）施工前应进行喷射混凝土的配合比试验。

（6）各种原材料按质量计量，质量的允许偏差值为：

1）水泥和速凝剂为±2％。

2）砂、石料均为±3％。

3）钢纤维为±1％。

5.1.4 喷锚支护施工：

1. 锚喷支护施工应遵守下列原则：

（1）根据开挖后的围岩稳定状况，确定锚喷支护顺序与时机。对变形超限的部位应加强支护，其支护型式与参数应根据变形大小确定。

（2）施工前，应通过试验确定喷射混凝土施工使用的配合比；施工过程中，应保证其强度、厚度和均匀性满足规范要求。

（3）锚杆注浆应密实。

（4）锚杆的锚固强度及围岩与喷层之间的黏结强度应符合设计要求。

（5）分次施作同一断面的支护结构应相互连接，其整体性应满足围岩稳定要求。

（6）对破碎、易风化、遇水易膨胀等岩体，应及时封闭岩面。

（7）对地下水发育地段，应采取排水措施。

（8）各种支护措施的施工应遵守 SL 377《水利水电工程锚喷支护技术规范》的规定。

2. 锚杆孔施工应遵循下列规定：

（1）根据设计要求和围岩情况决定孔位并做出标记，开孔偏差小于 100mm。

（2）锚杆孔轴线与设计轴线的偏差角应符合设计要求，施工中如需设置局部锚杆时，其孔轴线方向应按最优锚固角布置。当受施工条件限制时，在不影响锚固效果的前提下可适当调整锚杆轴线方向。

（3）铺杆孔直径应符合规定，其中水泥砂浆锚杆孔径应大于杆体直径 20mm 以上。

（4）锚杆孔深度应符合设计要求，超深不宜大于 100mm。

（5）孔内的岩粉和积水应洗吹干净。

（6）锚杆安装前应对锚杆孔进行检查，对不符合要求的锚杆孔应进行处理。

（7）洞内钻孔施工如图 8-6 所示。

图 8-6　洞内钻孔施工图

3. 锚杆安装按下述规定进行：

（1）采用先注浆后插杆的施工方法时，锚杆孔注满砂浆后应及时插入锚杆体。

（2）杆体插入孔内的长度应符合设计要求。插入困难时可利用机械顶推或风镐冲击。当锚杆端部有螺纹时应注意保护杆体端部螺纹不被损坏。

（3）锚杆体插入后，在孔口处用铁楔固定并封闭孔口。

（4）锚杆安装后，在砂浆强度达到设计要求之前，不应敲击、碰撞或牵拉锚杆。同钢筋网连接的锚杆，孔口处必须固定牢固。

（5）在遇到锚杆孔处理困难，杆体或注浆管不能插到孔底，宜采用自钻或砂浆锚杆。

4. 锚杆注浆应遵守下列规定：

（1）使用能够连续注浆的锚杆注浆机或砂浆泵，出口压力应能达到 1.0MPa，输送能力应大于 0.7m/h。

（2）采用先注浆后插杆的施工方法时，注浆管应插到孔底，然后退出 50~100mm 开始注浆，注浆管随砂浆的注入缓慢匀速拔出，使孔内填满砂浆。

（3）采用先插杆后注浆的方法时，待排气管出浆时方可停止注浆。

（4）如遇塌孔或孔壁变形注浆管插不到孔底时，应对锚杆孔进行处理，使注浆管能顺利插到孔底，必要时应补打锚孔或使用自钻式锚杆。

（5）注浆工艺须经注浆密实性模拟试验，密实度检验合格后方能在工程中实施。

5.2 构架支撑与锚喷联合支护

5.2.1 拱架支撑与锚喷联合支护应在Ⅳ类、Ⅴ类围岩中使用，拱架支撑结构应根据开挖断面、开挖方式和围岩稳定条件等因素进行设计，并在加工厂制作。

5.2.2 拱架支撑间距应根据开挖后围岩条件与开挖循环进尺确定。

5.2.3 拱架支撑应沿实际开挖轮廓线紧贴开挖面安装，与围岩之间的空隙应立即用喷射混凝土充填。空隙较大部位应以 $\phi25mm$ 钢筋支撑于岩面，再分次喷射混凝土直至充填饱满。

5.2.4 钢构架支撑有格栅构架和型钢构架两类，架设时应符合下列条件：

1. 支撑架应有足够刚度，接头牢固可靠，相邻钢构架之间应连接牢靠。

2. 每排支撑应保持在同一平面上，支撑构件各节点与围岩之间应楔紧。

3. 支撑柱基应放在平整的岩面上，柱基较软时应设垫梁或封闭底梁，在斜井中架设支撑时，应挖出柱脚平台或加设垫梁。

4. 应采取措施保证支撑构件与围岩结合紧密。

5. 支撑应定期检查，发现杆件破裂、倾斜、扭曲、变形等情况应立即加固。

6. 钢构架背面应采用不易降解的材料充填。

5.2.5 拱架支撑的安装应符合下列规定：

1. 每榀拱架支撑拼装后应具有整体性，接头应牢固可靠，各排之间应使用剪力撑、水平撑或连接筋连接。

2. 每榀拱架支撑应保持在同一平面上，并与洞轴线正交。

3. 拱架支撑的柱脚应置于完整的岩面上。在斜井中安装拱架支撑时，应开挖出柱脚平台，地层软弱时应加设垫墩。

4. 拱架支撑应与锚杆、喷射混凝土的钢筋网连接。

5. 拱架支撑应置于永久衬砌断面之外。若需侵占衬砌断面时，应与设计单位商定。由于侵占永久衬砌断面需要拆除时，应采取可靠的安全措施。

6. 拱架支撑在加工厂制作完成后，应按金属构件加工要求及时组织验收，并出具合格证，再运至施工现场安装使用。

5.2.6 斜井拱架支撑安装时，还应遵守下列规定：

1. 应加设纵梁或斜撑，防止格栅支架下滑。

2. 当斜井倾角不小于 30° 时，拱架支撑连接宜用夹板；倾角不小于 45° 时，拱架支撑应采用框架结构。

3. 当斜井倾角大于底板岩层的稳定坡角时，底板应加设底梁。

4. 柱腿与基岩应结合稳固。

5. 钢构架背面不允许垫衬木料、塑胶等可腐蚀与易老化的材料。

5.3 支护施工安全规定

5.3.1 支护应按施工组织设计或施工图要求适时施做。

5.3.2 喷射混凝土作业过程中，应经常查看出料喷头、出料管和管路接头有无破损和松脱现象，发现异常应及时处理。

5.3.3 喷射机、水箱、风包、注浆器、注浆泵等密封及压力容器应定期进行耐压检查，合格后方可使用。压力容器应安装安全阀，使用过程中发现失灵时应立即更换。

5.3.4 带式送料机及其他配有外露的转动和传动装置应设保护罩。

5.3.5 非操作人员不应进入作业区，喷头、注浆管前方严禁站人。

5.3.6 检验锚杆锚固力或对锚杆施加预应力时，拉力计及孔口设备应安装牢固。锚杆张拉时，前方或下方严禁布置设备或停留操作人员。

6 衬 砌

6.1 衬砌的分类

采用掘进机开挖的隧洞，应根据围堰地质条件，通过技术经济比较确定衬砌型式。混凝土衬砌效果如图8-7所示。

混凝土衬砌形式可分为：现浇混凝土衬砌、喷射混凝土衬砌或锚杆、钢筋网喷射混凝土衬砌和预制钢筋混凝土管片衬砌（见图8-8）。

图8-7 混凝土衬砌效果图

图8-8 衬砌混凝土浇筑施工现场图

6.2 衬砌应注意的事项

6.2.1 采用现浇混凝土衬砌的隧洞，衬砌应在隧洞贯通后或掘进机开挖一定距离后进行。

6.2.2 采用喷射混凝土或锚杆、钢筋网喷射混凝土衬砌时，衬砌应紧跟开挖面进行。

6.2.3 采用钢筋混凝土预制管片衬砌方案时，管片结构应进行专门设计，底部管片宜设置底座。

6.2.4 管片应由预制工厂生产，出厂前进行编号，验收合格后方可运至现场，使用管片拼装机进行拼装。

6.2.5 管片安装误差，可按下列要求控制：

1. 管片径向安装误差为±20mm。

2. 管片接缝处最大起伏差为±5mm。

6.2.6 预制钢筋混凝土管片衬砌方案宜使用于无压隧洞。管片设计参数如下：

1. 管片形状：一般有四边形和六边形两种，四边形管片安装精度高，由于相邻管片之间用螺栓连接，安装速度慢，费用高；六边形管片安装精度略低，但施工方便，安装速度快，属镶嵌式结构，结构受力条件较好；管片环向缝宜采用连接销自锁装置；管片纵向缝是否设螺栓或导向杆，应进行技术论证。

2.管片宽度：管片宽度主要受洞径大小、运输和安装设备能力的限制，且应与掘进机推进缸的冲程长度相适应，一般取1.2～2.0m。

3.管片厚度：同一台掘进机使用的管片尺寸相同，管片厚度和含筋量应根据地质条件、洞径大小、埋深、荷载（包括施工荷载）等因素通过结构计算确定。

4.双护盾式掘进机的尾护盾底部一般是开敞的，底管片可直接坐落到围岩上。为了保证底拱管片与围岩之间存有一定的间隙，底管片宜设有高20～75mm、边长300～600mm的四个正方形或长方形底座。

6.2.7 管片生产宜采用工厂化生产，蒸汽养护，以满足快速掘进的需要。钢筋混凝土管片制作应与隧洞开挖和村砌的进度一致，管片堆放场最少应能存放满足10d隧洞开挖进尺所需的管片数量，并准备一定数量的重型管片，用于不良地质条件洞段。

6.2.8 为防止管片接缝处外水内渗或内水外渗，管片周边内侧预留槽中宜安装遇水膨胀或复合橡胶止水条。管片内侧接缝用不低于管片标号的聚合物砂浆勾缝，能够防止回填灌浆时水泥浆液漏出和保护明止水。

7 监 控 量 测

7.1 监控量测的目的及意义

7.1.1 监控量测是指在工程施工和运营阶段，通过使用各种量测仪器和工具，对围岩变化情况及支护结构的工作状态进行监测，及时提供围岩稳定程度和支护结构可靠性信息的工作，如图8-9所示。

图8-9 监控量测施工现场图

7.1.2 施工期监控量测是为了捕捉各种围岩变形信息指导安全施工。施工期安全监测的项目，仪器类型的确定及布置与工程等级、洞室规模、地形地貌、围岩条件以及施工方法等有关。

7.1.3 地下洞室开挖过程中的监控量测是保证施工安全的重要措施。应作为施工组织设计的一个重要组成部分，在施工前进行开挖工程施工组织设计中做专门设计，为施工管理及时提供围岩稳定性和支护可靠性信息、二次衬砌合理的施作时间、修改支护设计和变更施工方法的依据。

7.2 监控量测的规定

7.2.1 开工前应根据隧道规模、地形、地质条件、施工方法、支护类型和参数、工期安排，以及确定的量测目的等，进行监控量测设计。

7.2.2 监控量测工作必须紧跟开挖、支护作业，按设计要求布点和监测并做好记录。

7.2.3 隧洞、洞室实施现场监控量测，现场监控量测范围见表8-9。

表8-9　　　　　　　　　　　隧洞、洞室实施现场监控量测表

围岩分级	洞室跨度或高度 B/m				
	$B \leqslant 5$	$5 < B \leqslant 10$	$10 < B \leqslant 15$	$15 < B \leqslant 20$	$20 < B$
Ⅰ	—	—	△	△	√
Ⅱ	—	△	√	√	√
Ⅲ	△	√	√	√	√
Ⅳ	√	√	√	√	√
Ⅴ	√	√	√	√	√

注　1. "√"者为应实施现场全面监控量测的隧洞洞室。
　　2. "△"者为应实施现场局部区段监控量测的隧洞洞室。

7.2.4 监控量测设计内容应包括:确定监控量测项目;选择监测仪器的类型、数量和布置;进行监控量测数据整理分析、监控信息反馈和支护参数与施工方法的修正。

7.2.5 现场监控量测应由业主委托第三方负责实施,并应及时反馈监测信息。

7.2.6 实施现场监控量测的隧洞与洞室工程应进行地质和支护状况观察、周边位移、顶拱下沉和预应力锚杆初始预应力变化等多项量测。工程有要求时尚应进行围岩内部位移、围岩压力和支护结构的受力等项目量测。

7.2.7 现场监控量测的隧洞、洞室、若位于城市道路之下或临近建(构)筑物基础或开挖对地表有较大影响时,应进行地表下沉量测和爆破震动影响监测。

7.2.8 需采用分期支护的隧洞洞室工程,后期支护应在隧洞位移同时达到下列三项标准时实施:

1. 连续 5d 内隧洞周边水平收敛速度小于 0.2mm/d;拱顶或底板垂直位移速度小于 0.1mm/d。

2. 隧洞周边水平收敛速度及拱顶或底板垂直位移速度明显下降。

3. 隧洞位移相对收敛值已达到允许相对收敛值的 90% 以上。

7.2.9 洞室现场监控量测的周边位移,应结合围岩地质条件、洞室规模和埋深、位移增长速率、支护结构受力状况等进行综合评判:

1. 当位移增长速率无明显下降,而此时实测的相对收敛值已接近表 8-10 规定的数值,同时喷射混凝土表面已出现明显裂缝,部分预应力锚杆实测拉力值变化已超过拉力设计值的 10%;或者实测位移收敛速率出现急剧增长,则应立即停止开挖,采取补强措施,并调整支护参数和施工程序。

表 8-10   隧洞、洞室周边允许相对收敛值   %

围岩类别	洞室埋深		
	<50m	50~300m	300~500m
Ⅲ	0.10~0.30	0.20~0.50	0.40~1.20
Ⅳ	0.15~0.50	0.40~1.20	0.80~2.00
Ⅴ	0.20~0.80	0.60~1.60	1.00~3.00

注 1. 洞周相对收敛值是指两侧点间实测位移值与两侧点间距离之比,或拱顶位移实测值与隧道宽之比。

    2. 脆性围岩取小值,塑型围岩取大值。

    3. 本表适用于高跨度比 0.8~1.2、埋深<500m,且其跨度分别不大于 20m(Ⅲ级围岩)、15m(Ⅳ级围岩)和 10m(Ⅴ级围岩)的隧洞洞室工程。否则应根据工程类比,对隧洞、洞室周边允许相对收敛值进行修正。

2. 经现场地质观察评定,认为在较大范围内围岩稳定性较好,同时实测位移值远小于预计值而且稳定速度快,此时可适当减小支护参数。

3. 支护实施后位移速度趋近于零,支护结构的外力和内力的变化速度也趋近于零,则可判定隧洞洞室稳定。

7.2.10 施工期间的监测项目宜与永久监测项目相结合,按永久监测的要求开展监测工作。

7.2.11 有条件时应利用导洞等开挖过程的位移监测值进行围岩弹性模量和地应力的位移反分析。

7.3 安全监测项目

7.3.1 安全监测项目。根据地质条件、围岩特性、结构状态、工程规模、支护方式等选择有代表性的部位，确定安全监测项目。

安全监测项目主要分为：

1. 巡视检查。
2. 变形监测。
3. 渗流监测。
4. 应力应变监测。
5. 其他。

7.3.2 安全监测主要内容：

1. 布置安全监测断面。
2. 确定安全监测内容。
3. 设定安全监测仪器（测点）的位置。

7.3.3 安全监测项目和内容选择，见表8-11。

表8-11　　　　　　　　　　　　监测项目和内容选择表

序号	监测项目	监测内容	小断面	中断面	大断面	特大断面
1	巡视检查	洞室、支撑渗流等	●	●	●	●
2	变形	表面变形	●	●	●	●
		内部变形	○	○	●	●
		支撑变形	×	○	○	●
		地表沉降	○	○	○	○
3	渗流	渗流量	×	○	●	○
		渗透压力	×	×	●	○
		水质分析	×	×	●	○
4	应力应变	锚杆应力	○	●	●	●
		锚固力	×	○	●	●
		支撑应力	×	○	○	●
5	其他	围堰波速	○	○	×	●
		爆破震动	×	○	○	●

注　●为必测项目；○为选测项目；×为不测项目。

7.4 地下工程监测仪器

7.4.1 监测仪器选择原则。监测仪器应选择耐久性良好、抗振性强、防潮性优、性能稳定、安装埋设和更换方便、易于采集数据、对施工干扰小、经济合理的仪器。

7.4.2 监测仪器的种类：

1. 位移监测应使用单点位移计、多点位移计或钻孔测斜仪。

（1）单点位移计（见图8-10）：所测位移量为洞壁与锚杆固定点间的相对位移。

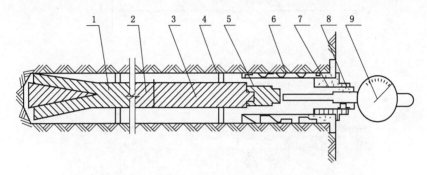

图8-10 单点位移计

1—砂浆；2—锚杆体；3—连接杆；4—固定环；5—测头；

6—外壳；7—定位器；8—测环；9—百分表

（2）多点位移计：多点位移计按位移量测仪器的不同有机械式（见图8-11）和电测式（见图8-12）两类。机械式一般采用深度测微计、千分表或百分表，电测式采用的位移传感器常用的有电阻式、电感式、差动式和钢弦式等多种。

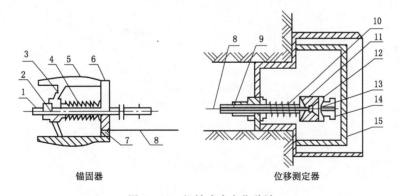

锚固器   位移测定器

图8-11 机械式多点位移计

1—上紧螺栓；2—上紧螺母；3—支撑；4—拉簧；5—侧铁；6—基铁；7—夹紧螺钉；8—钢丝；

9—簧座；10—压簧；11—滑杆；12—夹线块；13—压紧螺钉；14—测读面；15—测读板

（3）钻孔测斜仪如图8-13所示。

2. 应力监测应使用锚杆应力计、预应力锚杆（索）压力传感器、钢筋应变计。

3. 收敛监测及顶拱沉降监测，应使用收敛计（见图8-14）或激光断面仪。

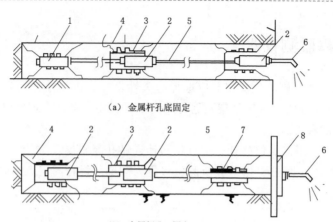

（a）金属杆孔底固定

（b）金属杆孔口固定

图 8-12　电测式多点位移计

1—孔底固定装置；2—电感式位移传感器；3—钢套管；4—弹簧片；5—连接杆；

6—电缆；7—导向管；8—孔口固定装置

图 8-13　钻孔测斜仪

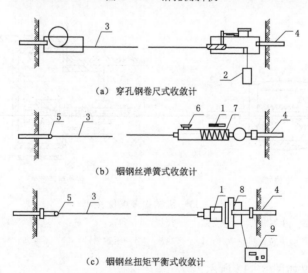

（a）穿孔钢卷尺式收敛计

（b）铟钢丝弹簧式收敛计

（c）铟钢丝扭矩平衡式收敛计

图 8-14　收敛计类型及布置示意图

1—测读表；2—重锤；3—钢卷尺；4—固定端；5—连接装置；6—张拉表；

7—张拉弹簧；8—微型电机；9—控制器

由于收敛监测的结果可靠，所以是最普遍的监测方法，从仪器埋设到监测在一小时之内即可完成，同时又不影响施工。收敛监测配合多点位移和应力监测可以取得全面、完整的资料，使得收敛的信息更为可靠。

7.4.3 监测仪器的安装和埋设：

1. 监测仪器的安装和埋设（见图 8-15）应紧跟工作面，距掌子面的距离不宜大于 1.5m。有条件的工程可预先从地表或在探洞中造孔，在开挖前安装好相关的监测仪器，以获取围岩全过程的变形资料。

图 8-15　施工现场埋设图

2. 监测仪器埋设期测次见表 8-12。

表 8-12　　　　　　　　　监测仪器埋设期测次表

序　号	内　　　　容	测　次	备　注
1	仪器埋设前	3 次	
2	仪器埋设后 24h 或临近部位进行开挖爆破、其他作业时	3~6 次/d	首次爆破后必须监测
3	1D~2D 或临近部位进行开挖爆破、其他作业时	2~4 次/d	
4	3D~5D 相近洞室开挖爆破、其他作业时	1~2 次/3d	

注　D 为地下洞室开挖宽度。

7.5　安全监测的基本方法和程序

7.5.1 观测频次的确定原则：

1. 观测仪器安装后，应立即测定其初始数据，以后随开挖推进而进行，监测频率视围岩特性、洞室尺寸、监测断面与开挖面距离和变化速率确定。其后的观测频次可按下列原则确定：

（1）初期应一个开挖循环或一个开挖部分完成后监测一次。

（2）当变形速率明显减小时，可减少观测频次。

（3）当变形数值与变形速率较大时，应加密观测频次，并及时通报。

2. 各监测项目正常测次见表 8-13。

表 8-13　　　　　　　　　各监测项目正常测次表

序　号	监　测　项　目	施　工　期　测　次
1	表面、内部位移监测	1 次/周~1 次/旬
2	倾斜监测	1 次/周~1 次/月
3	裂缝监测	1 次/周~1 次/旬
4	渗流量、渗透压力	1 次/旬~1 次/月
5	应力、应变和温度	1 次/周~1 次/旬
6	锚索和锚衬应力	1 次/周~1 次/旬

7.5.2 观测断面的设置。观测断面应设置在有代表性的地质地段,对围岩变形大、高应力地区、膨胀性岩体、洞室交叉口、软弱破碎带及工程特殊部位应重点监测。监测仪器要布置在有代表性的地质洞段,其监测结果能反应该部位变形的一般规律。围岩软弱、高地应力区、膨胀性岩体变形很大,特殊部位应力条件复杂,都是容易出现安全问题的部位,应重点监测。安全监测断面间距见表8-14。

表 8-14　　　　　　　　　　　安全监测断面间距表

围岩类别	断面间距/m			
	小断面	中断面	大断面	特大断面
I		300~500	200~300	100~200
II		200~300	100~200	80~150
III	200~300	100~200	80~150	60~120
IV	100~200	80~150	60~120	40~80
V	80~150	60~120	40~80	20~40

7.5.3 工程量较大的施工项目的安全监测。工程量较大的施工项目,施工期安全监测工作应由专业队伍实施。相关部门应建立独立的、专门从事安全监测的机构,制定详尽的工作计划,编制监测手册。

7.5.4 数据分析与处理。应及时整理分析监测资料,绘制变形与时间、变形与开挖进尺的关系曲线,遇有变形异常,除应对观测资料进行复核外,还应对地质条件和临时支护进行宏观调查。

7.5.5 信息反馈。监测部门应建立监测日报、监测周报、监测月报和异常变形紧急通报制度。各种监测报表应及时报送监理单位、建设单位、施工单位和设计单位。

7.5.6 围岩稳定性的判断:

1. 洞室开挖或临时支护后,其变形量与围岩类别、洞室埋深和开挖的断面尺寸有关。

2. 围岩稳定的基本判据。

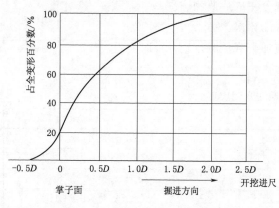

图 8-16　开挖过程典型收敛曲线图

注:D 为开挖洞径,m。

(1) 变形总量已完成允许变形量的90%。

(2) 变形速率已明显下降,收敛变形速率小于0.2mm/d,顶拱沉降变形速率小于0.15mm/d。

3. 在洞室开挖过程中,围岩的变形过程符合如图8-16所示的基本规律。

按照图8-16所示的基本规律,围岩的收敛变形是在距洞室开挖掌子面-0.5D的位置就开始发生了,当洞室开挖至掌子面时,围岩收敛变形已完成全部变形的20%左右。收敛计埋设距开挖面越远，丢失的变形就越多，为此收敛计测点位置宜靠近掌子面，这样可以保证测到较为真实的收敛变形值，且丢失的变形少。测点位置距离掌子面不宜大于1m。如果不具备以上条件，可适当调整测点位置。但无论测点埋设在什么位置，都应以图所示的典型收敛过程曲线，修正收敛变形的全变形值，修正后再判定围岩的稳定性。

7.5.7 变形量与变形速率超过稳定标准应采取的措施。当变形量与变形速率超过稳定标准时，应立即做出预报采取补强措施，同时应加密监测频次，并及时提供观测成果。

第九篇

有限空间

1 概　述

1.1　定义

有限空间是指封闭或者部分封闭，进出口较为狭窄有限，未被设计为固定工作场所，自然通风不良，易形成有毒有害、易燃易爆物质积聚或者氧含量不足的空间。

有限空间作业指作业人员进入有限空间实施的作业活动。作业人员进入有限空间作业时，存在缺氧窒息、气体中毒、爆炸等危险，容易发生生产安全事故。

无需准入有限空间指经持续机械通风和定时监测，能保证在有限空间内安全作业，不存在任何可能造成职业危害、人员伤亡，不需要办理准入审批的有限空间。

需要准入有限空间指所进入有害环境的有限空间内，存在任何可能造成职业危害、人员伤亡，易引发中毒和窒息、火灾、爆炸、淹溺、坍塌、触电、高处坠落、物体打击、机械伤害等事故，需要在对应的安全保障措施就绪后方可进入的有限空间（简称准入有限空间）。

1.2　有限空间分类

水利水电工程建设工程有限空间可分三类：

1. 密闭、半封闭设备：如贮罐、车载槽罐、压力容器、管道等。
2. 地下有限空间：如地下管道、地下工程、暗沟、涵洞、地坑等。
3. 地上有限空间：储藏室、蓄水塔（池）、垃圾站、温室、冷库、粮仓、试验场所、污水处理设施等。

1.3　有限空间作业的危险有害因素

1.3.1　设备设施与设备设施之间、设备设施内外之间空气通道相互隔断，导致作业空间通风不畅，照明不良，通信不畅。

1.3.2　活动空间较小，工作场地狭窄，易导致工作人员出入困难，相互联系不便，不利于工作监护和实施救援。

1.3.3　湿度和热度等物理危害因素较高，作业人员能量消耗大，易于疲劳。

1.3.4　存在可燃性气体、蒸气和气溶胶的浓度高于爆炸下限（LEL）的 10％；空气中爆炸性粉尘浓度达到或高于爆炸下限；空气中存在缺氧或富氧环境；空气中有害物质的浓度高于职业接触限值，引发中毒和窒息、火灾和爆炸事故。

1.3.5　存在触电，高处坠落、物体打击，机械伤害等危险有害因素。

1.4　作业环境与卫生标准

1.4.1　作业环境级别判定。作业负责人根据气体检测数据，对有限空间作业环境危险有害程度进行分级，根据危险有害程度由高至低，将有限空间作业环境分为 3 级。

　　1. 符合下列条件之一的环境为 1 级：

　　（1）氧含量小于 19.5％或大于 23.5％。

　　（2）可燃性气体、蒸气浓度大于爆炸下限（LEL）的 10％。

　　（3）有毒有害气体、蒸气浓度大于 GBZ 2.1《工作场所有害因素职业接触限值　第 1 部分：化学有害因素》规定的限值。

　　2. 氧含量为 19.5％～23.5％，且符合下列条件之一的环境为 2 级。

　　（1）可燃性气体、蒸气浓度大于爆炸下限（LEL）的 5％且不大于爆炸下限（LEL）的 10％。

　　（2）有毒有害气体、蒸气浓度大于 GBZ 2.1 规定限值的 30％且不大于 GBZ 2.1 规定的限值。

　　（3）作业过程中易发生缺氧，如热力井、燃气井等地下有限空间作业。

　　（4）作业过程中有毒有害或可燃性气体、蒸汽浓度可能突然升高，如污水井、化粪池等地下有限空间作业。

　　3. 符合下列所有条件的环境为 3 级：

　　（1）氧气含量为 19.5％～23.5％。

　　（2）可燃性气体、蒸气浓度不大于爆炸下限（LEL）的 5％。

　　（3）有毒有害气体、蒸气浓度不大于 GBZ 2.1 规定限值的 30％。

　　（4）作业过程中各种气体、蒸汽浓度值保持稳定。

1.4.2　卫生标准

　　1. 有限空间的作业场所空气中氧的体积百分比应为 19.5％～23.5％，若空气中氧的体积百分比低于 19.5％、高于 23.5％，应有报警信号。有毒有害物质浓度（强度）应符合 GBZ 2.1 规定。

　　2. 有限空间空气中可燃性气体、蒸气和气溶胶的浓度应低于可燃烧极限或爆炸极限下限（LEL）的 10％。对槽车、油轮船舶的拆修，以及油罐、管道的检修，空气中可燃气体浓度应低于可燃烧极限下限或爆炸极限下限（LEL）的 1％。

　　3. 当必须进入缺氧的有限空间作业时，作业安全应符合 GB 8958《缺氧危险作业安全规程》的规定。凡进行作业时，均应采取机械通风。

2 有限空间安全作业

2.1 安全技术要求

2.1.1 一般规定

1. 对有限空间作业应做到先隔离、检测、监护、再进入的原则。

2. 对有限空间作业应确认无许可和许可性识别。

3. 先检测确认有限空间内有害物质浓度，未经许可的人员不得进入有限空间。

（1）按照氧气、可燃性气体、有毒有害气体的顺序，对有限空间内气体进行检测。其中，有毒有害气体应至少检测硫化氢、一氧化碳。

（2）有限空间内存在积水、污物的，应采取措施，待气体充分释放后再进行检测。

（3）应对有限空间上、中、下不同高度和作业者通过、停留的位置进行检测。

（4）气体检测设备应定期进行检定，检定合格后方可使用。

（5）气体检测结果应如实记录，内容包括检测时间、检测位置、检测结果和检测人员。

4. 进入前先编制施工方案，再办理《进入有限空间危险作业审批表》，施工作业中涉及其他危险作业时应办理相关审批手续。

5. 作业前30min，应再次对有限空间操作位置附近有害物质浓度采样，分析合格后方可进入有限空间。

6. 对由于防爆、防氧化不能采用通风换气措施或受作业环境限制不易充分通风换气的场所，作业人员必须配备并使用正压式空气呼吸器或长管呼吸器等隔离式呼吸保护器具，严禁使用过滤式面具。正压式空气呼吸器或长管呼吸器应定期检验。

7. 检测人员应装备准确可靠的分析仪器，按照规定的检测程序，针对作业危害因素制定检测方案和检测应急措施。

8. 有限空间作业人员必须佩戴安全带（绳）。作业人员与监护人员应事先规定明确的联系信号，监护人员始终不应离开工作点，随时按规定的联络信号与作业人员取得联系。安全带（绳）每次使用前必须认真检查，发现异常立即更换，不得使用。

9. 作业负责人应确认作业环境、作业程序、安全防护设备、个体防护装备及应急救援设备符合要求后，方可安排作业者进入有限空间作业。

10. 作业者应遵守有限空间作业安全操作规程，正确使用安全防护设备与个体防护装备，并与监护者进行有效的信息沟通。

11. 进入3级环境中作业，应对作业面气体浓度进行实时监测。

12. 进入2级环境作业时，作业者应携带便携式气体检测报警设备连续监测作业面气体浓度。同时，监护者应对地下有限空间内气体进行连续监测。

13. 据初始检测结果判定为 3 级环境的，作业过程中应至少保持自然通风。

14. 降低为 2 级或 3 级环境，以及始终维持为 2 级环境的，作业过程中应使用机械通风设备持续通风。

15. 作业人员不应携带与作业无关的物品进入有限空间；作业中不应抛掷材料、工器具等物品；在有毒、缺氧环境下不应摘下防护面具。

16. 难度大、劳动强度大、时间长的有限空间作业应采取轮换作业方式。

17. 作业期间发生下列情况一时，作业者应立即撤离有限空间：

(1) 作业者出现身体不适。

(2) 安全防护设备或个体防护装备失效。

(3) 气体检测报警仪报警。

(4) 监护者或作业负责人下达撤离命令。

18. 作业后清理：

(1) 作业完成后，作业者应将全部作业设备和工具带离地下有限空间。

(2) 监护者应清点人员及设备数量，确保地下有限空间内无人员和设备遗留后，关闭出入口。

(3) 清理现场后解除作业区域封闭措施，撤离现场。

图 9-1　有限空间作业施工现场图

2.1.2　通风换气

1. 作业时，操作人员所需的适宜新风量为 $30 \sim 50 m^3/h$，进入自然通风换气效果不良的有限空间，应采用机械通风，通风换气次数不能少于 $3 \sim 5$ 次/h。通风换气应满足稀释有毒有害物质的需要。

2. 应利用所有人孔、手孔、料孔、风门、烟门进行自然通风，通风后达不到标准时采取机械强制通风。

3. 机械通风可设置岗位局部排风，辅以全面排风。当操作位置不固定时，则可采用移动式局部排风或全面排风。

4. 有限空间的吸风口应设置在下部。当存在与空气密度相同或小于空气密度的污染物时，还应在顶部增设吸风口。

5. 除严重窒息急救等特殊情况，严禁用氧含量高于 23.5% 的空气或纯氧进行通风换气。

6. 经局部排气装置排出的有害物质应通过净化设备处理后，方可排入大气，保证进入大气的有害物质浓度不高于国家排放标准规定的限值。

2.1.3 设备安全

1. 机械设备的运动、活动部件都应采用封闭式屏蔽，各种传动装置应设置防护装置。

2. 机械设备上的局部照明均应使用安全电压。

3. 机械设备上的金属构件均应有牢固可靠的 PE 线。

4. 存在可燃性气体的作业场所，所有的电气设备设施应符合 GB 3836.1《爆炸性环境 第 1 部分：设备通用要求》中的有关规定。实现整体电气防爆和防静电措施。

5. 手持电动工具应进行定期检查，并有记录，绝缘电阻应符合 GB 3787《手持电动工具的管理、使用、检查和维修安全技术规程》中的有关规定。

6. 存在可燃气体的有限空间场所内不得使用非防爆设备。

7. 地下有限空间内使用的照明设备电压应不大于 36V。

8. 存在可燃性气体的作业场所，所有的照明应符合 GB 3836.1《爆炸性环境 第 1 部分：设备通用要求》中的有关规定。实现整体电气防爆和防静电措施。

9. 存在可燃气体的有限空间场所内不得使用明火照明。

10. 固定照明灯具安装高度距地面不高于 2.4m 时，宜使用安全电压，安全电压应符合 GB/T 3805—2008《特低电压（ELV）限值》中有关规定。在潮湿地面等场所使用的移动式照明灯具，其高度距地面不高于 2.4m 时，额定电压不应高于 36V。

11. 锅炉、金属容器、管道、密闭舱室等狭窄的工作场所，手持行灯额定电压不应高于 12V。

12. 手提行灯应有绝缘手柄和金属护罩，灯泡的金属部分不准外露。

13. 行灯使用的降压变压器，应采用隔离变压器，安全电压应符合 GB/T 3805—2008 中有关规定。行灯的变压器不准放在锅炉、加热器、水箱等金属容器内和特别潮湿的地方；绝缘电阻应不小于 2MΩ，并定期检测。

14. 动力机械设备、工具要放在有限空间的外面，并保持安全的距离以确保气体或烟雾排放时远离潜在的火源。同时应防止设备的废气或碳氢化合物烟雾影响有限空间作业。

15. 焊接与切割作业时，焊接设备、焊机、切割机具、钢瓶、电缆及其他器具的放置，电弧的辐射及飞溅伤害隔离保护应符合 GB 9448《焊接与切割安全》的有关规定。

2.1.4 区域警戒与消防

1. 有限空间的坑、井、洼、沟或人孔、通道出入门口应设置防护栏、盖和警告标志，夜间应设警示灯。

2. 为防止与作业无关人员进入有限空间作业场所，在有限空间外敞面醒目处，设置警戒区、警戒线、警戒标志。其设置应符合 GB 50016《建筑设计防火规范》、GB 2893《安全色》和 GB 2894《安全标志及其使用导则》的有关规定。作业场所职业危害警示应符合 GB/Z 158《工作场所职业病危害警示标识》的有关规定。未经许可，不得入内。有限空间作业安全告知牌，如图 9-2 所示。

图 9-2　有限空间作业安全告知牌示意图

3. 当作业人员在与输送管道连接的封闭（半封闭）设备（如油罐、反应塔、储罐、锅炉等）内部作业时，应严密关闭阀门，装好盲板，设置"禁止启动"等警告信息。

4. 存在易燃性因素的场所警戒区内应按 GB 50140《建筑灭火器配置设计规范》设置灭火器材，并保持有效状态；专职安全员和消防员应在警戒区定时巡回检查、监护，并有检查记录。严禁火种或可燃物落入有限空间。

5. 夜间施工作业，应在作业区域周边显著位置设置警示灯，地面作业人员应穿戴高可视警示服。

2.2　安全管理

2.2.1　生产经营单位的安全责任

1. 建立以下安全生产责任制度，并落实：

（1）建立健全有限空间安全生产责任制，明确有限空间作业负责人、作业者、监护者职责。

（2）组织制定专项作业方案，安全作业操作规程、事故应急预案、安全技术措施、作业前的技术交底和作业人员的培训等有限空间作业管理制度。

（3）保证有限空间作业的安全投入，提供符合要求的通风、检测、防护、照明等安全设施防护和个人防护用品。

（4）监督检查本单位有限空间作业的安全生产工作，落实有限空间作业的各项安全要求。

（5）提供应急救援保障，做好应急救援工作。

2. 生产经营单位对有限空间作业应指定相应的管理部门，并配备相适应的人员。具体职责如下：

（1）主要负责人对本单位的安全生产工作负全面责任。

（2）分管安全负责人负直接领导责任。

（3）现场负责人负直接责任。

（4）安全生产管理人员负监督检查的责任。

（5）操作人员负有服从指挥、遵章守纪的责任，明知违法或违犯操作规程等有拒绝的权利。

（6）作业监护人员做好现场监护的责任。

3. 有限空间单位工程发包与承包要求如下：

（1）生产经营单位不具备有限空间作业条件的，应将有限空间作业项目发包给具备相应资质的施工单位。

（2）发包单位与承包单位在签订承发包施工合同的同时，应签订安全生产协议，明确双方的安全生产责任。

2.2.2　安全管理制度和操作规范

1. 应建立如下有限空间安全生产的规章制度。

（1）有限空间作业审批制度。

（2）从事有限空间作业人员培训教育。

（3）作业人员健康检查制度。

（4）有限空间安全设施监管制度。

（5）检测制度。

（6）应急救援制度。

2. 应按作业工种建立安全操作规范。

2.2.3　作业人员及安全教育

1. 有限空间作业人员应具备对工作认真负责的态度，不得患有癫痫、肺结核、肺气肿、肺心病及其他有限空间作业禁忌症，符合相应工种作业需要的资质。

2. 生产经营单位对从事有限空间危险作业的人员应进行培训，内容包括：

（1）作业前应针对施工方案，对进入有限空间的程序、作业内容、职业危害、有限空间存在的危险特性，以及检测仪器、个人防护用品等设备的正确使用进行教育。

（2）对紧急情况下的个人避险常识、中毒和窒息、其他伤害的应急救援措施和应急预案教育。

（3）按上岗要求的技术业务理论考核和实际操作技能考核成绩合格。

2.2.4　现场监督管理

1. 作业现场应明确监护人员和作业人员。监护人员不得同时进入有限空间。

2. 安全管理人员职责：

（1）参与审查有限空间的施工方案，安全操作规范。

（2）审核有限空间作业审批表。

（3）监督有限空间作业安全技术及应急救援措施的实施。

（4）如果准入者或监护者对有限空间作业提出质疑，可要求重新评估；安全管理人员应当接受质疑并按要求重新评估。

（5）对环境有可能发生变化的有限空间应重新评估。

3. 气体检测人员职责：

（1）熟悉检测仪器设备和检测方法。

（2）按照测氧、测爆、测毒的顺序测定有限空间的危害因素。

（3）检测分析有限空间不同高度（深度）、不同部位可能存在的危害因素。

（4）持续监测密闭空间环境，确保容许作业的安全卫生条件。

（5）确保准入者或监护者能及时获得检测结果。

（6）对所检测的数据负责。

（7）气体检测应定期检验检测，确保应急器材完好、有效。

4. 作业负责人员职责：

（1）有限空间作业负责人员应按照国家相关规定经过专门的安全技术培训，方可上岗作业。

（2）熟悉作业区域的环境、工艺情况，有及时判断和处理异常情况的能力。

（3）确认作业者、监护者的安全培训及上岗资格，负责复核清点出入作业场所的人数。

（4）定时与其他现场监护、作业人员保持联络，并保证现场检测数据的符合。

（5）在作业期间不得离开负责岗位。

5. 作业监护人员职责：

（1）有限空间作业监护人员应按照国家相关规定经过专门的安全技术培训，方可上岗作业。

（2）接受职业安全卫生培训，具有熟悉安全防护和应急救援，警觉并判断作业者异常行为的能力。

（3）坚守岗位，在作业者作业期间，监护人员不能离岗，适时与作业者进行有效的安全、报警、撤离等信息交流，在紧急情况时向作业者发出撤离警报。

（4）发生以下情况时，应立即令作业者撤离有限空间，情况紧急应启动应急救援机制并报告施工负责人：发现作业者出现异常行为；有限空间外出现威胁作业者安全和健康的险情；监护者不能安全有效地履行职责时。

6. 作业人员的职责：

（1）有限空间作业人员应按照国家相关规定经过专门的安全技术培训，掌握有限空间作业的相关安全技术和作业规程，方可上岗作业。

（2）遵守有限空间作业安全操作规范。

（3）正确使用有限空间作业安全设施与个体防护用具。

（4）应与监护人进行有效的安全、报警、撤离等双向信息交流。

（5）作业人员意识到身体出现危险异常症状时，应及时向监护者报告或自行撤离有限空间。

7. 救护人员的职责：

（1）救援人员应经过作业培训，培训内容应包括基本的急救和心肺复苏术，每个救援机构至少确保有一名人员掌握基本急救和心肺复苏术技能，还要接受有限空间作业所要求的培训。

（2）救援人应具有在规定时间内在有限空间危害已被识别的情况下对受害者实施救援的能力。

（3）进行有限空间救援和应急服务时，应采取以下措施：告知每个救援人员所面临的危害，典型有限空间作业危害因素见表 9-1；有限空间救护人员必须佩戴正压式空气呼吸器，并通过培训使其能熟练使用。当正压式空气呼吸器发出低压报警，应立刻退出有限空间；无论有限空间救护人员何时进入有限空间，有限空间外的救援均应使用吊救装备。

表 9-1　　　　　　　　　　　典型有限空间作业危害因素表

有限空间种类	有 限 空 间 名 称	主要危险有害因素
密闭（半密闭）设备	储罐、反应塔（釜）、容器、槽车、船舱	缺氧，一氧化碳中毒，挥发性有机溶剂引起的火灾，爆炸，中毒
	冷藏箱、管道、沉箱	缺氧，冻伤
	烟道及锅炉	缺氧，一氧化碳中毒
地下有限空间	地下室、地下仓库、隧道、地窖等	氧气，重组分可燃性体积聚
	地下工程、地下污水泵房、暗沟、污水池（井）、沼气池及化粪池、集水井、阀门井、下水道	缺氧，硫化氢中毒，可燃气体爆炸
	矿井	缺氧，一氧化碳中毒，易燃易爆物质（易燃气体、爆炸性粉尘）爆炸
地上有限空间	储藏室、温室、冷库	缺氧
	酒槽池、发酵池、污水处理设施、垃圾填埋处理设施	缺氧，硫化氢中毒，可燃气体爆炸
	料仓	缺氧，粉尘爆炸
	煤仓	缺氧，一氧化碳中毒，粉尘爆炸
	粮仓	缺氧，磷化氢中毒，粉尘爆炸
	电石、硅铁库房	缺氧，磷化氢中毒，可燃气体爆炸

2.3　安全防护与应急救援

2.3.1　安全防护

1. 安全防护设施设备配置

（1）基本要求。

1）防护设备设施应符合相应产品的国家标准或行业标准要求；对于无国家标准和行业标准规定的设备设施。应通过相关法定检验机构型式检验合格。

2）地下有限空间作业现场应根据不同作业环境配置防护设备设施。

3）地下有限空间作业为易燃易爆环境的，应配备符合 GB 3836.1《爆炸性环境　第 1 部分：设备　通用要求》规定的防爆型电气设备。

4）地下有限空间管理单位和作业单位应建立防护设备设施登记、清查、使用、保管制度。应设专人负责防护设备设施的维护、保养、计量、检定和更换等工作，发现设备设施影响安全使用时，应及时修复或更换。防护设备设施技术资料、说明书、维修记录和计量检测记录应存档保存。有限空间作业证填写范本，见表 9-2。

表 9-2　　　　　　　　　有限空间安全作业证填写范本

申请单位	××车间/部门	申请人	车间安全员或主管	作业证编号	No.000××
受限空间 所属单位	化产车间	有限空间名称		受限空间名称必须准确、唯一，要求根据描述能确定具体作业受限空间。如：脱硫塔 A	
作业内容	更换塔内填料	有限空间内原有介质名称		煤气、脱硫液	
作业时间	自 2016 年 10 月 9 日 10 时 00 分始至 2016 年 10 月 10 日 10 时 00 分止				
作业单位负责人	作业单位负责人				
监护人	监护人 A（作业单位）、监护人 B（属地岗位）监护人不得少于 2 人				
作业人	作业人员 A、作业人员 B				
涉及的其他 特殊作业	临时用电作业 No.000××				
危害辨识	（照明、通风临时用电）触电　　（窜漏、置换不彻底）中毒危害辨识填写内容参照 GB 6441《企业职工伤亡事故分类》事故类别 20 类，如可能，应标明何种原因引起				

分析	分析项目	有毒有害介质	可燃气	氧含量	时间	部位	分析人
	分析标准						
	分析数据						

续表

序号	安 全 措 施	确 认 人
1	对进入受限空间危险性进行分析	作业负责人
2	所有与受限空间有联系的阀门、管线加盲板隔离,列出盲板清单,落实抽堵盲板责任人	作业负责人
3	设备经过置换、吹扫、蒸煮	属地工段长或班长
4	设备打开通风孔进行自然通风,温度适宜人员作业;必要时采用强制通风或佩戴空气呼吸器,不能用通氧气或富氧空气的方法补充氧	作业负责人
5	相关设备进行处理,带搅拌机的设备已切断电源,电源开关处加锁或挂"禁止合闸"标志牌,设专人监护	属地工段长或班长
6	检查受限空间内部已具备作业条件,清罐时(无需用/已采用)防爆工具	作业负责人
7	检查受限空间进出口通道,无阻碍人员进出的障碍物	作业负责人
8	分析盛装过可燃有毒液体、气体的受限空间内的可燃、有毒有害气体含量	作业负责人
9	作业人员清楚受限空间内存在的其他危险因素,如内部附件、集渣坑等	作业负责人
10	作业监护措施:消防器材( )、救生绳( )、气防装备( )(所有特殊作业安全许可证中均不得有空项,如不涉及或者不需填写,应用斜线"/"划去。)	作业负责人
11	其他安全措施: 编制人:车间安全员(或技术人员)	作业负责人或属地工段长或班长
实施安全教育人	车间安全员、作业负责人(车间安全员与作业负责人对现场监护人和作业人进行必要的安全教育,内容应包括所从事作业的安全规章制度、作业场所和作业过程中可能存在的危险、有害因素及应采取的具体安全措施、作业过程所使用的个体防护器具的使用方法及注意事项、事故应急处置措施及有关事故案例、经验和教训等;在"实施安全教育人"栏内签字)	
申请单位意见	同意作业 签字:作业负责人	年 月 日 时 分
审批单位意见	同意作业 签字:受限空间属地主要负责人	年 月 日 时 分
完工验收签字:作业负责人、属地负责人		年 月 日 时 分

注 有限空间作业的《作业证》有效期不得超过24h。

2. 防护设备

(1)作业防护设备可分为:气体检测报警仪、通风设备、照明设备、通信设备等。作业防护设备设施配备种类及数量应符合表9-3的要求。

表9-3　　　　　　　　　防护设备设施配备一览表

设备设施类别及要求		作业				应急救援
		评估检测为1级或2级作业环境	评估检测为3级作业环境	准入检测为2级作业环境	准入检测为3级作业环境	
安全警示设施	配备状态	●	●	●	●	●
	配置要求	地下有限空间进出口周边至少配置1套安全警示标志或2个安全告知牌	地下有限空间进出口周边至少配置1套安全警示标志或2个安全告知牌	地下有限空间进出口周边至少配置1套安全警示标志或2个安全告知牌	地下有限空间进出口周边至少配置1套安全警示标志或2个安全告知牌	至少配置1套围挡设施

313

续表

设备设施类别及要求		作业				应急救援
		评估检测为1级或2级作业环境	评估检测为3级作业环境	准入检测为2级作业环境	准入检测为3级作业环境	
气体检测报警仪	配备状态	●	●	●	●	○
	配置要求	每个进口（作业者进入）应配置1台泵吸式气体检测报警仪	每个进口（作业者进入）应配置1台泵吸式气体检测报警仪	每个进口（作业者进入）应配置1台泵吸式气体检测报警仪，同时每1个作业面至少有1名作业者配备1台泵吸式或扩散式气体检测报警仪	每个进口（作业者进入）应配置1台泵吸式气体检测报警仪	1台泵吸式气体检测仪
通风设备	配备状态	●	○	●	●	●
	配置要求	每个进口（作业者进入）应配置1台强制通风换气设备		每个进口（作业者进入）应配置1台强制通风换气设备。此外，作业面最邻近的出入口或换气口应配置1台强制通风换气设备	每个进口（作业者进入）应配置1台强制通风换气设备	1台强制送风设备
照明设备	配备状态	—	○	○	○	●
通信设备	配备状态	—	○	○	○	●
呼吸防护用品	配备状态	—	○	●	○	●
	配置要求		每名作业者配备一套紧急逃生呼吸器	每名作业者配备1套正压式隔绝式呼吸防护用具	每名作业者配备1套紧急逃生呼吸器	每名救援者配备1套正压式空气呼吸器或高压送风式呼吸器
安全带、安全绳	配备状态	—	●	●	●	●
	配置要求		每名作业者配备一套安全带、安全绳	每名作业者配备一套安全带、安全绳	每名作业者配备一套安全带、安全绳	每名作业者配备一套安全带、安全绳

设备设施类别及要求		作业				应急救援
		评估检测为1级或2级作业环境	评估检测为3级作业环境	准入检测为2级作业环境	准入检测为3级作业环境	
三脚架	配备状态	—	○	○	○	●
	配置要求	1套，有绞盘和速差式自空器	1套，有绞盘和速差式自空器	1套，有绞盘和速差式自空器	1套，有绞盘和速差式自空器	1套，有绞盘和速差式自空器

注 1. 配备状态中：●表示应配备；○表示宜配备；—表示不涉及。

2. 按照本表进行防护设备设置配置时，"作业"部分是以一个地下有限空间为配置单元的最低要求，"应急救援"部分是以一个应急救援设备配置单元的最低要求。

（2）气体检测报警仪技术指标应符合 GB 12358《作业场所环境气体检测报警仪　通用技术要求》的要求，并且检测项目应至少包含氧气、可燃气、硫化氢、一氧化碳。

（3）通风设备技术指标应符合 DB 11/852.2《地下有限空间作业安全技术规范　第2部分　气体检测与通风》的要求。

（4）送风设备应配有可将新风送入有限空间的风管，风管长度应能确保送入地下有限空间底部。

（5）手持照明设备电压应不大于 24V，在潮湿的有限空间作业，照明电压应不大于 12V。

（6）通信设备应满足监护者与作业者有效沟通的需要。

3. 个体防护用品

（1）呼吸防护用品，安全带、安全帽等个体防护用品配置种类和数量应符合相关要求。

（2）作业现场应有与安全绳、速差式自控器、绞盘绳索等连接的安全、牢固的挂点，如三脚架上金属挂点、汽车拖钩等。

（3）作业者应根据不同作业环境，穿戴防护鞋、防护服，佩戴防护眼镜、护听器等防护用品：

1）进入易燃易爆环境的地下有限空间作业，作业者应穿着防静电服、防静电鞋。

2）进行涉水作业，作业者应穿着防水服、防水胶鞋。

3）当有限空间作业场所噪声大于 85dB（A）时，作业者应使用耳塞（或耳罩）等护听器。

4）对于其他作业环境，作业者应参照 GB/T 11651《个体防护装备选用规范》的要求，使用具有相应防护功能的个体防护用品。

4. 安全防护措施：

（1）缺氧作业环境的有限空间。

1）在已确定为缺氧作业环境的作业场所，必须采取充分的通风换气措施，使该环境空气中氧含量在作业过程中始终保持在 0.195 以上。严禁用纯氧进行通风换气。

2）在存在缺氧危险作业时，必须安排监护人员。监护人员应密切监视作业状况，不得离岗。发现异常情况，应及时采取有效的措施。

3）当作业场所空气中同时存在有害气体时，必须在测定氧含量的同时测定有害气体的含量，并根据测定结果采取相应的措施。在作业场所的空气质量达到标准后方可作业。

4）在密闭容器内使用氩、二氧化碳或氦气进行焊接作业时，必须在作业过程中通风换气，使氧含量保持在 0.195 以上。

5）在地下进行压气作业时，应防止缺氧空气泄至作业场所。如与作业场所相通的空间中存在缺氧空气，应直接排出，防止缺氧空气进入作业场所。

6）缺氧或有毒的有限空间，经清洗或置换仍达不到要求的，应佩戴隔绝式呼吸器，必要时应拴带救生绳。

（2）易燃易爆的有限空间。易燃易爆的有限空间，经清洗或置换仍达不到要求的，应穿防静电工作服及防静电工作鞋，使用防爆型低压灯具及防爆工具。

（3）酸碱等腐蚀性介质的有限空间。酸碱等腐蚀性介质的有限空间，应穿戴防酸碱防护服、防护鞋、防护手套等防腐蚀护品。

（4）有噪声产生的有限空间。有噪声产生的有限空间，应佩戴耳塞或耳罩等防噪声护具。

（5）有粉尘产生的有限空间。有粉尘产生的有限空间，应佩戴防尘口罩、眼罩等防尘护具。

（6）高温的有限空间。高温的有限空间，进入时应穿戴高温防护用品，必要时采取通风、隔热、佩戴通信设备等防护措施。

（7）低温的有限空间。低温的有限空间，进入时应穿戴低温防护用品，必要时采取供暖、佩戴通信设备等措施。

2.3.2 应急救援

1. 应急救援器材：

（1）应急器材应符合国家有关标准要求，应放置在作业现场并便于取用。

（2）应急器材应保证应急救援要求。

（3）急救药品应完好、有效。

（4）应急箱应指定专人管理和操作。

（5）应急器材应定期检验检测，确保应急器材完好、有效。

2. 应急救援措施：

（1）应编制应急救援预案。

（2）应急救援预案内容：

1）确定应急救援组织指挥机构：

a. 启动程序，相关部门与人员职责分工明确、统一指挥协调。

b. 应急处置措施、医疗救助、应急人员防护。

c. 现场检测与评估。

d. 信息发布。

2）应急救援经费、物资和人员保障。

3）善后处置措施齐全。

（3）应急救援预案培训、演练、更新：

1）预案每年至少进行一次应急培训与演练。

2）预案演练应定期进行评审与更新。

（4）进入有限空间应急救援流程，如图9-3所示。

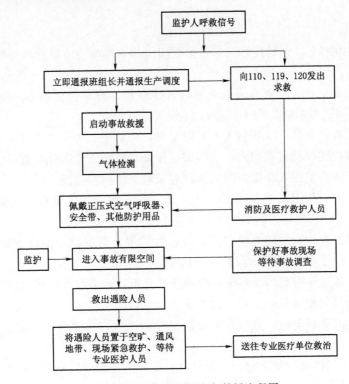

图9-3　进入有限空间应急救援流程图

3 气体检测与通风

3.1 气体检测

3.1.1 一般要求

为保持有限空间空气流通良好，对有限空间内的气体浓度应进行严格检测，检测的要求如下：

1. 作业前30min内，应对有限空间进行气体分析，分析合格后方可进入，如现场条件不允许，时间可适当放宽，但不应超过60min。

2. 检测点应有代表性，容积较大的有限空间，应对上、中、下各部位进行检测分析。

3. 分析仪器应在校验有效期内，使用前应保证其处于正常工作状态。

4. 检测人员深入或探入有限空间检测时应采取个体防护措施。

5. 作业中应定时检测，至少每2h检测一次，如检测分析结果有明显变化，应立即停止作业，撤离人员，对现场进行处理，分析合格后方可恢复作业。

6. 对可能释放有害物质的有限空间，应连续检测，情况异常时应立即停止作业，撤离人员，对现场进行处理，分析合格后方可恢复作业。

7. 涂刷具有挥发性溶剂的涂料时，应做连续分析，并采取强制通风措施。

8. 作业中断时间超过60min时，应重新进行分析。

9. 有限空间的管理单位，宜设置远程监测设施进行气体监测，并建立有限空间环境条件档案。

10. 有限空间气体环境复杂时，作业单位宜委托具有相应检测能力的单位进行检测。

11. 有限空间设置固定式气体检测报警系统的，作业过程中应全程运行。

12. 气体检测报警仪的使用应严格按照使用说明书的要求操作。

13. 气体检测报警仪每年至少标定1次。应标定零值、预警值、报警值，使用的被测气体的标准混合气体（或代用气体）应符合要求，其浓度的误差（不确定度）应小于被标仪器的检测误差。标定应做好记录，内容包括标定时间、标准气规格和标定点等。

14. 作业中气体检测报警仪达到预警值时，未佩戴正压隔绝式呼吸防护用品的作业人员应立即撤离有限空间。任何情况下气体检测报警仪达到报警值时，所有作业人员应立即撤离有限空间。

3.1.2 检测内容

1. 在进行气体检测前，应对有限空间及其周边环境进行调查，分析有限空间内气体种类。

2. 应至少检测氧气、可燃气、硫化氢、一氧化碳等。

3.1.3 预警值和报警值的设定

1. 氧气检测应设定缺氧报警和富氧报警两级检测报警值，缺氧报警值应设定为

19.5％，富氧报警值应设定为 23.5％。

2. 可燃气体和有毒有害气体应设定预警值和报警值两级检测报警值。部分有毒有害气体的预警值和报警值见表 9-4。

表 9-4　　　　　　　　　　部分有毒有害气体预警值和报警值

气 体 名 称	预 警 值		报 警 值	
	mg/m²	20℃，10^{-6}	mg/m²	20℃，10^{-6}
硫化氢	3	2	10	7
氯化氢	0.22	0.14	0.75	0.49
氰化氢	0.3	0.2	1	0.8
溴化氢	3	0.8	10	2.9
一氧化碳	9	7	30	25
一氧化氮	4.5	3.6	15	12
二氧化碳	5400	2950	18000	9836
二氧化氮	3	1.5	10	5.2
二氧化硫	3	1.3	10	4.4
二硫化碳	3	0.9	10	3.1
苯	3	0.9	10	3
甲苯	30	7.8	100	26
二甲苯	30	6.8	100	22
氨	9	12	30	42
氯	0.3	0.1	1	0.33
甲醛	0.15	0.12	0.5	0.4
乙酸	6	2.4	20	8
丙酮	135	55	450	185

3. 可燃气预警值应为爆炸下限的 5％，报警值应为爆炸下限的 10％。

4. 有毒有害气体预警值应为 GBZ 2.1《工作场所有害因素职业接触限制　第 1 部分：化学有害因素》规定的最高容许浓度或短时间接触容许浓度的 30％，无最高容许浓度和短时间接触容许浓度的物质，应为时间加权平均容许浓度的 30％。

5. 有毒有害气体报警值应为 GBZ 2.1 规定的最高容许浓度或短时间接触容许浓度，无最高容许浓度和短时间接触容许浓度的物质，应为时间加权平均容许浓度。

3.1.4　气体检测报警仪要求

1. 气体检测报警仪应使用符合 GB 12358《作业场所环境气体检测报警仪　通用技术要求》要求的直读式仪器。

2. 气体检测报警仪的检测范围、检测和报警精度应满足工作要求。

3. 作业者经常活动的地下有限空间，宜设置固定式气体检测报警仪。

3.1.5　检测点的确定

1. 评估及准入检测点确定应满足下列要求：

（1）检测点的数量不应少于 3 个。

（2）上、下检测点，距离有限空间顶部和底部均不应超过 1m，中间检测点均匀分布，检测点之间的距离不应超过 8m。

2. 监护检测点应设置在作业者的呼吸带高度内，不应设置在通风机送风口处。

3.1.6　检测方法

1. 有限空间内积水、积泥时，应先在有限空间外利用工具进行充分搅动。

2. 评估检测、准入检测、监护检测时，检测人员应在有限空间外的上风口进行。有限空间内有人作业时，监护检测应连续进行。

3. 不同检测点的检测，应从出入口开始，按由上至下、由近至远的顺序进行。

4. 同一检测点不同气体的检测，应按氧气、可燃气和有毒有害气体的顺序进行。

5. 每个检测点的检测时间，应大于仪器响应时间，有采样管的应增加采样管的通气时间。

6. 每个检测点的每种气体应连续检测 3 次，以检测数据的最高值为依据。

7. 两次检测的间隔时间应大于仪器恢复时间。

8. 检测时，检测值超出气体检测报警仪测量范围，应立即使气体检测报警仪脱离检测环境，在空气洁净的环境中待气体检测报警仪指示回零后，方可进行下一次检测。气体检测报警仪发生故障报警，应立即停止检测。

3.1.7　检测记录

1. 气体检测应做好记录，至少包括以下内容：检测日期、检测地点、检测位置、检测方法和仪器、温度、气压、检测时间、检测结果、监护者。

2. 监护者应将评估检测数据、准入检测数据和分级结果，告知作业者并履行签字手续。

3. 监护检测应每 15min 至少记录 1 个瞬时值。

3.2　通风

3.2.1　一般要求

1. 作业时，操作人员所需的适宜新风量应为 30~50m³/h。进入自然通风换气效果不良的有限空间，应采用机械通风，通风换气次数不能少于 3~5 次/h。通风换气应满足稀释有毒有害物质的需要。

2. 应尽量利用所有人孔、手孔、料孔、风门、烟门进行自燃通风为主，必要时应采取机械强制通风。

3. 机械通风可设置岗位局部排风，辅以全面排风。当操作岗位不固定时，则可采用移动式局部排风或全面排风。

4. 有限空间的吸风口应设置在下部。当存在与空气密度相同或小于空气密度的污染物时，还应在顶部增设吸风口。

5. 除严重窒息急救时等特殊情况，严禁使用纯氧进行通风换气。

6. 经局部排气装置排出的有害物质应通过净化设备处理后，才能排入大气，保证进入大气的有害物质浓度不超过国家排放标准规定的限值。

3.2.2 自然通风

1. 作业前，应开启有限空间的门、窗、通风口、出入口、盖板、作业区及上下游井盖等进行自然通风，时间不应低于 30min。

2. 作业中，不应封闭有限空间的门、窗、通风口、出入口、盖板、作业区及上、下游井盖等，并做好安全警示及周边拦护。

3.2.3 机械通风

1. 机械通风应满足下列要求：

（1）作业区横断面平均风速不小于 0.8m/s 或通风换气次数不小于 20 次/h。

（2）地下有限空间只有一个出入口时，应将通风设备出风口置于作业区底部，进行送风作业。

（3）地下有限空间有两个或两个以上出入口、通风口时，应在临近作业者处进行送风，远离作业者处进行排风。必要时，可设置挡板或改变吹风方向以防止出现通风死角。

送风设备吸风口应置于洁净空气中，出风口应设置在作业区，不应直对作业者。

2. 发生下列情况之一时，应进行连续机械通风：

（1）评估检测达到报警值。

（2）准入检测达到预警值。

（3）监护检测或个体检测，达到预警值。

（4）地下有限空间内进行涂装作业、防水作业、防腐作业、明火作业、内燃机作业及热熔焊接作业等。